军队"2110 工程"三期建设教材

大地天文测量

牛国华　郑晓龙　李雪瑞
何艳萍　杨晓云　赵久奋　朱　昱　编著

国防工业出版社

·北京·

内 容 简 介

本书主要讲述利用观测恒星确定测站点的天文经纬度和天文边的天文方位角。大地天文测量属于大地天文学的范畴,内容包括球面天文理论和实用天文测量两部分。球面天文理论主要讲述天文坐标(φ,λ)及天文方位角(α)与天体的天球坐标系的关系,两种坐标之间的关系是通过球面三角形联系起来的。实用天文测量主要讲述进行野外天文观测所使用的仪器和数据处理系统。本书结合国内现在使用的ASCA-1型天文测量系统,详细讲述了天文定位、定向的原理,观测方法和程序。本书内容深入浅出,可操作性强,理论联系实际紧密,可作为测绘导航专业技术人员的参考用书。

图书在版编目(CIP)数据

大地天文测量／牛国华等编著. —北京:国防工业出版社,2016.4
ISBN 978-7-118-10781-4

Ⅰ.①大... Ⅱ.①牛... Ⅲ.①天文测量法 Ⅳ.
①P128

中国版本图书馆 CIP 数据核字(2016)第 068094 号

※

国防工业出版社出版发行
(北京市海淀区紫竹院南路23号 邮政编码100048)
国防工业出版社印刷厂印刷
新华书店经售
*
开本 787×1092 1/16 印张 11¾ 字数 268 千字
2016 年 4 月第 1 版第 1 次印刷 印数 1—2000 册 定价 36.00 元

(本书如有印装错误,我社负责调换)

国防书店:(010)88540777 发行邮购:(010)88540776
发行传真:(010)88540755 发行业务:(010)88540717

大地天文测量是天体测量学的一个分支学科,它是为获取地面点天文经纬度和地面点间的天文方位角的值,利用观测天体并顾及各种因素的影响所进行的测量工作。大地天文测量是常规大地测量的重要组成部分,是椭球大地测量学理论解算的基础,也是导弹武器作战阵地建设的重要测绘保障之一。大地天文测量研究的主要内容包括球面天文理论和实用天文测量两部分。

本书是编者根据多年的教学和实践经验,结合当前测量装备与技术发展编写而成的。在编写过程中,力求内容翔实、理论联系实际、深入浅出、通俗易懂。

全书共分 10 章。第 1 章简单介绍了天文学知识及天文测量的任务和作用。第 2~7 章为球面天文理论部分,其中:第 2 章详细叙述了天球与天球坐标系及它们之间的关系和天文定位三角形;第 3 章主要介绍了天体的视运动;第 4 章全面介绍了天文测量中的时间计量系统;第 5 章全面介绍了影响天体观测方向的几种物理因素;第 6 章介绍了岁差、章动、恒星自行和地极移动的概念及它们对天体坐标的影响;第 7 章系统介绍了天体视位置的计算方法。第 8~10 章为实用天文测量部分,其中:第 8 章着重介绍了天文测量所使用的仪器装备;第 9 章详细介绍了天文定位测量的原理、观测方法及数据处理;第 10 章详细介绍了天文定向测量的原理、观测方法及数据处理。

本书主要供从事测绘导航专业的技术人员使用,也可作为高等院校相关专业的教学用书。

本书由牛国华、郑晓龙、李雪瑞、何艳萍、杨晓云、赵久奋、朱昱共同编写。在编写的过程中,征集了有关单位和专家的意见,在此一并致谢!

编　者
2015 年 8 月于西安

目录 CONTENTS

第1章 绪论

第2章 天球坐标系

第5章　影响天体观测方向的物理因素

第6章　岁差、章动、恒星自行及地极移动

第7章　天体视位置的计算

第8章　天文测量仪器

第9章　天文定位测量

第10章 天文定向测量

第 1 章
绪　论

　　在广阔的宇宙空间,存在许多按一定规律运动和发展的日月星辰等物体,它们统称为天体。天文学是随着人们逐渐认识天体而积累的知识的总结,所以天文学是最古老的科学。人类通过劳动积累了认识自然、了解自然的知识,翻开人类文明史的第一页,就可看到天文学占有的显著地位,巴比伦的泥碑、古埃及的金字塔都是历史的见证。在中国殷商时期留下的甲骨文里,也有着丰富的天文纪录,表明在黄河流域,天文学的起源可以追溯到殷商以前的远古时代。一位哲人说过,"人类最早想了解的知识有两个:一个是人类本身,即我们的身体;另一个就是我们生存的空间,即浩瀚的宇宙"。

　　天文学历史悠久,浩大博深。大家熟知的伟大的科学家亚里士多德、托勒密、哥白尼、牛顿、伽利略、哈勃、伽莫夫、爱因斯坦等也都是天文学家,科学家们用他们的学识把人类的视野从地球慢慢引入到深邃的宇宙,为人类揭开了宇宙的奥秘。古代的劳动人民通过生产活动,积累了大量的天文知识,为人类了解大自然、利用大自然、与大自然和睦相处做出了贡献。天文学是一门古老的学科,是一切科学的基础;天文学是实用的学科,时间、历法、太空翱翔都少不了天文观测;天文学是崭新的学科,宇宙大爆炸、广义相对论、脉冲星、黑洞引导着一代又一代的科学家去追求和探索;天文学更是哲学,人类对天、对地、对大自然、对人生的认识,哪一点都离不开天文学!

1.1　天文学概述

1.1.1　天文学研究的对象和内容

　　天文学是自然科学的基础学科,是人类认识宇宙的科学。人们通过观察天体的存在,测量它们的位置,反演它们内在的物理性质,从而研究它们的结构,探索它们的运动规律,扩展人类对广阔宇宙空间中物质世界的认识。

　　天文学是以宇宙和各种天体、天文现象为研究对象的科学,是自然科学中一门重要的基础科学,主要依靠观测是天文学研究方法的基本特点。它是以观察及解释天体的物质状况及事件为主的学科,主要研究天体的分布、运动、位置、状态、结构、组成、性质及起源和演化。在古代,天文学还与历法的制定有不可分割的关系。天文学与其他自然科学的不同之处在于,天文学的实验方法是观测,通过观测来收集天体的各种信息,因而观测方法和观测手段是天文学家努力研究的一个方向。物理学和数学对天文学的影响非常大,它们是现代进行天文学研究不可或缺的理论辅助。

天文学研究的对象涉及宇宙空间的各种物体,大到月球、太阳、行星、恒星、银河系、河外星系以及整个宇宙,小到小行星、流星体以至分布在广袤宇宙空间中大大小小的尘埃粒子。天文学家把所有这些星星和物体统称为天体。从这个意义上讲,地球也应该是一个天体,不过天文学家只研究地球的总体性质而一般不讨论其细节。另外,人造卫星、宇宙飞船、空间站等人造飞行器的运动性质也属于天文学的研究范围,可以称为人造天体。

宇宙中的天体由近及远可分为几个层次:

(1) 太阳系天体。包括太阳、行星(包括地球)、行星的卫星(包括月球)、小行星、彗星、流星体及行星际介质等。

(2) 银河系中的各类恒星和恒星集团。包括变星、双星、聚星、星团、星云和星际介质。太阳是银河系中的一颗普通恒星。

(3) 河外星系(简称星系)。指位于银河系之外,与银河系相似的庞大的恒星系统,以及由星系组成的更大的天体集团,如双星系、多重星系、星系团、超星系团等。此外还有分布在星系与星系之间的星系介质。

1.1.2 天文学的分支学科

天文学的分支学科主要包括理论天文学与观测天文学两种。天文观测家常年观测天空,在将所得到的信息整理后,理论天文学家才可能发展出新理论、解释自然现象并对此进行预测。

天文学中习惯于按照研究方法和观测手段来分类。

1. 按研究方法分类

按照研究方法,天文学可分为天体测量学、天体力学、天体物理学三门分支学科。

1) 天体测量学

天体测量学是天文学中最早发展的一个分支学科,它的主要任务:研究和测定各类天体的位置和运动,建立天球基本参考坐标系;研究和确定天文常数;研究和测定地球表面点的坐标,测定精确的时间,研究地球的自转。天文测量获得的观测资料,不仅可以用于天体力学和天体物理学研究,而且具有应用价值,如确定地面点的位置等。

通过研究天体投影在天球上的坐标,可在天球上确定一个基本参考系,来测定天体的位置和运动,这种参考坐标系就是星表。在实际应用中,可用于大地测量、地面定位和导航。地球自转和地壳运动,会使天球和地球上的坐标系发生变化。为了修正这些变化,建立了时间和极移服务,进而可以研究天体测量学和地学的相互影响。

古代的天体测量手段比较落后,只能凭肉眼观测,因此天体测量的范围有限。随着时代的发展,发现了红外线、紫外线、X 射线和 γ 射线等波段,天体测量范围从可见光观测发展到肉眼不可见的领域,可以观测到数量更多的、亮度更暗的恒星、星系、射电源和红外源。随着各种精密测量仪器的出现,测量的精度逐渐提高,并且从地面扩展到了空间,这就是空间天体测量。

天体测量学主要的分支如下：

(1) 球面天文学——天球坐标的表示和修正；

(2) 实用天文学——时间计量、极移测量、天文大地测量、天文导航；

(3) 方位天文学——基本天体测量、照相天体测量、射电天体测量、空间天体测量、参考坐标系的建立、天体运动的研究；

(4) 天文地球动力学——地球自转、地壳运动等。

2）天体力学

天体力学是天文学和力学之间的交叉学科，是天文学中较早形成的一个分支学科，主要应用力学规律来研究天体的相互作用、运动和形状，运动中包括天体的自转。

天体力学以往所涉及的天体主要是太阳系内的天体，20 世纪 50 年代以后也包括人造天体和一些成员不多（几个到几百个）的恒星系统，目前已扩展到恒星、星团和星系。牛顿万有引力定律和行星运动三定律的建立奠定了天体力学的基础，使研究工作从运动学发展到动力学。因此，可以说牛顿是天体力学的创始人。今天，人们可以准确地预报日食、月食等天象，和天体力学的发展是分不开的。

天体的力学运动是指天体质量中心在空间轨道的移动和绕质量中心的转动（自转）。对日月和行星则是要确定它们的轨道、编制星历表、计算质量并根据它们的自转确定天体的形状等。

天体力学以数学为主要研究手段，至于天体的形状，主要是根据流体或弹性体在内部引力和自转离心力作用下的平衡形状及其变化规律进行研究的。天体内部和天体相互之间的万有引力是决定天体运动和形状的主要因素，天体力学目前仍以万有引力定律为基础。虽然已发现万有引力定律与某些观测事实发生矛盾（如水星近日点进动问题），而用爱因斯坦的广义相对论却能对这些事实做出更好的解释，但对天体力学的绝大多数课题来说，相对论效应并不明显。因此，在天体力学中只是对于某些特殊问题才需要应用广义相对论和其他引力理论。

天体力学的主要分支：天体引力理论、N 体问题、摄动理论；太阳系内各天体的运动理论、轨道计算；天体力学定性理论、天体运动和平衡问题；天体力学方法、现代天体力学、星际航行动力学等。

3）天体物理学

天体物理学是天文学中最年轻的一门分支学科，它应用物理学的技术、方法和理论，研究天体的形态、结构、化学组成、物理状态和性质以及它们的演化规律。18 世纪英国天文学家威廉·赫歇尔（1738—1822）开创了恒星天文学，这一时期可称为天体物理学的孕育时期。19 世纪中叶，随着天文观测技术的发展，天体物理成为天文学一个独立的分支学科，并促使天文学观测和研究不断做出新发现和新成果。

天体物理学按照研究方法可分为实测天体物理学和理论天体物理学。

天体物理学按照研究对象可分为太阳物理学、太阳系物理学、恒星物理学、恒星天文学、星系天文学（又称河外天文学）、宇宙学、宇宙化学、天体演化学等分支学科。天体物理学涉及的边缘学科很多，主要有射电天体物理学、红外天体物理学、紫外天文学、X 射线天体物理学、γ 射线天体物理学、天体化学、天体生物学等。

2. 按观测手段分类

按照观测手段,天文学可分为光学天文学、射电天文学、红外天文学、空间天文学等。

（1）光学天文学。相对射电天文学而言,光学天文学利用光学望远镜观测和研究天体,人类认识宇宙主要是依靠来自天体的电磁辐射。电磁辐射中的光学波段范围为 $400 \sim 760nm$。

（2）射电天文学。射电天文学是通过观测天体的无线电波来研究天文现象的一门学科。美国无线电工程师央斯基开创了射电天文学。

射电天文学以无线电接收技术为观测手段,观测的对象遍及所有天体:从近处的太阳系天体到银河系中的各种对象,直到极其遥远的银河系以外的目标。射电天文波段的无线电技术,到20世纪40年代才真正开始发展。20世纪60年代的四大天文发现——类星体、脉冲星、星际分子和微波背景辐射,都是用射电天文手段获得的。

由于地球大气的阻拦,从天体来的无线电波只有波长为 $1mm \sim 30m$ 的才能到达地面,迄今为止,绝大部分的射电天文研究都是在这个波段内进行的。

（3）红外天文学。红外天文学是利用电磁波的红外波段研究天体的一门学科,波段范围为 $0.7 \sim 1000 \mu m$。

（4）空间天文学。地球大气对电磁波有严重的吸收,因此在地面上只能进行射电、可见光和部分红外波段的观测。随着空间技术的发展,在大气外进行观测已成为可能,所以就有了可以在大气外观测的空间望远镜。哈勃空间望远镜的升空标志着空间天文学进入了全面发展的阶段,是天文学发展的一次飞跃。

就观测波段而言,空间天文学可分成许多新的分支,如红外天文学、紫外天文学、X 射线天文学等。从发射探空火箭和发送气球算起,空间天文研究始于20世纪40年代。空间科学技术的迅速发展,给空间天文研究开辟了十分广阔的前景。

空间天文学在外层空间开展的天文观测,突破了地球大气这个屏障,扩展了天文观测波段,使观测来自外层空间的整个电磁波谱成为可能。

由于大气中臭氧、氧、氮分子等能对紫外线进行强烈吸收,因此天体的紫外光谱在地面上无法进行观测;在红外波段,则由于水汽和二氧化碳分子等振动带、转动带能造成的强烈吸收,只留下为数很少的几个观测波段;在射电波段上,低层大气的水汽是短波的主要吸收因素,而电离层的折射效应则将长波辐射反射回空间;至于 X、γ 射线,更是难以到达地面;由于分子散射,因此地球大气还起着非选择性消光作用。而空间天文观测基本不受上述因素的影响。

另外,空间观测会减轻或免除地球大气湍流造成的光线抖动的影响,天象不会歪曲,这就大大提高了仪器的分辨本领。今天的空间技术力量已能直接获取观测客体的样品,开创了直接探索太阳系内天体的新时代。

现在已经能够直接取得行星际物质的粒子成分、月球表面物质的样品和行星表面的各种物理参量,并且取得了没有受到地球大气和磁场歪曲的各类粒子辐射的强度、能谱、空间分布和它们随时间变化的情况等。

现代空间科学技术是空间天文发展的基础,近30年来,它给空间天文观测提供了各种先进的运载工具。目前,空间天文观测广泛地使用高空飞机、平流层气球、探空火箭、人造卫星、空间飞行器、航天飞机和空间实验室等作为运载工具,进行技术极为复杂的天文探测。特别是人造卫星和宇宙飞船,是空间天文进行长时期综合性考察的主要手段。

自 20 世纪 60 年代以来,世界各国发射了一系列轨道天文台以及许多小型天文卫星、行星探测器和行星际空间探测器。美国在 20 世纪 70 年代发射的天空实验室,是发展载人飞船的空间天文观测技术的一次尝试。今后的空间天文观测将主要依靠环绕地球轨道运行的永久性观测站来进行。

其他更细分的学科还有天文学史、业余天文学、宇宙学、星系天文学、超星系天文学、远红外天文学、γ 射线天文学、高能天体天文学、无线电天文学、太阳系天文学、紫外天文学、X 射线天文学、天体地质学、等离子天体物理学、相对论天体物理学、中微子天体物理学、大地天文学、行星物理学、宇宙磁流体力学、宇宙化学、宇宙气体动力学、月面学、月质学、运动宇宙学、照相天体测量学、中微子天文学、方位天文学、航海天文学、航空天文学、河外天文学、恒星天文学、恒星物理学、后牛顿天体力学、基本天体测量学、考古天文学、空间天体测量学、历书天文学、球面天文学、射电天体测量学、射电天体物理学、实测天体物理学、实用天文学、太阳物理学、太阳系化学、星系动力学、星系天文学、天体生物学、天体演化学、天文地球动力学、天文动力学。

1.2　天文学与人类社会

人类的生活和工作离不开时间,而昼夜交替、四季变化的严格规律须由天文方法来确定,这就是时间和历法的问题。如果没有全世界统一的标准时间系统,没有完善的历法,人类的各种社会活动将无法有序进行,一切都会处在混乱状态之中。

人类已经进入空间时代。发射各种人造地球卫星、月球探测器或行星探测器,除了技术保障外,这些飞行器要按预定目标发射并取得成功,离不开它们运动轨道的计算和严格的时间表安排,而这些恰恰正是天文学在发挥着不可替代的作用。

太阳是离地球最近的一颗恒星,它的光和热在几十亿年的时间内哺育了地球上万物的成长,其中包括人类。太阳一旦发生剧烈活动,对地球上的气候、无线电通信以及宇航员的生活和工作等都将会产生重大影响,天文学家责无旁贷的承担着对太阳活动的监测、预报工作。不仅如此,地球上发生的一些重大自然灾害,如地震、厄尔尼诺现象等,也被证明与太阳活动密切相关。天文学家正为之努力工作,为防灾、减灾做出贡献。

特殊天象的出现,如日食、月食、流星雨等,现代天文学已可以做出预报,有的已可以做长期、准确的预报。

1.2.1　天文学对基础学科的影响

天文学是自然科学的基础学科,和其他学科都有联系并且有相互促进的作用。

1. 数学

天体位置的确定、观测数据的处理都需要数学,所以天文学成为推动数学发展的动力。

2. 物理

经典力学体系的建立、万有引力定律的发现是研究太阳系内天体运动的需要;海王星的发现证实了万有引力定律;水星凌日、黑洞、日食的观测验证了广义相对论;物理学中极端条件下物理规律的验证只能依赖天体环境。天体物理学已经成为天文学的主流学科。

3. 化学

氦(He)元素是天文学家在太阳光谱中首先发现的。同时研究宇宙中气体和尘埃的相互作用,可以揭晓元素形成的机制。天体化学已经是天文学中热门的新兴科学了。

4. 生物

天文学家通过研究不同天体环境中的生物分子,了解生命的起源、生物分子如何构成生命、生命如何与其诞生的环境互相影响,以及最终探研生命能否及如何扩展到其他行星之外。地外文明的探索,天文生物学、地外生物学等新学科的兴起,都说明了生物学与天文学的密切关系。

5. 气象

气象与天文学的联系是密切的,甚至有许多人搞不清天文学与气象学之间的区别。实际上,天文学研究的"天"和气象学研究的"天"是两个完全不同的概念。天文学上的"天"是指宇宙空间,气象学上的"天"是指地球大气层。天文学研究地球大气层以外各类天体的性质和天体上发生的各种现象——天象,气象学则研究地球大气层内发生的各种现象——气象。所以,预报日食、月食的发生和流星雨的出现是天文学家的事情,而预报台风、高温、寒流则是气象学家的职责。但天文学与气象学是联系最密切的学科。地球本身也是一个天体,地球大气影响天文观测,从某种意义上说天气决定了观测的成败(地面光学、红外)。例如:大气扰动影响成像质量,大气折射影响观测精度等。天文对气象的影响也是很明显的:地球绕太阳公转形成了地球上的四季,月球对地球的引力作用形成了海水每天的潮起潮落,地球上近年来对气候影响最大的厄尔尼诺现象就与地球的自转变化有关。

1.2.2　天文学对技术科学的推动作用

天文学是观测的科学,观测技术和观测水平的不断进步与提高对天文学的发展起着关键的作用。天文望远镜的发明就是光学技术的成果,而天文望远镜的发展更是推动了光学、机械和控制技术的发展。

现在的天文学家早已不再到望远镜后面去"看星星"了！ 他们把望远镜收集到的天文信息通过终端接收设备送入计算机。望远镜的终端接收设备从肉眼到照相底片,再到CCD,体现了人类观测手段的进步。终端接收设备技术的发展也推进了军事技术、航天工业、遥感技术等的发展。

1.2.3　天文学对工农业生产和军事领域的作用

天文学是一门古老的学科,是一门观测的学科,在历史上它就与人类的生产活动和日常生活密切相关,如季节的变化、潮水涨落、野外方向的确定等。

天文学对工农业生产和军事领域有很大的作用,主要体现在以下几点:

(1) 时间计量——制定时间标准,应用于各科学领域;

(2) 星表、年历的编制——服务于农业生产、航空、航天、航海;

(3) 研究和预报太阳活动——飞船运行、卫星发射、通信保障等;

(4) 精密定轨、测距——计算和控制卫星轨道、研究地月系演化;

(5) 天文高灵敏度探测器——遥感和军事上的应用等。

1.2.4 天文学的哲学意义

天文学的哲学意义,从人类认识宇宙的几次大飞跃中就能够体现出来。

第一次大飞跃是人们认识到地球是球形的,日月星辰远近不同,它们的运动都有规律可循。观测它们的位置可以制成星表,利用它们运动的规律性可以制成历法。古时候人们往往凭主观猜测或幻想来看待天与地的各种问题,有些看法成了流传的神话故事,例如我国的"盘古开天地""嫦娥奔月"等。然而,经过长期观测和思考,人类逐渐形成了科学认识。例如,从月食时地球投到月球上的圆弧影子等现象推断大地为球形,用三角测量法测定太阳和月球的距离和大小等。公元 2 世纪,集当时的天文学成就,托勒密在其名著《天文学大成》中阐述了宇宙地心体系(地心说),认为地球静止地位于宇宙中心,大行星和恒星在各自的轨道上每天绕地球一圈。他试图用数学的方法给天体以科学的描述,否认了上帝创造宇宙的传统理论,是人类哲学思想的飞跃。

第二次大飞跃是 1543 年哥白尼在名著《天体运行论》中提出宇宙日心体系(日心说),形成了太阳系的概念。他论证了地球和行星依次在各自轨道上绕太阳公转;月球是绕地球转动的卫星,同时随地球绕太阳公转;日月星辰每天东升西落现象是地球自转的反应;恒星比太阳距地球远得多……17 世纪初,伽利略制成了天文望远镜看到了月面,发现了木星的卫星,观察到了太阳黑子,从而极大地支持了"日心说",开创了近代天文学。

第三次大飞跃是万有引力定律和天体力学的建立。开普勒分析第谷留下的行星观测资料,发现了行星运动三定律;牛顿的名著《自然哲学的数学原理》给出了万有引力定律,奠定了天体力学的基础。哈雷对彗星的研究,勒威耶和亚当斯海王星的发现,都说明了人类的哲学思想和自然科学研究的共鸣。

第四次大飞跃是认识到太阳系有其产生到衰亡的演化史。在牛顿时代,人们认为自然界只是存在往复的机械运动,绝对不变的自然观占主导地位。打破僵化的自然观的人物是德国的哲学家康德和法国的数学家拉普拉斯,他们分别独立提出了太阳系起源的星云假说,阐述了科学的宇宙思想。

第五次大飞跃是银河系和星系概念的建立。美国国家科学院沙普利 - 柯蒂斯大争论:星云是河外的还是河内的天体?是不是星系?哈勃测定 M31 星系的距离,开创了河外星系天文学。这些都大大扩展了人类的视野和宇宙观。

第六次大飞跃是天文物理学的兴起。19 世纪中叶以后,照相术、光谱分析和光度测量技术相机应用于天文测量,促使了天体物理学的兴起。对恒星的化学组成以及恒星内部的物理结构的认识,使人类的哲学思想进一步深化,认识宇宙的科学幻想得到了实现。

第七次大飞跃是时空观的革命。20 世纪初期,爱因斯坦创立了相对论,把时间、空间与物质及其运动紧密联系起来,打破了经典物理学的"绝对时空观"。他阐述了"引力弯曲""时间延长""多维时空"等超出人类普通哲学思想的科学观念,完成了自然科学的彻底革命。

1.3 大地天文测量的定义、任务与作用

1.3.1 大地天文测量的定义、任务与作用

为了研究地面上天文测量的方法,把球面天文学和实用天文学的有关内容合为一门

学科,称为大地天文测量(或大地天文学)。它是天文学的一个小分支,也是大地测量的一个重要组成部分。它的主要任务,是用天文方法观测天体的位置来确定地面点的位置(天文经度和天文纬度)和某一方向的方位角,以供大地测量和其他有关的科学技术部门使用。

在军事应用上,大地天文测量是弹道导弹武器发射时的重要测绘保障。在导弹武器发射区域内,利用天文测量仪器和方法通过观测天体的位置确定地面点的地理位置与该点到目标点的方位,并按一定方法联测天文位置点、传递天文方向、标定地理子午线等。导弹武器发射的天文测量的主要工作:一是精确测定发射点的天文经纬度和基准方位边的天文方位角,为导弹武器发射惯性制导系统初始对准提供定位参数和方位基准;二是为武器惯性仪表测试提供位置基准和为标定惯性仪表测试台地理子午线提供方位基准;三是为建立垂线偏差格网数值模型、布设基础大地控制网提供精确的垂线偏差和拉普拉斯方位角。

随着大地测量型 GPS 接收机的应用,综合利用 GPS 测量、导线测量和三角高程测量的方法已成为布设基础大地控制网普遍采用的方案。在这一布设方案中大地天文测量仍起着十分重要的作用。具体地讲,主要有以下几个方面。

1. 为 GPS 天文水准提供垂线偏差

众所周知,GPS 测量测得的 GPS 控制点间的高差为大地高差,而三角高程测量测得的高差是近似正常高的高差。如何将这两种不同性质的高差统一起来,是采用 GPS 测量和三角高程测量必须解决的问题。根据基础大地控制网布设的精度要求,大多采用天文水准的方法解决。即按天文测量的方法测定各 GPS 点的天文经纬度,根据 GPS 点的垂线偏差按天文水准的方法求取 GPS 点间的高程异常,进而求得正常高高差。

2. 建立垂线偏差内插计算模型

建立垂线偏差内插计算模型的作用:一方面是为导线测量测得的地面水平方向值归算至参考椭球面提供垂线偏差数据(尤其是在垂线偏差较大的山区,这是保证导线测量精度的重要内容);另一方面是为战时快速求取发射阵地垂线偏差奠定基础。垂线偏差内差计算模型通常是根据各 GPS 点的垂线偏差和部分导线点的垂线偏差进行拟合建立的,这就要求在这些点上进行精确的天文测量,以获得这些点的天文大地垂线偏差。

3. 测定导线边的天文方位角

测定部分导线边的天文方位角,提高基础大地控制网的精度和可靠性。

1.3.2　大地天文测量研究的主要内容

由天文测量的任务可知,它是研究在一定区域内的地面上,如何精确测定地面点的天文经纬度和地面点间天文方位角的一门技术科学。研究的主要内容可概括为球面天文和实用天文两部分。

1. 球面天文

人们都有一个直观的感觉,就是天空好像是一个巨大的半球罩着大地,所有日月星辰都分布在这个球面上。而且不管走到哪里,都觉得自己正好站在球心,这个直观的假象球称为天球。天文学就是利用这个直观而实际不存在的天球作为研究问题的辅助工具的。

球面天文的主要内容,是研究如何利用球面坐标确定天体投影在天球上的视位置,并研究这些视位置变化的规律和产生原因。以时间为参数的计算天体视位置的依据和方法，成为一切天文观测所必需的基础知识，其主要的数学手段是球面三角学和矩阵运算。具体的研究内容有天球坐标系的建立，天体的周日视运动和周年视运动，天体的视差、大气折射、光行差、岁差、章动的理论及应用，天文时间计量的原则和时间系统的建立，天体视位置的归算方法等。

2. 实用天文

实用天文学是天体测量学的一个分支学科。它的理论基础是球面天文学和误差理论，主要研究地面坐标点和地面两点之间连线的方位角的测定原理、测定方法、操作程序和归算方法。同时要对使用的主要测量仪器、重要附属装备的性能、操作、误差进行研究，以提高观测的精度。

不同型号的武器对天文经纬度的精度要求，对阵地各类方位边的天文方位角的测定精度要求，均不尽相同。天文测量的等级是按测量最后成果的中误差来衡量的。《国家天文测量规范》规定天文测量分为4个测量等级，《军用天文测量规范》规定了军用一、二等2个等级，以上规范和教材中规定的精度指标归纳为表1.1，同一精度指标的天文测量（如国家二等、军用二等）在不同规范中对测星数量、测回数等要求略有不同。低等级天文测量按国家天文测量三、四等级施测。

表 1.1　各类规范各等级精度规定

天文点等级	中误差		
	天文定位		天文定向
	经度/(°)	纬度/(″)	方位角/(″)
国家一等、军用一等	±0.02	±0.3	±0.5
国家二等、军用二等	±0.04	±0.5	±1.0
国家三等	±0.10	±1.0	±5.0
国家四等	±0.50	±5.0	±10.0

第 2 章
天球坐标系

　　天文测量的目的是测定地面点的经纬度和对某一方向的天文方位角。经度是指测站点与格林尼治天文台在同一瞬间观测同一天体的时角之差;测站点的纬度等于在该测站点北天极的高度(也等于测站点天顶到赤道的夹角);天文方位角则是测站子午圈与通过地面目标垂直圈之间的夹角。那么,什么是天体的时角? 北天极位于何处? 子午圈、垂直圈又是如何确定的? 这些都需要通过观测天体来确定。因此,天文测量的首要任务是进行天文观测,要进行天文观测就要学会认识星空,识别天体。而天体的位置与地面点之间又有什么联系呢? 一个在天上,一个在地面,怎样使之联系起来? 为此,需要建立起天球的概念,认识天球及其特性。天球上与地球自转、公转有关的基本点、线、圈,天体的星等(Magnitude)、星座与星图,恒星和太阳的视运动,地球的自转运动,地平坐标系、时角坐标系、赤道坐标系等常用的天球坐标系,是开展天文观测必须首先了解的问题。

　　为了描述测量天体的坐标参数,需要建立某些基本坐标系。基本坐标系通常以观测者所在的中心天体(地球、月亮、太阳等)的动力学平面为基准建立。这样的坐标系可将位于中心天体的观测者和目标天体所在的天球背景联系起来。由于观测者总是位于中心天体表面的测站上,因此测量将涉及三个要素矢量:星矢量、站矢量和星站矢量。星矢量是"星"相对于坐标原点的位置矢量;站矢量是过测站的某地方矢量,可能是测站的地心向径,也可能是测站的地方铅垂线,还可能是连接两测站的直线——基线,其具体类型与采用的观测技术和观测目标有关;而星站矢量则是目标天体与地面测站作为两端所构成的相对的位置矢量。测量总是对星站矢量实施的。通过一定的技术手段,取得星站矢量的某种函数,并在一定的条件下解算出坐标参数,这个函数称为星站测量函数。这种星与站的测量模式称为地基天体测量。

2.1　天球与天体

　　进行天文观测首先是从寻找天体开始的。在茫茫的星空中,要想寻找到想要观测的天体,必须知道天体在空中的位置,即天体在天空的坐标。而坐标的建立则需要从天球讲起。

2.1.1　天球的概念

当我们仰望天空观看天体时,天空好像一个巨大的半球罩着大地,所有的日月星辰都镶嵌在这个半球的内壁上,而我们自己无论在地球上什么位置,都好像是处于这个半球的中心。这是由于天体和观测者间的距离与观测者随地球在空间中移动的距离相比要大得多,在地球上无法分辨不同天体与我们之间距离的差异,所以看上去天体似乎都离我们一样远。我们所看到的这个假想的以观测者为球心、以任意长为半径的圆球,称为天球(图2.1)。天球是直观视觉所作的科学抽象,而不是客观存在的实体。天球一直作为一种辅助工具被天文学所采用,目的是便于研究天体的位置和运动。

根据所选择的天球中心不同,有日心天球、地心天球和站心天球等。天球的半径可任意选取,没有具体数值,但是,由于任意一名观测者不论走到什么地方好像都是位于天球中心,为了反映这种情况,天球的半径可当作数学上的无穷大,这时,对不同位置的观测者的所有平行线和平行平面都交天球于同一点和同一大圆,不过,由于天体的距离总是有限的,因此一旦观测者在天体之间所处的位置发生了变化,观测者所观测的天体方向就要改变,因而它们在天球上的位置就不同了。

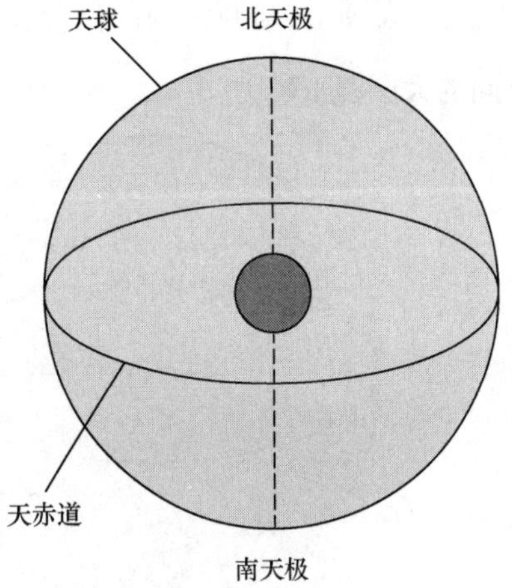

图 2.1　天球

若把天球设想为一个有限的球体,这时,一旦观测者改变了空间位置,天球中心也将随观测者而移动;过观测者的直线和平面也须随观测者做平行移动,以保持在球面上交于同一点和同一大圆,这和无穷大天球中的情况完全一样。

这里需要指出,无论哪种情况,天空的星象总是不变的。因此,可用作图的方法把这种星象表示在一个有限大的球面上,而观测者则位于球体中心,对通过不同观测者的所有平行直线和平面则用通过球心的直线和平面来表示。

天球不仅具有天空的直观形态,而且具有明确的定义与内涵,人们借助天球的科学概念发展了一整套数学运算体系,天球具有如下性质:

(1)天体在天球上的位置是把天体从天球中心投影在天球面上所得到的点。

(2)天球半径可以任意选取。通常选取无穷大,有时为了方便研究某些问题,也常取为单位长度。

(3)天球中心可以任意选取。通常选取观测者所在的点作为天球中心,根据观测者所处位置的不同,天球可分为站心天球、地心天球、日心天球等。

(4)天球上任意两点之间的距离是这两点间的大圆弧弧长,用角度来表示,称为角距离。观测者只能辨别天体在天球上的方向,线距离是没有意义的。

(5)地面上相距有限距离的所有平行直线,向同一方向延长与天球交于一点。

(6)地面上相距有限距离的所有平行平面在天球上交于同一大圆。

有了天球,认识天体就方便了,因为不论天体离观测者多么遥远,都可以把它们投影到天球上,并以天球为基础建立天球坐标系,用球面坐标来表示它们的位置。

关于天球上的几个基本概念:

正圆:任何平面和球面的交线都是正圆。

大圆:通过球心的平面与球面的交线,是直径最大的圆,称为大圆(图2.2)。

小圆:不通过球心的平面与球面的交线,称为小圆(图2.2)。

大圆的极点:通过球心与大圆所在平面相垂的直线与球面的两个交点。

圆弧与角的度量:$1\text{rad} = 360°/2\pi = 206265''$。

球面角:如图2.3所示,两个大圆在球面上构成的角度($\angle ASB$) = 以两大圆交点(S)为极点的大圆上,与两大圆的两交点(A,B)在球心所张的角度($\angle AOB$) = 该两交点(A,B)间的大圆弧$\overset{\frown}{AB}$。

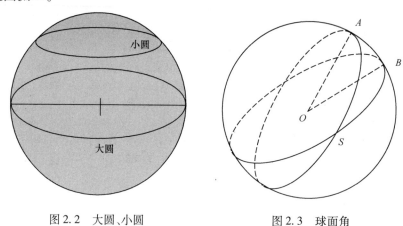

图2.2　大圆、小圆　　　　　　图2.3　球面角

2.1.2　天球上的基本点、线、圈、面

天球的基本点和基本圈是建立球面坐标的基础,经常用到的基本点和基本圈如下。

1. 天顶和天底

如图2.4所示,过天球中心做一直线与观测点的铅垂线平行,交天球于 Z 和 Z' 两点,位于观测者头顶的一点 Z 称为天顶,与天顶相对的 Z' 点称为天底。

2. 天轴和天极

如图2.4所示,通过天球中心 O 与地球自转轴平行的直线 POP' 称为天轴,天轴是建立天球坐标系的基准轴。天轴与天球相交的两点 P 和 P',称为天极。相应地球北极的一点 P 称为北天极,地球南极的一点 P' 称为南天极。

3. 天球赤道

通过天球中心 O 与天轴 POP' 相垂直的平面称为天球赤道面,它同地球赤道面平行,天球赤道面与天球相交的大圈 QQ' 称为天球赤道(简称天赤道)。平行于天赤道的小圆称为周日圈或赤纬圈(图2.4)。

4. 地平圈

通过天球中心 O 垂直于铅垂线的平面称为天球地平面(简称地平面),它与天球相交

的大圈 *NESW* 称为天球地平圈(简称地平圈),平行于地平圈的小圈称为等高圈或地平纬圈(图 2.4)。

5. 子午圈

如图 2.4 所示,过测站铅垂线 *ZOZ'* 和北天极 *P* 的平面称为天球子午面,天球子午面与天球相交的大圆称为天球子午圈。也可以说通过测站天顶 *Z* 和南天极 *P'* 的大圆即为测站的天球子午圈。

6. 四方点

天球子午面与天球地平面垂直,它们的交线称为子午线。子午线与天球相交于 *N*、*S* 两点,靠近北天极 *P* 的一点 *N* 称为北点,和它相对的另一点 *S* 称为南点(图 2.4)。

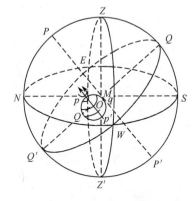

图 2.4　天球上的点、圈、面

天赤道 *QQ'* 与地平圈 *NESW* 相交于 *E* 和 *W* 两点,观测者从天顶向下看,在地平圈上与北点 *N* 顺时针方向相距 90° 的点 *E* 称为东点,逆时针方向相距 90° 的点 *W* 称为西点。*E*、*W*、*S*、*N* 统称为四方点(图 2.4)。

7. 上点和下点

子午圈含 *Z* 的半圆称为上子午圈,含 *Z'* 的半圆称为下子午圈,上子午圈与赤道的交点 *Q* 称为上点;下子午圈与赤道的交点 *Q'* 称为下点(图 2.4)。

8. 垂直圈和卯酉圈

通过天顶 *Z* 和天底 *Z'* 的大圈称为垂直圈。过东点 *E*、西点 *W* 的垂直圈称为卯酉圈(图 2.4)。

9. 时圈

凡是通过南北天极的大圈均称为时圈。时圈有无数个,子午圈也是时圈。时圈也称赤经圈,它与赤道互相垂直。

上述天球上的基本点和基本圈中,天极、天赤道、时圈、周日圈等是与地球自转相关的,而与观测者的位置无关,它们在天球上的位置是固定的;而天顶、天底、垂直圈、地平圈、子午圈、卯酉圈、等高圈、四方点及上、下点等,相对于观测者是固定的,但由于地球的自转,它们在天球上的位置相对于恒星是变动的。由于各地观测者所处的地方的重力方向各不相同,因而其天球也不一样,也就是说天顶、天底、真地平圈、子午圈、四方点、卯酉圈都具有"地方性",上述各点、圈、面如图 2.5 所示。天球上还有一些与地球公转有关的基本点、线、圈,其中最重要的是黄道,如图 2.6 所示。

10. 黄道

如图 2.6 所示,通过天球中心 *O* 作一个与地球绕太阳公转轨道面相平行的平面,这个平面称为黄道面,它延伸与天球相交的大圈,称为黄道。

任一瞬间地球的公转向径及其速度方向所构成的平面称为瞬时黄道面,它与天球所交之大圈称为瞬时黄道。视太阳在观察瞬间就沿瞬时黄道运动。但是,由于地球公转受其他行星和月球的引力影响,瞬时黄道是变化的,这种变化可用一种缓慢的长期运动和一些周期和振幅不同的短周期变化来表示。任一瞬间,若只顾及长期项,忽略短周期变化影响的平面,则定义为黄道面。它与天球所交的大圆为黄道。显然,黄道面为瞬时黄道面的平均面。由于瞬时黄道面对黄道面的不规则振动,从地球上看视太阳并不精确地在黄道上,但偏差不会超过2″。

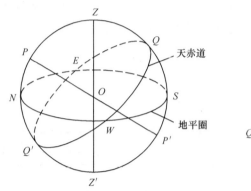

图2.5　天球地平圈

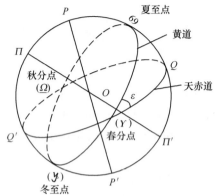

图2.6　天赤道与黄道

11. 黄极

过天球中心 O 作一条垂直于黄道面的直线 $\Pi O\Pi'$,与天球相交于 Π 和 Π' 两点,靠近北天极的 Π 点称为北黄极,靠近南天极的 Π' 点称为南黄极(图2.6)。

黄道面与赤道面的夹角称为黄赤交角,一般用希腊字母 ε 表示,其值为23°27′。

12. 二分点和二至点

天球上黄道与天赤道相交的两点(Y 和 Ω)称为二分点。太阳在黄道上做周年视运动,每年3月21日前后由赤道之南向赤道之北所经过赤道的点 Y 称为春分点,每年9月23日前后由赤道之北向赤道之南所经过赤道的点 Ω 称为秋分点。在黄道上距春分点和秋分点90°的两个点称为二至点,在赤道以北的点 ♋ 称为夏至点,在赤道以南的点称为冬至点 ♑(图2.6)。

13. 二分圈和二至圈

在天球上通过天极、春分点和秋分点的时圈,称为二分圈。在天球上通过天极、夏至点和冬至点的大圈,称为二至圈(图2.6)。

2.1.3　天体

通常人们所说的天体主要包括以下几种:

(1) 行星:绕着恒星转,不发光;

(2) 恒星:如太阳,会发热、发光;

(3) 彗星:如哈雷彗星,彗星通常是由冰块与土石混合而成的,绕着太阳转;

(4) 卫星:如月亮,绕着行星转;

(5) 流星与陨石:流星通常是指彗星或小行星经过地球轨道附近并留下尘埃,被地球吸引后进入地球大气层,因产生高热而燃烧,大部分的流星都会在大气层燃烧完毕,但尘埃若是过大无法燃烧完毕便会掉到地面上,此时就称为陨石;

(6) 小行星:它们大多数为在火星和木星之间的行星。

1. 天体距离的单位

（1）天文单位（AU）：地球到太阳的平均距离，约为 1.5 亿千米；

（2）光年：光线在真空中一年时间内经过的距离，约为 10 万亿千米；

（3）秒差距（pc）：对地球公转轨道半长径的张角为 1″处的天体的距离。1pc = 3.26 光年。

2. 天体的亮度和星等

天文测量不关心天体的大小、远近以及物理化学性质等，所注意的仅为天体在天球上的视位置及其亮度，天体视位置将在第 7 章详述，下文将说明天体的亮度与星等。

夜空中的星星有亮有暗，这种明暗的程度就是星星的亮度。公元前 2 世纪，古希腊的天文学家依巴谷（Hipparchus）就绘制了一份标有 1000 多颗恒星位置和亮度的星图，并根据目视观察把恒星亮度划分为 6 等。1850 年，普森（Pogson）注意到依巴谷定义的 1 等星比 6 等星亮约 100 倍，也就是说，星等每相差 1 等，其亮度之比约等于 2.5。即 1 等星比 2 等星亮 2.5 倍，2 等比 3 等星亮 2.5 倍，以此类推至 24 等星止。比一等星还亮的星是 0 等，更亮的则用负数表示。设 E_1 为 1 等星的亮度，E_2 为 2 等星的亮度，则其比例为

$$E_1 = \sqrt[5]{100}E_2, \ E_2 = \sqrt[5]{100}E_3, E_3 = \sqrt[5]{100}E_4$$

设星等分别为 m_1 与 m_2 的两颗星的亮度为 E_{m_1} 和 E_{m_2}，则星等和亮度关系为

$$E_{m_1} = (\sqrt[5]{100})^{m_2-m_1} E_{m_2}$$
$$m_2 - m_1 = 2.5\lg(E_{m_1}/E_{m_2}) \tag{2.1}$$

由此可见星等是衡量天体明暗程度即亮度的数值，并且星等的数值越大，代表这颗星的亮度越暗。相反，星等的数值越小，代表这颗星越亮。测量中肉眼能勉强看到的最暗的星是 6 等星，记为 6m。天空中小于 6m 的星大约有 6000 多颗。满月时月亮的亮度相当于 −12.6 等（−12.6m），太阳是人类能看到的最亮的天体，它的亮度可达 −26.7m。而当今世界上最大的天文望远镜能看到的最暗的天体的星等约为 24m。

这里说的星等反映的是从地球上看到的天体的明暗程度，在天文学上称为"视星等"。太阳看上去比所有的星星都亮，它的视星等比所有的星星都小得多，这只是因为它离地球近。甚至，月亮自己根本不发光，只不过反射些太阳光，便成了人们眼中第二亮的天体。天文学上还有个"绝对星等"的概念，这个数值才能真正反映天体的实际发光本领。在天文测量中所说的星等实际上指的是"视星等"。

3. 双星及变星

1）双星

不但看上去离得近，实际距离也很近的两颗星称为双星。双星又分为光学双星和物理双星。双星间无力学联系，仅是球面位置靠得比较近的双星称为光学双星。不但空间的位置靠得近，并且通过万有引力互相吸引，彼此围绕着对方不停地旋转的双星，称为物理双星，只有这种关系，才能称作现代天文学意义上的双星。天文学上把双星中比较亮的一颗称为主星，比较暗的一颗称为伴星。

在观测双星时，常常观测双星中较亮的主星，星表中给出的是双星的质心位置，因此，在计算处理中，必须把双星的质心位置通过伴星绕主星的轨道根数，化为同一观测瞬间的主星位置，这称为双星轨道改正。

2）变星

凡是能够观测到亮度变化的恒星,都称为变星。变星主要分为造父变星和食变星两类。

食变星实际上是双星系统造成的,两颗子星相互掩食,彼此绕着对方旋转。这样,当比较暗的一颗星转到比较亮的那颗星和地球之间的时候,就把亮星的光遮住了一部分,于是总的亮度就减退了。当这颗暗星转到亮星的一旁或后面,不再遮光的时候,系统又恢复了最大观测亮度。这类变星的代表是英仙座的大陵五。

造父变星的变光现象,是由变星自己造成的,这类变星称为内因变星,如仙王座的造父一。天文学家发现,造父一的直径是太阳的 30 倍,约 $48 \times 10^6 \mathrm{km}$。它就像人体的心脏一样,总在不停地搏动——膨胀与收缩,直径前后相差达 57km。膨胀时它的亮度减弱,收缩时亮度增加,搏动的周期也就是它亮度变化的周期。像造父一这样由于体积的变化导致变光的变星称为"脉动变星"。

如果进行高精度观测,大多数恒星——包括太阳和北极星——其亮度都有变化。也就是说,测量中观测变星的机会非常多,大多数情况下,由于天文测量的精度不高于军用二等天文测量,因此目视观测一般不对变星进行特别的处理,但是如果使用 CCD 摄影测量则须计算星等差、求解光变周期等。

2.1.4 星座和恒星的辨认

1. 星座

人们为了便于认识恒星,从古代起就把天球划分成若干区域,这些区域称为星座,以北天极为中心的全天星图见图 2.7。星座是以本区域中较亮的星及其邻近的恒星联合组成各种图形的,多以动物或希腊神话中的人物来命名,如大熊座、仙后座、御夫座。按照国际规定,整个天球分成 88 个星座。这 88 个星座按在天球的不同位置和恒星出没的形式,又划成 5 个大区域,即拱极星座、北天(40°~90°)星座、黄道十二星座(天球上黄道附近的星座)、赤道带星座(10 个星座)、南天(-30°~ -90°)星座。

大熊星座是拱极星座之一。中心位置:$\alpha = 11^{\mathrm{h}} 30^{\mathrm{m}}$(赤经),$\delta = 55°$(赤纬)。北斗七星就是大熊星座中的七颗亮星,是北极附近最容易认识的星座,是航海及测量的标志。它们分别是大熊座中的天枢(α)、天璇(β)、天玑(γ)、天权(δ)、玉衡(ε)、开阳(ζ)和摇光(η)。北斗七星中,除天权是 3 等星外,其余均为 2 等星。因七颗主要的星排列成斗状而称为北斗七星,也称"大水勺"。北斗七星离北天极不远,又很容易识别,因此常用来作为指示方向和认识北天其他星座的标志。由于恒星自行的缘故,北斗七星的形状也在发生缓慢的变化。北斗七星的斗柄指向随着季节变化,"斗柄东指,天下皆春;斗柄南指,天下皆夏;斗柄西指,天下皆秋;斗柄北指,天下皆冬"正是这一现象的写照。所以,根据北斗七星在星空中位置的变化,还可以了解四季的交替与变化。

小熊星座是最靠近北天极的星座。因七颗主要的星排列成斗状,很像北斗,但星光较暗,因此又称"小北斗"或"小水勺"。斗柄末端为 α 星,即北极星,是变星,星等可从 1.96m 变到 2.05m。斗魁内的 β 星(帝星)为 2 等星,γ 是 3 等星,叫"护极星"。此座内 4 等星以上的星共有 7 颗。

仙后座也是拱极星座之一。中心位置:$\alpha = 1^{\mathrm{h}}$(赤经),$\delta = 63°$(赤纬)。在拱极天区内

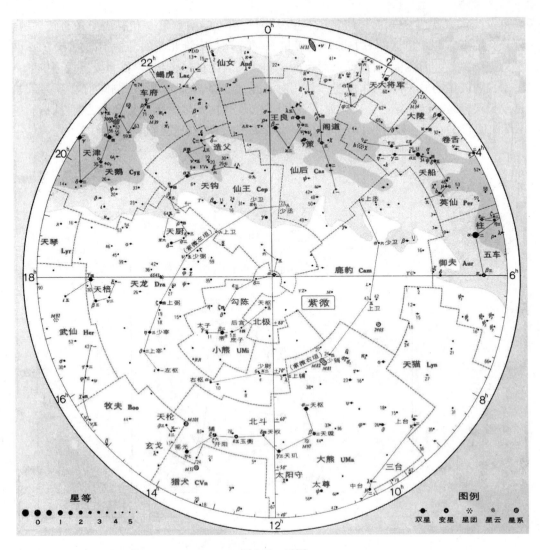

图 2.7　星图

和大熊座遥遥相对。座内有 5 颗亮星 ε、δ、γ、α 和 β（中文名为"阁道二""阁道三""策星""王良四"和"王良一"）如用直线连接，则形似"W"形。

2. 北极星的辨认

北天最重要的星是北极星，这是每个野外天文测量者必须熟知的，因为在测量前往往使用北极星对仪器进行定向。

北极星即小熊座中的 α 星，中国星名叫勾陈一或北辰。北极星距地球约 400 光年，每年约自行 0.046″。它是最近一段时期内距北天极最近的一颗亮星，距极点不足 1°，因此，对于地球上的观测者来说，它好像不参与周日运动，总是位于北天极处，因而被称为北极星。由于岁差，天极以约 26000 年的周期绕黄极运动，因此，北极星不是固定不变的。公元前 2750 年前后，天龙座 α 星曾是北极星；小熊座 α 星成为北极星只是近千年来的事；公元 4000 年时，仙王座 γ 星将成为北极星。北极星是由三颗星组成的三合星，其中的主星甲是离地球最近的一颗造父变星。

欲找北极星,先找大熊星的北斗七星,从勺头边上的两颗星β和α引一条直线,一直延长到距离它们5倍远的对方即得北极星,一年四季,不管北斗的勺柄指向何方,β、α两星的连线总是伸向北极星,因此大熊星的β和α又名指极星,这是寻找北极星最简单的方法。在北极星的另一方,与大熊星遥遥相对者是仙后座,它的5颗亮星排列成"W"形,也是北天很容易辨认的星座。当大熊座隐没地平以下时,此星座高踞北极星之上,从仙后座α星向仙后座γ星连线并加以延长(延伸大约3倍),也可以找到北极星(图2.8)。

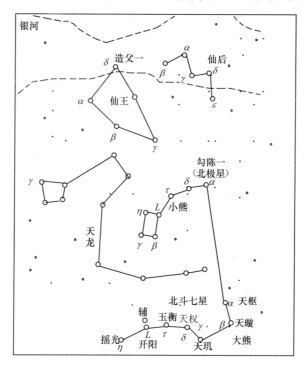

图2.8　辨认北极星

2.2　天球坐标系

天文测量中经常用到天球坐标系,天球坐标系属于球面坐标系。球面坐标系和直角坐标系的区别就是前者是从天球的直觉形状和忽略天体距离而自然产生出来的,后者更适合解决理论天文学的问题及坐标系转换等。为了明确天球坐标系原点的位置,需要使用一个附加的修饰词,例如,原点位于观测者的坐标系称为站心坐标系,位于地球中心称为地心坐标系,位于太阳中心称为日心坐标系。坐标系的定义包括原点、坐标轴的指向、坐标参量的尺度和度量方式三要素。

2.2.1　常用天球坐标系

球面坐标系统由基本圈(称基圈或主圈)和基本圈上的一个起算点(起点或原点)组成,到基本圈距离为90°处的点称为基本圈的极,与基本圈相垂直且经过起算点的圈称为辅圈(或次圈)。基圈和辅圈的交点之一称为基本点或原点。图2.9中,P点为基本圈的极;G 点为基本点或原点;由 GP 所构成的圈为通过原点 G 的基本圈;由 RP 所构成的圈为通过天体 σ 的辅圈。GR 是自 G 到 R 的角距,通常自 G 点起按规定的方向计量。

1. 地平坐标系

地平坐标系是以地平圈为基圈(横坐标圈)、以子午圈为次圈(纵坐标圈)、以天顶 Z 为极点、以南点 S(也可由北点 N)为原点所构成的球面坐标系。

如图 2.10 所示,SMN 为地平圈,σ 为任意天体,通过 σ 和天顶 Z 及天底 Z' 作垂直圈 $Z\sigma MZ'$,交地平于点 M,并且垂直于地平圈,$Z\sigma MZ'$ 为 σ 的地平经圈。通过天体 σ 作一个平行于地平圈的平面,它与天球交一个小圆 $L\sigma L'$,$L\sigma L'$ 称为地平纬圈。

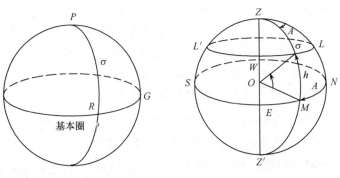

图 2.9 球面坐标概述   图 2.10 地平坐标系

地平经度是地平坐标系在基本圈上量取的第一坐标,也称方位角,以 A 表示。它从原点 N 开始在基本圈上量取至 M 点的大圆弧 $\overset{\frown}{NM}$,等于测站子午圈与过天体的地平经圈所夹的二面角 $\angle NOM$,经常用以天顶 Z 为顶点的球面角 $\angle NZM$ 来表示。地平经度是由原点 N 开始,沿地平圈向西按顺时针方矢量取,其值为 $0° \sim 360°$。有时也以南点 S 为原点,从原点 S 起沿顺时针方向向西量取,其值为 $0° \sim 360°$,具体应用时要注意坐标原点的实际定义。

地平坐标系的第二坐标是地平纬度,也叫高度,以 h 表示。它自 M 点起沿地平经圈量取至天体 σ 的大圆弧 $\overset{\frown}{M\sigma}$,从地平向天顶方矢量取为正,向天底方矢量取为负,其值为 $0° \sim \pm90°$。

地平纬度常以余弧 $\overset{\frown}{Z\sigma}$ 代替,称为天顶距 z,天顶距与高度的关系为

$$z = 90° - h \tag{2.2}$$

在同一地平圈上的天体,其高度相同,所以地平纬圈又称为等高圈。

因为建立地平坐标系的基准是观测者所在位置的铅垂线,不同地方的铅垂线方向不同,地平坐标随观测地点的不同而不同,所以不同的观测站有各自的地平坐标系。另外,即使同一观测站点,其铅垂线的空间方向也随地球自转而随时改变,所以天体的地平坐标又随时间而变化。因此,地平坐标系不仅具有地方性而且具有时间性。这说明地平坐标能明显地反映出天体和观测站两个位置之间的密切关系,正是由于地平坐标与地面观测者的这种直接联系,因此可以方便地在地面直接测量天体的地平坐标值。

进行天文观测时,通常使用北极星的高度和方位角先对测量仪器进行方向标定,之后按照天体地平坐标的预报值,寻找所要观测的天体,精确照准该天体后,记录天体的高度、

19

方位角和时间。这是大地天文定位、定向观测中获取天体位置的第一步,然后再将其转换为其他坐标值。

2. 时角坐标系(第一赤道坐标系)

取天赤道作为基本圈的天球坐标系称为赤道坐标系,因所取的基本点不同而分为第一赤道坐标系和第二赤道坐标系。

第一赤道坐标系又称为时角坐标系。它的基圈为天赤道,极点为北天极,次圈为子午圈,原点为上点 Q(图 2.11)。

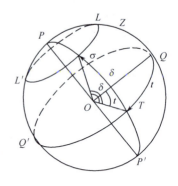

通过 σ 和北天极 P 以及南天极 P' 作半个大圆 $P\sigma TP'$,交天赤道于点 T,并且垂直于天赤道,$P\sigma TP'$ 称为 σ 的赤经圈或时圈。通过天体 σ 作一个平行于天赤道的平面,它与天球交一个小圆 $L\sigma L'$,$L\sigma L'$ 称为 σ 的赤纬圈。

时角是第一赤道坐标系在基本圈上量取的第一坐标,以 t 表示。它从原点 Q 开始在基本圈上量取至 T 点的大圆弧 $\overset{\frown}{QT}$,等于测站子午圈与过天体的时圈所夹的二面角 $\angle QOT$,其值由原点 Q 开始沿天赤道向西(按顺时针方向)计量,为 $0^h \sim 24^h$ 或 $0° \sim 360°$。有时也由原点 Q 沿天赤道向东、西分别计量,向西为正,向东为负,为 $0^h \sim \pm 12^h$ 或 $0° \sim \pm 180°$。

图 2.11 第一赤道坐标系

第一赤道坐标系的第二坐标是赤纬,以 δ 表示。它自 T 点起沿天赤道量取至天体 σ 的大圆弧 $\overset{\frown}{T\sigma}$,从天赤道向北天极方矢量为正,向南天极方矢量为负,其值为 $0° \sim \pm 90°$。赤纬 $\overset{\frown}{T\sigma}$ 的余弧 $\overset{\frown}{P\sigma}$ 称为天体的极距,以 p 表示。它们之间的关系为

$$p = 90° - \delta \tag{2.3}$$

在时角坐标系中,由于计量时角的原点是子午圈,不同观测站点的子午圈各不相同,所以天体的时角 t 随不同地点而变化。另外,对于同一地点的观测者来说,天体的时角随地球自转而变化,地球自转一周,天体的时角变化 24^h。因此,天体的时角在不同的测站和不同的观测时间不断发生变化。

时、分、秒单位和度、分、秒单位之间的关系为
$1^h = 15°$,$1^m = 15'$,$1^s = 15''$;
$1° = 4^m$,$1' = 4^s$,$1'' = 0.06667^s$。

由于时角坐标系不像地平坐标系是以观测者所在地的铅垂线为基准的,因此时角坐标系不能作为观测量直接获取。另外,由于时角 t 随不同地点和时间而变化,因此时角坐标系也不适宜用于天体星表。通常时角坐标系的主要作用是建立天体位置间的联系和进行坐标换算等。

3. 赤道坐标系(第二赤道坐标系)

第二赤道坐标系通常称为赤道坐标系,其基本圈、极点的选取与第一赤道坐标系完全相同,次圈为过春分点的赤经圈,原点为春分点 Υ。

赤经是第二赤道坐标系在基本圈上量取的第一坐标,以 α 表示。它沿天赤道量取,从春分点向东到通过天体的时圈与赤道的交点处,即从原点 Υ 开始在基本圈上量取至 T

交点的大圆弧$\overset{\frown}{YT}$,其值由春分点 Y 开始逆时针方向计量,为 $0^h \sim 24^h$ 或 $0° \sim 360°$。赤经不取负值(图 2.12)。

天体 σ 的第二坐标是大圆弧$\overset{\frown}{T\sigma}$,它与第一赤道坐标系的第二坐标一样,是赤纬 δ。

春分点在天球上的位置并非是绝对静止不动的,其运动的原因和规律后面将会阐述。不过春分点的这种运动,首先与观测者所在的位置无关,其次这种运动规律对第二赤道坐标的影响已为人们所掌握,并能用理论计算加以修正。由于天体的周日视运动不会影响春分点与天体之间的相对位置,因此以天赤道、春分点为基准度量的赤经和赤纬不受周日视运动的影响,也不因观测者所在位置的不同而不同。通常使用赤道坐标系编制各种基本星表和进行卫星定轨等。

4. 黄道坐标系

黄道坐标系是以黄道为基圈,以春分点为原点的天球坐标系,如图 2.13 所示。

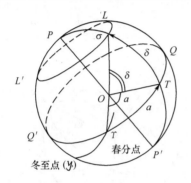
图 2.12　第二赤道坐标系

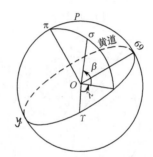
图 2.13　黄道坐标系

黄道坐标系的第一坐标黄经 λ,自春分点沿黄道按逆时针方向(从北黄极看)计量,取 $0° \sim 360°$ 或 $0^h \sim 24^h$。第二坐标黄纬 β,自黄道向北黄极计量为正,向南黄极为负,取值为 $0° \sim \pm 90°$。

天体的黄道坐标特别适于研究太阳系天体的位置和运动,因为这些天体的轨道平面都接近于黄道平面。天体的黄经、黄纬均不随地球自转而变化。

2.2.2　天球直角坐标系

天球空间直角坐标系的原点常取地心或日心。现以地心为原点建立直角坐标系。图 2.14 所示为四种天球坐标系对应的地心直角坐标系。O 为地心,σ 为天体,Z 轴垂直于天球坐标系的基本圈并指向基本圈的极点方向,X 轴指向天球第一坐标计量的起点,Y 轴垂直于 X 轴,Z 轴构成左手系或右手系。显然地平坐标系和时角坐标系为左手系,赤道和黄道坐标系为右手系。

设第一坐标用 μ 表示,第二坐标用 ν 表示,则天体 σ 在天球坐标系中的位置用 r 表示,即

$$r = \begin{bmatrix} x \\ y \\ z \end{bmatrix}_{\mu,\nu} = r \begin{bmatrix} \sin\nu\cos\mu \\ \cos\nu\sin\mu \\ \sin\nu \end{bmatrix} \tag{2.4}$$

21

式中: r 为天球半径,通常取天球半径 $r = 1$; x, y, z 为天体 σ 的直角坐标,与球面坐标的关系式为

$$\begin{cases} r = \sqrt{x^2 + y^2 + z^2} \\ \mu = \arctan y/x \\ \nu = \arctan z/\sqrt{x^2 + y^2} \end{cases} \quad (2.5)$$

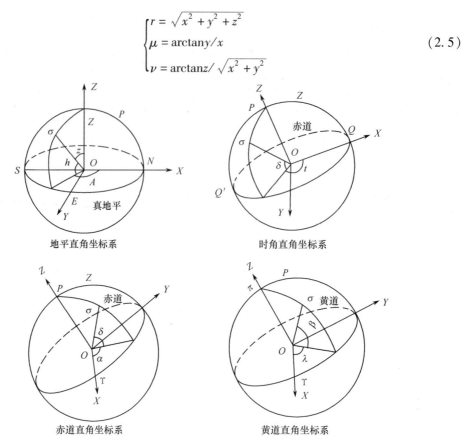

图 2.14　天球直角坐标系

几种天球直角坐标系和球面坐标系的表示方法概括为表 2.1。

表 2.1　几种天球坐标系的表示方法

坐标系		地平坐标系	时角坐标系	赤道坐标系	黄道坐标系
坐标系的指向	X	北点或南点	上点 Q	春分点	春分点
	Y	$A = 90°$	$t = 90°$	$\alpha = 90°$	$\lambda = 90°$
	Z	天顶	北天极	北天极	北黄极
第一坐标 μ		A	t	α	λ
第二坐标 ν		h	δ	δ	β
左旋或右旋		左旋	左旋	右旋	右旋

2.2.3　天文坐标系

地球为一扁平的旋转椭球体,但在天文学中经常把它作为一个圆球体,基于这种设想而描述地面上某点的球面坐标,称为地理坐标。地理坐标是用地理经度和地理纬度来表示地面点的位置的,因为地理坐标是使用天文方法测定的,所以地理坐标通常称为天文坐

22

标,其坐标简称天文经度和天文纬度。

天文坐标以地球赤道为基本圈,以格林尼治子午圈为辅圈,以基本圈和辅圈的垂足 g 为原点,如图 2.15 所示。

天文经度是天文坐标系在基本圈上量取的第一坐标,用 λ 表示。过地面一点 M 和地球自转轴 PP' 作大圆 $pMmp'$,称为 M 点的地理子午圈。格林尼治子午面 pgp' 与 M 点的子午面 $pMmp'$ 间的二面角,称为 M 点的天文经度。天文经度也可用大圆弧 $\overset{\frown}{gm}$ 量度。天文经度的计量方法是从格林尼治子午圈向东(顺时针方向)、向西(逆时针方向)量取的,向东量 $0°\sim180°$ 为正,称为东经,向西量 $0°\sim180°$ 为负,称为西经。

天文纬度是天文坐标系的第二坐标,M 点的垂线与赤道面的夹角 $\angle MOm$ 称为 M 点的天文纬度,用 φ 表示。天文纬度自赤道沿子午圈向南、北方矢量取,向北量 $0°\sim90°$ 为正,称为北纬,向南量 $0°\sim90°$ 为负,称为南纬。经过 M 点作一个平行于赤道的小圆 LML',称为地理纬圈。在同一纬圈上各点的天文纬度相等。

由于地球不是一个圆球体,而是一个椭球体,其表面是不规则的曲面,与几何椭球面(参考椭球面)也不相一致,因此地面上一点的向径方向、铅垂线方向及椭球面的法线方向是不一致的,所以地面上一点有三种不同的纬度,如图 2.16 所示。

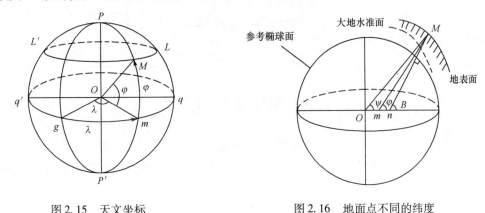

图 2.15　天文坐标　　　　　　　图 2.16　地面点不同的纬度

(1)天文纬度是地面点 M 的铅垂线 Mm 与赤道面的夹角,以 φ 表示。铅垂线是大地水准面在 M 点的法线。

(2)大地纬度是地面点 M 的参考椭球的法线 Mn 与赤道面的夹角,以 B 表示。

(3)地心纬度是地面 M 点到椭球中心的连线,即向径与赤道面的夹角,以 ψ 表示。

通常大地水准面与参考椭球面不一致,地球上任一点的铅垂线与参考椭球面的法线不相重合,两者之差为垂线偏差在子午方向的分量。故天文纬度与大地纬度一般也不相等,其差值即为垂线偏差在子午方向的分量,一般为 $1''\sim5''$,某些地区可达 $10''\sim30''$,而且没有明显的规律性。垂线偏差可以用天文测量和大地测量方法综合测定,它是导弹武器发射时的重要参数。

以地方垂线作为基准是很实用的,因为垂线方向可直接使用铅垂线得到,并可通过天文观测与天极联系起来。以垂线方向为基准精确定义地球表面的坐标时,需要确定天文垂线的重力方向,在地球表面上每一点都受到不规则性的影响,它一般并不与地球自转轴相交,因此,子午面与地球所交的曲线并不一定通过极点。

天文坐标系是大地天文测量成果最终使用的坐标系,其余天球坐标系则是测量过程中必须使用的坐标系,例如天文观测使用地平坐标系,星表使用赤道坐标系,时角坐标系通常是联系地平坐标和赤道坐标系的纽带,黄道坐标系在计算周年视差与周年光行差中使用等,这些坐标系之间的定义和其特点等可以概括为表2.2。

表2.2 天文测量常用坐标的定义、特点

坐标系统 定义及特点	天文坐标系	地平坐标系	时角坐标系	赤道坐标系	黄道坐标系
基圈	赤道	地平圈	天赤道	天赤道	黄道
次圈	格林尼治子午圈	子午圈	子午圈	二分圈	春分点的黄经圈
原点	基辅圈交点 g	北(或南)点	上点 Q	春分点 Υ	春分点 Υ
极点	北极	天顶	北天极	北天极	北黄极
第一坐标	天文经度 λ	方位角 A	时角 t	赤经 α	黄经 λ
第二坐标	天文纬度 φ	高度 h	赤纬 δ	赤纬 δ	黄纬 β
与周日视运动的关系	不变	高度和方位角随周日视运动而变化	时角随周日视运动而变化,赤纬不变	不变	不变
与观测地点的关系	与测站位置相关	高度和方位角都随观测地点的不同而不同	时角随观测地点的不同而不同,赤纬不变	不变	不变

2.3 坐标系间的关系

2.2节主要论述了几种天球坐标系,它们都是建立在天球上的;而测站点的天顶在天球上的位置与测站点在地球上的位置相对应。因此,各种天球坐标系之间和天球坐标与天文坐标之间存在一定的关系。

2.3.1 春分点的时角与天体的赤经和时角的关系

春分点的时角 t_Υ 等于某天体的赤经 α 与其时角 t 之和,即

$$t_\Upsilon = \alpha + t \tag{2.6}$$

由图2.17可直接看出上述关系式。这是在任一瞬间春分点的时角与天体的赤经和其时角的关系式。显然,若在 T 瞬间测得天体 σ 的时角 t,在天文年历恒星视位置表内查得该星的赤经 α,则可求得 T 瞬间春分点的时角 t_Υ。知道春分点的时角便可找到春分点在天球上的位置。例如求得 T 瞬间春分点的时角 $t_\Upsilon = 6^h$,则此瞬间春分点在测站的西点(W)上。

2.3.2 天文坐标与天球坐标间的关系

众所周知,测站的地球天文子午面与天球子午面是一致的,地球赤道面与天球赤道面也相互平行(或在天球上重合)。于是天球坐标与天文坐标之间存在两个重要的关系:

(1)测站的天文纬度等于北天极的高度,也等于测站天顶的赤纬,即

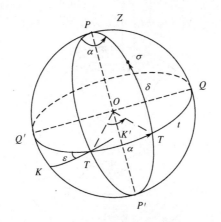

图 2.17 春分点的时角与天体的赤经和时角

$$\varphi = h_p = \delta_z \qquad (2.7)$$

在图 2.18 中,测站 M 为天球中心,天轴 MP 平行地球自转轴 pp',MQ 为天球赤道面与天球子午面的交线,qq' 为地球赤道面与地球子午面的交线,故 $MQ /\!/ qq'$,而 $\angle MBq = \varphi$,于是由图 2.18 可知 $\varphi = \delta_z$,又因为 $\widehat{ZN} = \widehat{PQ} = 90°$,故 $h_p = \delta_z$,由此得 $\varphi = h_p = \delta_z$。

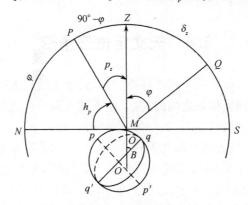

图 2.18 天文坐标与天球坐标的关系

设测站天顶的北极距为 p_z,则它与纬度的关系为

$$p_z = 90° - \varphi \quad 或 \quad \varphi = 90° - p_z \qquad (2.8)$$

（2）地面 A、B 两地同时观测同一天体的时角之差等于 A、B 两地的经度之差,即

$$\lambda_A - \lambda_B = t_A - t_B \qquad (2.9)$$

在图 2.19 中,以地球中心为天球球心,根据天球的特性,两地 A、B 和格林尼治天文台 G 的铅垂线 ON_A、OZ_B 和 OZ_G 可视为都通过地球（或天球）中心 O。Z_A、Z_B 和 Z_G 分别为 A、B 两地和格林尼治天文台 G 的天顶。则 PZ_AQ_A、PZ_BQ_B 和 PZ_GQ_G' 分别为 A、B 和 G 三地的天文子午圈,$P\sigma T$ 为天体 σ 的时圈。于是由图可得出

$$Q_AQ_B = Q_AQ_G' - Q_BQ_G' = \lambda_A - \lambda_B = \Delta\lambda$$
$$Q_AQ_B = Q_AT - Q_BT = t_A - t_B = \Delta t$$

由上两式可得式（2.9）,即 $\lambda_A - \lambda_B = t_A - t_B$。显然,若测站 A 或 B 与格林尼治天文台同步观测同一天体 σ,则有 $\lambda_A - \lambda_G = t_A - t_G$,$\lambda_B - \lambda_G = t_B - t_G$,但 $\lambda_G = 0$,故有

$$\lambda_A = t_A - t_G \quad \text{或} \quad \lambda_B = t_B - t_G \tag{2.10}$$

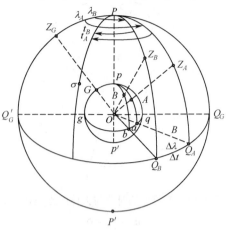

图 2.19　天体的时角与地面两点的经度之差的关系

式(2.10)说明一个原理,即地面上任意测站的经度,等于测站与格林尼治天文台在同一瞬间观测同一天体所得的时角之差。

2.4　天文定位三角形

由观测或计算得到天体在某一种坐标系的坐标,要求该天体在另一种坐标系的坐标,就要建立同一天体在不同坐标系之间的关系,而不同天球坐标系的变换是通过解算球面三角形或进行矩阵变换实现的。

在北半球的观测者,取天球上以北天极 P、观测者天顶 Z 和所观测的天体 σ 为顶点构成的球面三角形 $\triangle PZ\sigma$,称为天文定位三角形,通常简称为天文三角形或定位三角形。如图 2.20(天体在子午圈以东)所示,定位三角形的三条边分别为天体的天顶距 z、天体赤纬的余角 $90° - \delta$ 和观测站纬度的余角 $90° - \varphi$。它在天极处的顶角为天体的时角 t,天顶处的顶角与方位角有关,为 A 或 $360° - A$(即 $-A$),天体处的顶角称星位角 q。

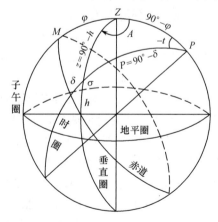

图 2.20　天文定位三角形

天文三角形建立了地平坐标系和赤道坐标系之间的联系,也把天体在天球上的位置与观测者的地理位置联系起来了。应用球面三角公式可以根据定位三角形的任意三个元素求出另外三个元素,因此,天文三角形是建立测量中各坐标系之间的关系以及获得地面点的天文坐标的工具。尽管球面上解算不如矢量运算方便快捷,但是对于一些概念性讨论和某些问题的推导使用球面三角表示方法更为直观。

2.4.1 球面三角形常用运算公式

1. 一般球面三角形的常用公式

图 2.21 中, $\triangle ABC$ 为一球面三角形, a、b、c 为其三边。它们之间有以下基本关系:

(1) 正弦公式——顶角与其对边的关系,即

$$\frac{\sin a}{\sin A} = \frac{\sin b}{\sin B} = \frac{\sin c}{\sin C} \tag{2.11}$$

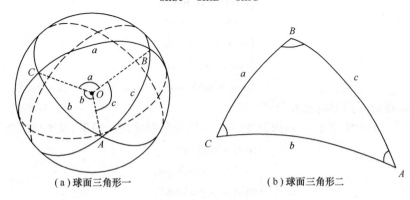

（a）球面三角形一   （b）球面三角形二

图 2.21 球面三角形

(2) 边的余弦公式——两边及夹角与第三边的关系,即

$$\begin{cases} \cos a = \cos b \cos c + \sin b \sin c \cos A \\ \cos b = \cos c \cos a + \sin c \sin a \cos B \\ \cos c = \cos a \cos b + \sin a \sin b \cos C \end{cases} \tag{2.12}$$

(3) 角的余弦公式——两角边及其夹边与第三个角的关系,即

$$\begin{cases} \cos A = -\cos B \cos C + \sin B \sin C \cos a \\ \cos B = -\cos A \cos C + \sin A \sin C \cos b \\ \cos C = -\cos A \cos B + \sin A \sin B \cos c \end{cases} \tag{2.13}$$

(4) 第一五元素公式(边的五元素公式)——两边及夹角与第三边及其邻角的关系,即

$$\begin{cases} \sin \alpha \cos B = \cos b \sin c - \sin b \cos c \cos A \\ \sin \alpha \cos C = \cos c \sin b - \sin c \cos b \cos A \\ \sin b \cos A = \cos a \sin c - \sin a \cos c \cos B \\ \sin b \cos C = \cos c \sin a - \sin c \cos a \cos B \\ \sin c \cos A = \cos a \sin b - \sin a \cos b \cos C \\ \sin c \cos B = \cos b \sin a - \sin b \cos a \cos C \end{cases} \tag{2.14}$$

（5）第二五元素公式（角的五元素公式）——两角及夹边与第三个角及其邻边的关系，即

$$\begin{cases} \sin A \cos b = \cos B \sin C - \sin B \cos C \cos a \\ \sin A \cos c = \cos C \sin B - \sin C \cos B \cos a \\ \sin B \cos a = \cos A \sin C - \sin A \cos C \cos b \\ \sin B \cos c = \cos C \sin A - \sin C \cos A \cos b \\ \sin C \cos a = \cos A \sin B - \sin A \cos B \cos c \\ \sin C \cos b = \cos B \sin A - \sin B \cos A \cos c \end{cases} \qquad (2.15)$$

2. 直角球面三角形的运算公式

在球面三角形中，如果 $\angle A = 90°$，则称为球面直角三角形，基本公式可简化为

$$\begin{cases} \sin a = \cos b \cos c \\ \cos a = \cot B \cot C \\ \sin b = \sin a \sin B \\ \cos C = \cot a \tan b \\ \cos B = \sin C \cos b \\ \sin c = \tan b \cos B \end{cases} \qquad (2.16)$$

3. 象限球面三角形的运算公式

在球面三角形中，若有一条边为 $90°$ 时，则称为象限球面三角形，基本公式为

$$\begin{cases} \sin B = \sin A \sin b \\ \cos A = -\cos B \cos C \\ \cos A = -\cot b \cot c \\ \cos b = \sin c \cos B \\ \sin C = \tan B \cot b \\ \cos c = -\cot A \tan B \end{cases} \qquad (2.17)$$

2.4.2 天文三角形解算

1. 天文三角形的一般解算

图 2.22（a）为天体在子午圈东的情形，时角为负值，因时角自子午圈向西为正。它的三条边分别是

$$\begin{cases} Z\sigma = z = 90° - h \\ P\sigma = p = 90° - \delta \\ PZ = 90° - \varphi \end{cases}$$

$P\sigma$ 值由星表获得，$Z\sigma$ 值用测量仪器直接观测，PZ 值一般是要求的量。定位三角形的三个内角分别为

$$\angle PZ\sigma = A, \angle ZP\sigma = -t, \angle P\sigma Z = q$$

图 2.22（b）为天体在子午圈西的情形，它的三条边与天体在子午圈东的情形一样。三个内角分别为

$$\angle \sigma ZP = 360° - A, \angle \sigma PZ = t, \angle P\sigma Z = q$$

比较图 2.21 与图 2.22 的三顶点，命 P 为 A，σ 为 B，Z 为 C，运用边的余弦公式，得

$$\sin h = \sin\varphi\sin\delta + \cos\varphi\cos\delta\cos t \qquad (2.18)$$

比较图 2.21 与图 2.22 的三顶点,命 P 为 A,Z 为 B,σ 为 C,代入第一五元素公式经整理,得

$$\cos h\cos A = \sin\delta\cos\varphi - \cos\delta\sin\varphi\cos t \qquad (2.19)$$

由正弦定律公式,得

$$\cos h\sin A = -\cos\delta\sin t \qquad (2.20)$$

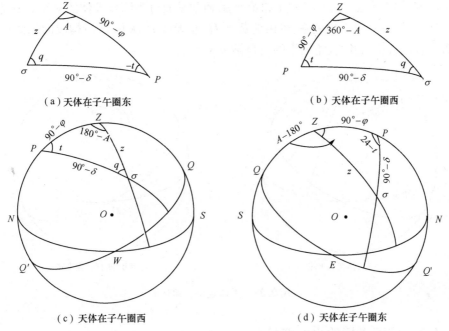

（a）天体在子午圈东　　　　　　　　（b）天体在子午圈西

（c）天体在子午圈西　　　　　　　　（d）天体在子午圈东

图 2.22　恒星在子午圈以东、以西的定位三角形

或写为

$$\sin A = -\cos\delta\sin t\sec h \qquad (2.21)$$

以式(2.19)除式(2.20),得

$$\tan A = \frac{-\sin t}{\cos\varphi\tan\delta - \sin\varphi\cos t} \qquad (2.22)$$

可以证明,天体在子午圈东和在子午圈西得出的式(2.18)至式(2.22)是相同的,且它们都是天文定位三角形常用的公式。

2. 天文三角形的特殊情形

天体在子午圈上,也就是天体中天时,这时的方位角 $A = 0°$ 或 $A = 180°$,$t = 0^h$ 或 $t = 12^h$。当天体在东西大距时,其星位角 $q = 90°$,此时天文定位三角形为一个直角三角形。由直角球面三角形运算公式可得出大距时的常用公式,见式(2.22),这是求天体大距时的天顶距、时角和方位角的公式。当天体在子午圈东时 t 为负,A 为正;在子午圈西时 t 为正,A 为负。

当天体出没地平圈时,天体的高度角 $h = 0°$($z = 90°$),由象限球面三角形运算公式可得到出没地平的常用公式,即

$$\begin{cases} \cos t = -\tan\varphi\cot\delta \\ \cos A = \sin\delta\sec\varphi \end{cases} \tag{2.23}$$

式(2.23)是求天体出没地平圈时的时角和方位角的公式。当天体升出时,在东方 t 为负,A 为正;当天体落下时,在西方 t 为正,A 为负。

3. 以 Π、P、σ 为顶点的天球定位三角形

在天体测量中,也常需要知道 α、δ 与 l、β 间的关系。黄道坐标不能由观测直接得到。实际工作中,如果需要天体的黄经 l 和黄纬 β,通常是通过观测该天体的赤经 α 和赤纬 δ,然后计算求得 l、β。两者的关系,可由北黄极 Π、北天极 P、天体 σ 所构成的球面三角形,如图2.23所示,按照各边、角元素的三角学关系导出。

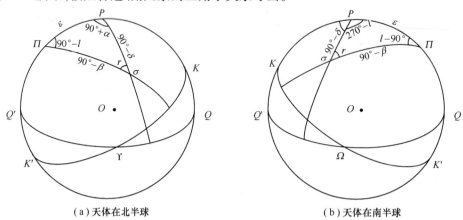

(a)天体在北半球   (b)天体在南半球

图2.23 天球定位三角形

2.4.3 球面坐标的坐标变换

天文定位三角形是联系各球面坐标和地方纬度的基础,运用前面介绍的球面三角形运算的方法,可以方便地实现各球面坐标的转换。

1. 地平坐标系与时角坐标系

已知天体的时角坐标 (t,δ) 求地平坐标 (A,z),由式(2.18)和式(2.20)计算可得天顶距 z 或方位角 A,即

$$\begin{cases} \cos z = \cos\varphi\cos\delta + \cos\varphi\cos\delta\cos t \\ \sin(-A) = \dfrac{\cos\delta\sin t}{\sin z} \end{cases} \tag{2.24}$$

已知天体的地平坐标 (A,z) 和纬度 φ 求其时角坐标 (t,δ),由边的余弦公式和式(2.20)可得计算赤纬 δ 和时间 t 的公式,即

$$\begin{cases} \sin\delta = \sin\varphi\cos z + \cos\varphi\sin z\cos A \\ \sin t = \dfrac{\sin(-A)\sin z}{\cos\delta} \end{cases} \tag{2.25}$$

2. 赤道坐标系与时角坐标系

赤道坐标系和时角坐标系具有共同的基本圈和极,只是经度起算点不同。时角(t)与赤经(α)之间的关系为

$$s = \alpha + t$$

式中:s 为春分点的时角,也就是地方恒星时。

3. 赤道坐标系和黄道坐标系

从黄道坐标系到赤道坐标系的转换公式为

$$\begin{cases} \cos\delta\cos\alpha = \cos\beta\cos\lambda \\ \cos\delta\sin\alpha = -\sin\varepsilon\sin\beta + \cos\varepsilon\cos\beta\sin\lambda \\ \sin\delta = \cos\varepsilon\sin\beta + \sin\varepsilon\cos\beta\sin\lambda \end{cases} \quad (2.26)$$

从赤道坐标系到黄道坐标系的转换公式为

$$\begin{cases} \cos\beta\cos\lambda = \cos\delta\cos\alpha \\ \cos\beta\sin\lambda = \sin\varepsilon\sin\delta + \cos\varepsilon\cos\delta\sin\alpha \\ \sin\beta = \cos\varepsilon\sin\delta - \sin\varepsilon\cos\delta\sin\alpha \end{cases} \quad (2.27)$$

2.4.4 坐标变换的矩阵算法

1. 球面坐标系和对应的直角坐标系

以赤道坐标系为例,说明天体的空间位置的两种表示方式天球空间直角坐标或天球球面坐标间的关系。

设天体 σ 的球面坐标系的赤经、赤纬和向径为(α, δ,r)。设地球质心 O 为坐标原点,Z 轴指向天球北极,X 轴指向春分点,Y 轴垂直于 XOZ 平面并与 X 轴和 Z 轴构成右手坐标系。则在此坐标系下,空间点(天体 σ)空间直角坐标系由坐标(X,Y,Z)来描述,如图 2.24 所示。

空间点 σ 的位置可用矢量 $\boldsymbol{r}$ 表示,$\boldsymbol{r}$ 在直角坐标系中的三个分量可用下式表示为

$$\begin{bmatrix} x \\ y \\ z \end{bmatrix} = r \begin{bmatrix} \cos\alpha\cos\delta \\ \sin\alpha\cos\delta \\ \sin\delta \end{bmatrix}$$

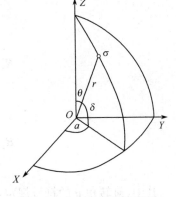

图 2.24　天球直角坐标系与球面坐标系

矢量 $\boldsymbol{r}$ 可表示为

$$\boldsymbol{r} = x\boldsymbol{X} + y\boldsymbol{Y} + z\boldsymbol{Z} \quad (2.28)$$

式中:$\boldsymbol{X},\boldsymbol{Y},\boldsymbol{Z}$ 为直角坐标系的三个坐标轴方向的单位矢量;x,y,z 为该矢量在三个坐标轴方向相应的分量。

式(2.28)也可以写成矩阵乘积的形式,即

$$\boldsymbol{r} = (\boldsymbol{X}\ \boldsymbol{Y}\ \boldsymbol{Z}) [x\ y\ z]^{\mathrm{T}} \quad (2.29)$$

式(2.29)中前面的行阵表示坐标系,后面的列阵表示矢量的分量。下面用符号表示直角坐标系坐标,例如用 $[R] = (\boldsymbol{X}\ \boldsymbol{Y}\ \boldsymbol{Z})$ 表示上述直角坐标,则式(2.29)可表示为

$$\boldsymbol{r} = [R] [x\ y\ z]^{\mathrm{T}} \quad (2.30)$$

这个式子的含义是,矢量 $\boldsymbol{r}$ 在坐标系 $[R]$ 中的坐标分量分别是 x,y,z。由此可得天体的位置矢量 $\boldsymbol{r}$ 的表示形式为

$$\boldsymbol{r} = \begin{bmatrix} R \end{bmatrix} \begin{bmatrix} x \\ y \\ z \end{bmatrix} = \begin{bmatrix} R \end{bmatrix} r \begin{bmatrix} \cos\alpha\cos\delta \\ \sin\alpha\cos\delta \\ \sin\delta \end{bmatrix} \tag{2.31}$$

天球空间直角坐标系与其等效的天球球面坐标系参数的关系见式(2.5),在第二赤道坐标系中可以表示为

$$\begin{cases} r = \sqrt{x^2 + y^2 + z^2} \\ \alpha = \arctan(y/x) \\ \delta = \arctan(z/\sqrt{x^2 + y^2}) \end{cases} \tag{2.32}$$

本书中除特别说明外,均取矢量的模 $r = 1$。

2. 旋转矩阵

天体矢量是三维矢量,故变换的旋转矩阵是三维方阵,设原点位于球心的空间直角坐标的三个坐标轴顺次为 x,y,z,则以 $i(i = x、y、z)$ 轴为旋转轴,以右手旋转角 θ 生成的旋转矩阵 $\boldsymbol{R}_i(\theta)$ 的定义是

$$\boldsymbol{R}_x(\theta_1) = \begin{bmatrix} 1 & 0 & 0 \\ 0 & \cos\theta_1 & \sin\theta_1 \\ 0 & -\sin\theta_1 & \cos\theta_1 \end{bmatrix} \tag{2.33}$$

$$\boldsymbol{R}_y(\theta_2) = \begin{bmatrix} \cos\theta_2 & 0 & -\sin\theta_2 \\ 0 & 1 & 0 \\ \sin\theta_2 & 0 & \cos\theta_2 \end{bmatrix} \tag{2.34}$$

$$\boldsymbol{R}_z(\theta_3) = \begin{bmatrix} \cos\theta_3 & \sin\theta_3 & 0 \\ -\sin\theta_3 & \cos\theta_3 & 0 \\ 0 & 0 & 1 \end{bmatrix} \tag{2.35}$$

其中,旋转角 θ 的符号规定:对于右手坐标系,当旋转方向为逆时针方向,即 $x \to y \to z \to x$ 时为正,反之为负。对于左手坐标系,旋转角 θ 顺时针方向为正。

设天体 σ 在直角坐标系的坐标为 (x,y,z),当坐标系绕 X 轴正向旋转 β 角时,则天体 σ 在新坐标系中的坐标为

$$\begin{bmatrix} x' \\ y' \\ z' \end{bmatrix} = \begin{bmatrix} 1 & 0 & 0 \\ 0 & \cos\beta & \sin\beta \\ 0 & -\sin\beta & \cos\beta \end{bmatrix} \begin{bmatrix} x \\ y \\ z \end{bmatrix} \tag{2.36}$$

对于任意两个坐标系,只要将其转换关系分解成几次相继的绕轴旋转,就可以用 $\boldsymbol{R}_x$、$\boldsymbol{R}_y$、$\boldsymbol{R}_z$ 不同的组合实现所需的坐标变换。

对于左手轴和右手轴系间的转换,则应先使用反向矩阵变异手轴系为同手轴系后再进行转换。Z 轴、X 轴和 Y 轴的三个反向矩阵分别为

$$\boldsymbol{P}_z = \begin{bmatrix} 1 & 0 & 0 \\ 0 & 1 & 0 \\ 0 & 0 & -1 \end{bmatrix} \tag{2.37}$$

$$\boldsymbol{P}_x = \begin{bmatrix} -1 & 0 & 0 \\ 0 & 1 & 0 \\ 0 & 0 & 1 \end{bmatrix} \qquad (2.38)$$

$$\boldsymbol{P}_y = \begin{bmatrix} 1 & 0 & 0 \\ 0 & -1 & 0 \\ 0 & 0 & 1 \end{bmatrix} \qquad (2.39)$$

3. 不同天球坐标系之间的矢量转换

在阵地天文测量中,最常见的仍然是前面讲过的四种天球直角坐标系统的转换。其坐标变换的前提是它们为同心坐标系,且这四种坐标系相邻两系之间有一轴相同。

如果使用的两种坐标都是球面坐标的表示形式,则可先使用式(2.4)将原球面坐标(μ,v)转化为相应的直角坐标(x,y,z),之后再按下述方法进行不同坐标间的矢量转换,最后再把转换后的直角坐标(x',y',z')按式(2.5)转化为对应的球面坐标(μ',v')。

1)地平坐标与时角坐标的转换

地平系与时角系均为左手系,且两系的第二轴(Y轴)为公共轴,见图2.25。将地平坐标系的X轴绕其Z轴顺时针旋转180°,接着绕旋转后的Y轴逆时针旋转$90° - \varphi$,则可得地平坐标系到时角坐标系的转换关系式,即

$$\begin{bmatrix} x \\ y \\ z \end{bmatrix}_{t,\delta} = R_y(\varphi - 90°) R_z(180°) \begin{bmatrix} x \\ y \\ z \end{bmatrix}_{A,h} \qquad (2.40)$$

式(2.40)的分量形式为

$$\begin{bmatrix} \cos t \cos\delta \\ \sin t \cos\delta \\ \cos\delta \end{bmatrix} = \begin{bmatrix} \sin\varphi & 0 & -\cos\varphi \\ 0 & 1 & 0 \\ \cos\varphi & 0 & \sin\varphi \end{bmatrix} \begin{bmatrix} \cos A \cos h \\ \sin A \cos h \\ \cos h \end{bmatrix} \qquad (2.41)$$

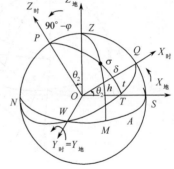

图2.25 地平坐标与时角坐标的转换

由式(2.41)可以推导出地平坐标系到时角坐标系的转换矩阵的分量形式,即式(2.25)。同样的方法还可得到时角坐标系到地平坐标系的转换关系式,即

$$\begin{bmatrix} x \\ y \\ z \end{bmatrix}_{A,z} = R_z(-180°) R_y(90° - \varphi) \begin{bmatrix} x \\ y \\ z \end{bmatrix}_{t,\delta} \qquad (2.42)$$

由式(2.42)可以推导出时角坐标系到地平坐标系的转换矩阵的分量形式,即式(2.24)。

2)时角坐标与赤道坐标的转换

时角坐标系与赤道坐标系分别为左手与右手坐标系,属于异手轴系,应先用转换矩阵使Y轴反向,变时角系为右手轴系。在这两个坐标系中Z轴为公共轴,如图2.26所示。于是将时角系绕Z轴顺时针旋转一个$\theta_2 = -(\alpha + t) = -S$角,使$X$时轴与$X$赤轴重合,则可得转换关系式,即

$$\begin{bmatrix} x \\ y \\ z \end{bmatrix}_{\alpha,\delta} = R_z(-S) P_y \begin{bmatrix} x \\ y \\ z \end{bmatrix}_{t,\delta} \qquad (2.43)$$

其反解为

$$
\begin{bmatrix} x \\ y \\ z \end{bmatrix}_{t,\delta} = P_y R_z(S) \begin{bmatrix} x \\ y \\ z \end{bmatrix}_{\alpha,\delta}
\tag{2.44}
$$

3）赤道坐标与黄道坐标的转换

赤道坐标系与黄道坐标系均为右手系,且两系的第一轴(X轴)为公共轴,见图2.27。

将赤道坐标系绕 X 轴旋转一个 $\theta_1 = \varepsilon$ 角,则可得转换关系式,即

$$
\begin{bmatrix} x \\ y \\ z \end{bmatrix}_{\alpha,\delta} = R_x(-\varepsilon) \begin{bmatrix} x \\ y \\ z \end{bmatrix}_{\lambda,\beta}
\tag{2.45}
$$

其反解为

$$
\begin{bmatrix} x \\ y \\ z \end{bmatrix}_{\lambda,\beta} = R_x(\varepsilon) \begin{bmatrix} x \\ y \\ z \end{bmatrix}_{\alpha,\delta}
\tag{2.46}
$$

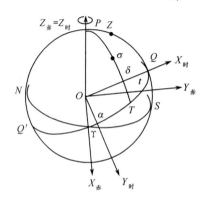 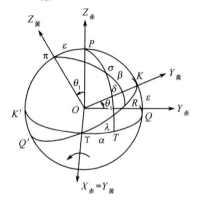

图2.26　时角与赤道坐标的转换　　图2.27　赤道与黄道坐标的转换

各坐标系间的转换关系可概括为表2.3。

表2.3　坐标系之间的转换

变换前坐标系 变换后坐标系	黄道	赤道	时角	地平
黄道	$\begin{bmatrix} x \\ y \\ z \end{bmatrix}_{\lambda,\beta}$	$R_X(\varepsilon)$	—	—
赤道	$R_X(-\varepsilon)$	$\begin{bmatrix} x \\ y \\ z \end{bmatrix}_{\alpha,\delta}$	$R_z(-s)P_y$	—
时角	—	$P_y R_z(s)$	$\begin{bmatrix} x \\ y \\ z \end{bmatrix}_{t,\delta}$	$R_y(\varphi-90°)R_z(180°)$
地平	—	—	$R_z(-180°)R_y(90°-\varphi)$	$\begin{bmatrix} x \\ y \\ z \end{bmatrix}_{A,h}$

第 3 章
天体的视运动

　　天体的视运动是观测者看到的天体的运动。由于地球的自转和公转以及天体在宇宙中的自行,大气折射及光行差等使得天体在天球上所位置不断发生变化,人们在地球上所看到天体的相对运动现象称为天体的视运动。所谓天体视运动就是人们看到的天体相对于地球的运动,并非天体真实的运动。这里本书只讨论由地球的自转和公转引起的视运动。显然,视运动并非天体的真实运动,它是地球空间运动的反映,也就是说,是天体相对于地球的运动。这里"视"的含义,仅仅是与"真"相区别,如"视运动""视方向""视坐标",即表示不是"真运动""真方向"和"真坐标"。可以理解,从所述视运动的含义上讲,天体的视运动不会改变天体间的相对位置。

3.1　天体的视运动

　　因地球的自转,地面上的观测者看到天体自东向西(背向北天极看视为顺时针方向)运动,这种直观运动称为天体的周日视运动。周日视运动的轨迹为与天赤道平行的小圆,即周日平行圈,运动的周期为一恒星日。因地球的公转而"看"到的天体运动,称为周年视运动。天体都存在着这两种运动,但由于恒星极远,它们的周年视运动实际上是觉察不到的,太阳虽为一颗恒星,但距地球最近,它不仅作明显的周日视运动,而且沿黄道由西向东(逆时针方向)作周年视运动,运动周期为一恒星年。

　　在地面上的观测者观看恒星,直接看到的恒星的相对运动现象称为恒星的视运动。恒星视运动的主要原因是地球的自转,人们在地面上随地球而运转,并不能感觉到地球的运动,只能看到恒星东升西落的现象。如果观测者不借助仪器的帮助,很难发觉此项运动围绕着同一个极轴。其证明方法是对着天球北极照相,采用长时间的曝光,所得照片必将显示无数同心圆弧,即星体围着北天极旋转的运动轨迹(图 3.1)。图中每条圆弧线都是一颗恒星穿过夜空的轨迹,原点处是北极,小圆弧是离北极较近星的轨迹。粗细不同的圆弧线表示星的明亮程度,粗线是明亮的星的轨迹,细线是暗淡的星的轨迹。

　　如果观测者能连续观测数夜,将看到所有的恒星每日东升西降的时刻逐夜提前,一个

图 3.1　恒星视运动现象

月之后约提前 2 小时,一年之后则又恢复原状。在同一地点每晚所见到的恒星因季节的不同而不同,这是由地球每年绕日旋转一周所引起的,因而太阳的周日视运动与其他恒星不同。

在地面观测时一般使用地心天球,但是观测者却位于地球表面上进行观测,这对观测方向的影响有多大呢? 设地球的平均半径约为 6370km,以离地球最近的恒星(人马座, Proxima)距地球约 4×10^{13} km 为例,由此可计算出在地面观测与在地心观测这颗星的方向相差约 $(3.3 \times 10^{-5})''$,这对实际观测没有影响。由于地球绕日作轨道运动,因此地心也是一个不断变化的动点,这对恒星观测方向的影响约为 0.76″,因此地球绕日运动引起地心的变化对实际观测的影响则不能忽视。

当讨论天体相对于地球运动即视运动时,天球上一切与测站有关而与地球自转无关的圈、线、点,如天顶、天底、地平圈、子午圈、卯酉圈、四方点等均无周日视运动;相反,仅与地球自转有关而与测站无关的圈、线、点,则像天体一样均作周日视运动,如黄极、黄极分圈、二分点、二至点等。天轴是天体的周日旋转轴,天轴上任一点不参与周日视运动。

3.1.1　不同纬度处的天体周日视运动现象

天体的周日视运动现象随观测者所在位置的不同而产生差异,同时也因天体的赤纬的不同而不同。也就是说,天体周日视运动的变化现象主要取决于观测者所处的纬度 φ 与天体的赤纬 δ。在不同纬度地区的人们所看到的星空的情况和天体的周日视运动现象是不同的。下面分析在三个不同纬度的特殊地区所看到的天体的不同周日视运动现象。

1. 观测者在地球北极

当观测者站在地球北极时,纬度 $\varphi = 90°$,此时它的天顶 Z 与北天极 P 重合,地平圈与天赤道重合,如图 3.2(a)所示。因而,他看到天空的恒星,除北极星几乎在头顶上不动外,其余的星均循着与地平圈平行的周日圈按顺时针方向做周日视运动。而且这些星没有东升西落的现象,各星的高度也始终不变。显然,在北极上的观测者只能看到上天半球的所有天体($\delta > 0°$)都不落,下天半球的所有天体($\delta < 0°$)都不出,即永不下落天体和永不上升天体各占一半。在南极的永不下落天体就是北极的永不上升天体,在极区能够看

到的所有天体都平行于地平圈做周日视运动,并且没有东升西没现象,各星的高度也始终不变,并且等于该星的赤纬($h=\delta$)。从 3 月 21 日到 9 月 23 日上半年太阳赤纬为北纬,北极则为极昼,南极则为极夜,下半年则相反。

2. 观测者在地球赤道上

当观测者在地球赤道上时,$\varphi = 0°$,故他的天顶 Z 与上点 Q 重合,北点 N 与北天极 P 重合,地平圈与天赤道垂直,卯酉圈与赤道重合,南北线 SN 与天轴 PP' 重合,如图 3.2(b)所示。因而,他看到的天空中的天体,除北极星总是在地平圈上下绕北极 P 旋转外,其余的星则由东向西沿着与地平圈垂直的周日圈作周日视运动,天体都有从东方直上西方直落的现象,并且天体在地平以上和在地平以下运行的时间相等。

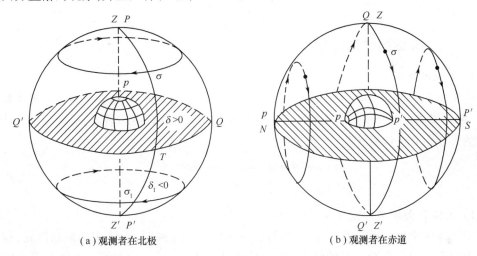

(a)观测者在北极　　　　　　　　　　(b)观测者在赤道

图 3.2　特殊地区的周日视运动现象

3. 观测者在北极与赤道之间的地区

观测者在北极与赤道之间的地区,$0° < \varphi < 90°$,北天极 P 在观测者的天顶 Z 和北点 N 之间。它们的高度根据观测者的纬度 φ 来确定,如图 3.3 所示。在这一纬度范围内,天体的周日视运动有下面几种现象。

1)不落星(拱极星)

观测者在北半球 $0° < \varphi < 90°$ 任一地方,总会看到一些天体始终在地平线之上而永不下落,这些天体称为不落星或拱极星,如图 3.3 中的 σ_1。凡是赤纬 $\delta = (90° - \varphi)$ 的天体,它们的周日圈均恰好与地平圈切于北点 N,如图 3.3 中 σ_2。故不落星的条件为

$$\delta \geqslant 90° - \varphi \qquad (3.1)$$

图 3.3 中的 σ_1 和 σ_2 均满足不落星的条件,它们为不落星。

2)不出星(不见星)

始终在观测者地平之下作周日视运动的天体,称为不出星或不见星。设一天体 σ_5,它的

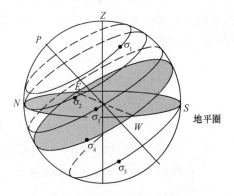

图 3.3　中纬度地区周日视运动现象

37

赤纬 $\delta = -(90° - \varphi)$，显然它的周日圈恰好在地平面之下且与地平圈相切于南点 S，由图 3.3 可知，凡在赤道以南且满足 $|\delta| > 90° - \varphi$ 的天体（如 σ_5），均不出地平面，故不出星的条件为

$$\delta < 0, \quad |\delta| > 90° - \varphi \tag{3.2}$$

3）出没星（升没星）

凡是在 $|\delta| < 90° - \varphi$ 范围的天体，如图 3.3 中的 σ_3 和 σ_4，它们的周日圈在不落星 σ_2 和不出星 σ_5 两个极限星的周日圈之间。不论赤纬为正为负，它们都有东升西没的现象。这些天体称为出没星，它们的条件为

$$|\delta| < (90° - \varphi) \tag{3.3}$$

由此可见，随着纬度升高，可见天体将越来越少。

3.1.2　天体的特殊位置

1. 天体的中天

在天体周日视运动中，当天体中心位于观测者子午圈上时，称为天体中天。天球旋转一周，每一天体在一个恒星日内有两次过子午圈。当天体在任意位置时，可采用下式计算天体的天顶距和方位角，即

$$\begin{cases} \cos z = \sin\varphi\cos\delta + \cos\varphi\cos\delta\cos t \\ \sin z \sin A = \cos\delta\sin t \end{cases} \tag{3.4}$$

1）天体在天顶 Z 以南上中天（南星）

当天体位于过北天极 P、天顶 Z 和南点 S 一侧的子午圈时，天体达到最高位置，称为天体上中天。设 φ 为观测点的纬度，δ_S、δ_N 分别为天体 σ_N、σ_S 的赤纬。天体在天顶以南赤道以北上中天，通常在天顶以南过中天的天体叫南星如图 3.4（a）中 σ_S，因为天体上中天时的时角 $t = 0^h$，故在赤道北上中天，有

$$\begin{cases} \cos z_S = \sin\varphi\cos\delta_S + \cos\varphi\cos\delta_S \\ z_S = \varphi - \delta_S \\ A = 0° \\ t = 0^h \end{cases} \tag{3.5a}$$

赤道南上中天的星，其 $z_S = \varphi - (-\delta_S)$，故南星不论在赤道北还是在赤道南上中天，都可用式（3.5a）表示。

2）天体在天顶 Z 和 P 之间上中天（北星）

当天体过北天极 P 与天顶 Z 之间时，如图 3.4（b）中的 σ_N，由图可得

$$z_N = \delta_N - \varphi$$
$$A = 180°, \quad t = 0^h \tag{3.5b}$$

3）天体在 P 与 N 之间下中天（北星）

当天体位于过北天极 P、北点 N 和天底 Z' 一侧的子午圈时，天体达到最低位置，称为天体下中天。

在图 3.4（c）中，设 σ_N 在北天极 P 与北点 N 之间下中天，则由图可得

$$z_N = 180° - (\delta_N + \varphi)$$
$$A = 180°, \quad t = 12^h \qquad\qquad (3.5c)$$

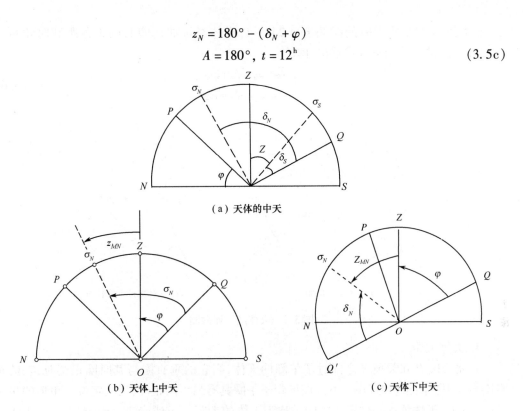

（a）天体的中天

（b）天体上中天　　　　　　　　　（c）天体下中天

图3.4　天体中天

天体中天时的各参数间的关系见表3.1。

表3.1　恒星中天各参数间的关系

中天 天体位置 坐标关系	上中天		下中天
	天顶以南（南星）	天顶与北天极之间（北星）	北点与北天极之间（北星）
天顶距 z	$\varphi - \delta_S$	$\delta_N - \varphi$	$180° - (\varphi + \delta_N)$
恒星时 t	0^h	0^h	12^h
方位角 A	$0°$	$180°$	$180°$

由此可知，若已知测站纬度 φ 和在天文年历中查得天体的赤纬 δ，则可按式（3.5a）、式（3.5b）、式（3.5c）算得该天体的子午天顶距 z；反之，若查得天体赤纬 δ，并测得天体中天时的子午天顶距 z，便可求得测站纬度 φ。故上述三式是实用天文学中按中天法测定纬度的基本公式。

2. 天体经过卯酉圈

卯酉圈是垂直于子午圈的一个地平经圈，天体在东半天球过卯酉圈时，其方位角为 $90°$，在西半天球过卯酉圈时，其方位角为 $270°$。从图3.5中可看出，$\delta > \varphi$ 的天体整个周日圈在天顶以北，根本不经过卯酉圈。$0° < \delta < \varphi$ 的天体每恒星日两次经过卯酉圈，一次在东半天球，一次在西半天球。

天体过卯酉圈时，在图3.5的 $\triangle PZ\sigma$ 中，$\angle PZ\sigma = 90°$，天体过西卯酉圈时的时角

$t_W = t$，天体过东卯西圈时的时角 $t_E = 24^h - t$，天体经过卯酉圈时的天顶距和时角可由式(2.16)的第四式和第六式求出，即

$$\begin{cases} \cos t = \tan\delta / \tan\varphi \\ \cos z = \sin\delta / \sin\varphi \end{cases} \tag{3.6}$$

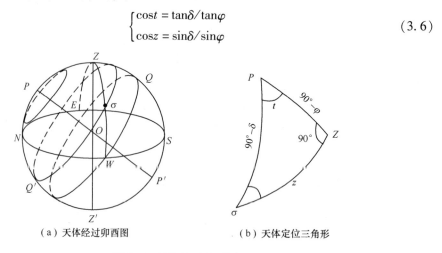

（a）天体经过卯酉图　　　　　（b）天体定位三角形

图3.5　天体经过卯酉圈

3. 天体大距

在北天极 P 和天顶 Z 之间过子午圈的天体，当它的垂直圈与其时圈正交时，它的垂直圈与其周日圈相切时（图3.6），该星距子午圈具有最大的距离，天文定位三角形的星位角等于 $90°$，天体的这一位置的瞬间被称为天体的大距。天球旋转一周，有大距的天体在一个恒星日内有两次大距，分别为东大距和西大距。不落星不一定有大距，只有满足 $\delta > \varphi$ 的天体才有大距。

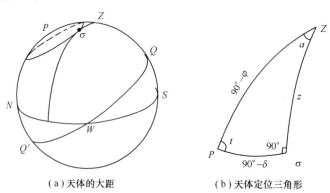

（a）天体的大距　　　　　（b）天体定位三角形

图3.6　天体的大距

由 $\triangle PZ\sigma$ 可得

$$\begin{cases} \cos z = \sin\varphi / \sin\delta \\ \cos t = \tan\varphi / \tan\delta \\ \sin\alpha = \cos\delta / \cos\varphi \end{cases} \tag{3.7}$$

根据式(3.7)计算可得天体大距时的方位角和天顶距，则天体在西大距时的地平坐标可按下式计算得到，即

$$\begin{cases} z_E = z_W = z \\ A_E = a \\ A_W = 360° - a \end{cases} \tag{3.8}$$

天体东、西大距的地方时时刻分别为

$$s_W = \alpha + t, \quad s_E = \alpha - t \tag{3.9}$$

综上所述归纳如下：

（1）拱极星的条件：$\delta \geqslant (90° - \varphi)$。

（2）不出星的条件：$\delta < 0°$，$|\delta| > 90° - \varphi$。

（3）出没星的条件：$|\delta| < (90° - \varphi)$。

（4）过卯酉圈星的条件：$0° < \delta < \varphi$。

（5）大距星的条件：$\delta > \varphi$。

3.1.3　天体的周日视运动引起天体地平坐标的变化

引起天体坐标值变化的原因很多。下面只讨论由天体周日视运动所引起的地平坐标值的变化。也就是说，在天体赤纬、观测者纬度不变，而只有天体时角变化的情况下，天体高度和方位的变化。

1. 高度 h 的变化

由 $\sin h = \sin\varphi\sin\delta + \cos\varphi\cos\delta\cos t$ 式，并顾及 $\cos\delta\sin t = \cos h\sin A$ 得到高度角 h 的变率表达式为

$$\begin{cases} \mathrm{d}h/\mathrm{d}t = -\cos\varphi\sin A \\ \mathrm{d}h/\mathrm{d}t = -\cos\delta\sin t \end{cases} \tag{3.10}$$

由式（3.10）可知，天体高度的变化速度取决于观测者纬度和天体方位角，或取决于天体赤纬和时角。当观测者纬度一定时，天体高度变化的速度仅与天体方位有关，即在同一方位圈上的天体，它们的高度变化速度相等，但加速度不相等。当天体的赤纬一定时，天体高度变化的速度仅与天体时角有关。当天体位于观测者东、西大圆上时，天体高度变化快；当位于观测者子午圈上时，天体高度变化慢。在一个恒星日，天体的高度 h 有两次极值，分别在上中天和下中天。

2. 方位角 A 的变化

$$\begin{cases} \mathrm{d}A/\mathrm{d}t = \sin\varphi + \cos\varphi\cos A\tan h \\ \mathrm{d}A/\mathrm{d}t = -\cos\delta\cos t\sec h \end{cases} \tag{3.11}$$

由式（3.11）可以看出：天体方位变化速度不仅与观测者纬度有关，还与天体的方位和高度有关。所有天体在位于中天时（上中天或下中天），方位变化最快，而且高度越高的天体，其方位变化越快。

3.2　太阳的周年视运动

由于地球公转，地球上的观测者看到太阳在天球上沿黄道每年按逆时针方向（地球公转方向）运行一周，如图 3.7 所示，这种运动称为太阳的周年视运动。太阳沿黄道自西向东周年视运动一周，其赤纬、赤经也相应变化一周，因而产生了四季，以及四季星空循环

变化的现象。

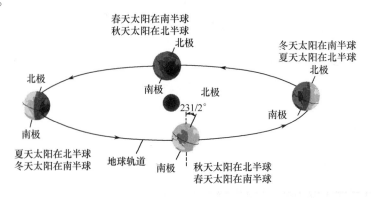

图 3.7 太阳的周年视运动

3.2.1 太阳周年视运动的不均匀性

太阳在周年视运动期间,通过二分点、二至点的日期、坐标值及其变化规律如表 3.2 所列。

表 3.2 太阳周年视运动

日期	分、至点	赤经 α	赤纬 δ	北半球日照	说明
3 月 21 日	春分	0°	0°	昼夜相等	北半球天文春季开始, 太阳北赤纬开始逐渐增大
6 月 22 日	夏至	90°	23°27′N	昼长夜短	北半球天文夏季开始, 太阳北赤纬开始逐渐减小
9 月 23 日	秋分	180°	0°	昼夜相等	北半球天文秋季开始, 太阳北赤纬开始逐渐减小
12 月 22 日	冬至	270°	23°27′S	昼短夜长	北半球天文冬季开始, 太阳北赤纬开始逐渐增大

太阳在天球上同时参与周日视运动和周年视运动。但对观测者来说,看到的太阳视运动是太阳周日和周年视运动的合成运动。

众所周知,地球公转的速度是变化的,在近日点(1 月 3 日)时最快,日速为 $1°1′9.9″$。在远日点(7 月 4 日)时最慢,日速为 $0°57′11.5″$。由于太阳的周年视运动是地球公转的反映,其速度相同,所以视太阳沿黄道的视运动速度也是不均匀的,在近地点时最快,在远地点时最慢。从观测表明,视太阳由春分点至秋分点运转 180° 需时 186 天,而由秋分点运行至春分点同样是转动 180°,但只须走 179 天,少用 7 天。显然,这是由太阳周年视运动的速度不均匀所引起的结果。

3.2.2 视太阳的赤道坐标的变化

如图 3.8 所示,太阳周日平行圈在周年视运动影响下,其合成运动是沿着螺旋曲线运行的。但是螺旋线的变化范围不超过太阳赤纬在一年中的变化范围,即 23°27′N ~ 23°27′S。最北的周日平行圈称为北回归线(Tropic of Cancer),最南的周日平行圈称为南回归

42

线(Tropic of Capricorn)。

太阳在天球上相对于春分点,或相对于回归线,在一个回归年内沿天球转动一周。太阳中心连续两次通过春分点的时间间隔称为回归年(Tropical year)。

1 回归年 = 365.422^d = $365^d05^h48^m46^s$

春分点在天球上并不是不动的,而是每年以50.3″的速率在黄道上向西移动。地球绕太阳公转一周的时间间隔叫作恒星年,即恒星年是太阳在黄道上运行完整一周的时间间隔,它比回归年约长20^m。

由于太阳在黄道上做不等速的周年视运动,而且黄道与天赤道又有一个23°27′的夹角,因此在太阳周年视运动中其赤经、赤纬的日变化量是不相等的。

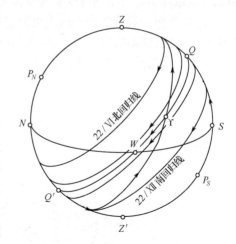

图 3.8　视太阳的赤道坐标变化

当视太阳由南半球转入北半球过春分点时,它的 $\alpha = 0^h$,$\delta = 0°$;之后它们逐渐增加,到夏至点时,变为 $\alpha = 6^h$,$\delta = 23°27′$;随后赤经继续增加,而赤纬则逐渐减小,至秋分点时,$\alpha = 12^h$,$\delta = 0°$;到冬至点时,$\alpha = 18^h$,$\delta = -23°27′$;冬至后,赤经继续增加,而赤纬由减小变为增大;直到第二年又过春分点时,$\alpha = 12^h$,$\delta = 0°$。由此可知,太阳在周年视运动中,它的赤道坐标的变化是:赤经由$0^h \rightarrow 24^h$,赤纬由 $0° \rightarrow 23°27′ \rightarrow 0° \rightarrow -23°27′ \rightarrow 0°$(即在 $+23°27′ \rightarrow -23°27′$ 范围内变化)。

3.2.3　太阳的周年视运动在其周日视运动中的反映

在地球上单位面积所得到的太阳能主要由太阳在地平上的高度和日照时间所决定。在中纬度,由于太阳周年视运动,太阳高度在一年内变化46°53′,因此导致一年四季的变化。

在图3.9中,地球位于位置 Ⅱ 时,太阳运行到夏至点,地球的北半球朝向太阳,那里的太阳高度较高,而且日照持续时间较长,进入了夏季;而在南半球则进入了冬季。地球在位置Ⅳ时,太阳运行到冬至点,则刚好相反,北半球进入了冬季,而在南半球则进入了夏季。

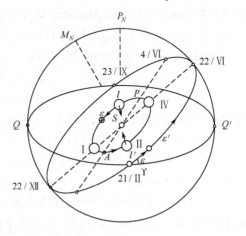

图 3.9　太阳周年视运动

太阳的视运动可从两个方面观察:一是太阳的周日视运动使它在众恒星间存在显著的位置变化;二是地球自转所产生的太阳周日视运动。

地球除了绕地轴自转外,还由西向东绕太阳公转,一年为一个周期,由此所产生的太阳相对于地球由西向东的视运动现象称为太阳的周年视运动。当地球由春分点循轨道向东运动时,太阳的视位置在天球上也由春分点循黄道向东运转,历经夏至、秋分、冬至诸点后返回春分点,周期恰为一年,如图3.10所示。地球与太阳的距离是不断变化的。每年约在1月3日前后,地球离太阳最近,称为近日点;7月4日前后,离太阳距离最远,称为远日点。

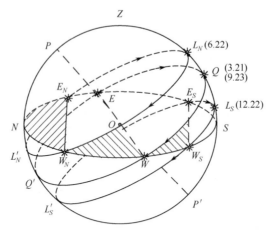

图3.10 太阳周年视运动在其周日视运动中的反映

由于黄道与赤道两平面斜交,故太阳在黄道上不同位置时,其赤纬也不同。在春分点时太阳的赤纬为0°,在夏至点时其赤纬为+23.5°,在冬至点时其赤纬为-23.5°,一年之内,太阳的赤纬变化在+23.5°~-23.5°之间。

太阳的周日运动的成因是地球绕日自转,因而太阳的周日视运动与其他恒星周日视运动有两点不同。

太阳的赤纬随季节而不同,故其自转圈每日不同。太阳在二分点和二至点前后的赤经变化量为:春分点前后 $\Delta\alpha = 54.3'$,秋分点前后 $\Delta\alpha = 53.8'$,夏至点前后 $\Delta\alpha = 62.3'$,冬至点前后 $\Delta\alpha' = 66.6'$。太阳的赤经日变化量在二分点前后较小,在二至点前后就比较大一些。在近似计算中,太阳赤经的日变化量可取近似平均值1°。

太阳赤经和赤纬日变化量公式为

$$\begin{cases} \Delta\alpha = (\cos\varepsilon/\cos^2\delta)\Delta\lambda \\ \Delta\delta = \sin\varepsilon\cos\alpha\Delta\lambda \end{cases} \tag{3.12}$$

式中:ε 为黄赤交角;$\Delta\alpha$ 为太阳赤经日变化量;$\Delta\lambda$ 为太阳黄经日变化量。

太阳的赤经随季节而不同,每日在众星间东行接近1°,而太阳的周日视运动则为西行。太阳赤纬的日变化量的近似公式为 $\Delta\delta = 0.4°\cos\alpha$,在二分点前后各一个月 $\Delta\delta \approx 0.4°$,在二至点前后各一个月 $\Delta\delta \approx 0.1°$,在其他日期 $\Delta\delta \approx 0.3°$。

北半球的人们看到的太阳,在夏季从东北方向升起,西北方向下落,冬季则升于东南,落于西南;而且太阳的中天高度,夏季高于冬季,如图3.10所示。这些现象都是太阳的周年视运动在其周日视运动中的反映。

显然,由于太阳有周年视运动,使得它与赤道的距离不断发生变化,因此它的周日圈不能保持不变,其变化情况大致如下:每年3月21日左右,太阳在周年视运动中经过春分点时,它的周日圈与赤道重合,太阳从东点升起,从西点下落,故这一天(春分点)大致昼夜平分。此后,太阳离开赤道继续向北移动,中天高度也逐日增大,而且昼渐长、夜渐短。至6月22日太阳运行到夏至点时,其赤纬达到最大值,这一天昼最长、夜最短,太阳上中天高度达到一年中最大值。太阳到夏至点后便向南移动(赤纬从此时开始逐渐减小),于是昼又逐渐变短、夜渐长。由于太阳北移至夏至点时,它的周日圈是最北的一个,故把这一周日圈和它在地球上的投影(即地球北纬23°27′的纬线)称为北回归线。到9月23日太阳运行至秋分点时,它又回到赤道上,其周日圈又与赤道重合,此时,昼夜又平分。之后,太阳又从北半球进入南半球,昼逐日变短、夜逐渐变长。至12月22日太阳运行到冬至点时,其赤纬等于−23°27′,这一天昼最短、夜最长。太阳的上中天高度为一年中的最小值。此时太阳的周日圈是最南的一个,故把它和它在地球上的投影(即地球南纬23°27′的纬线),称为南回归线。太阳过冬至点后便回转向北移,至第二年3月21日又回到春分点,这一天又是昼夜平分。

根据上述可知,太阳的周年视运动使它的周日视运动发生变化,也就是使太阳在北回归线与南回归线之间作螺旋线的周日视运动。显然,在一年之中太阳的周日圈不是一个闭合圆,而是在南、北回归线之间的螺旋曲线。

3.3 地球的运动

地球是太阳系的一颗行星,它有自转和公转;地球和它的卫星月球构成了地月系,从而产生了岁差、章动、潮汐;地球有大气,大气层在严重地干扰着天文观测。

地球的基本参数:

(1)平均赤道半径:6378136.49m。

(2)平均极半径:6356755.00m。

(3)平均半径:6371001.00m。

(4)赤道重力加速度:9.780327 m/s。

(5)平均自转角速度:7.292115×10^{-5} rad/s。

(6)扁率:0.003352819。

(7)质量:5.9742×10^{24} kg。

(8)地心引力常数:$3.986004418 \times 10^{14}$ m^3/s^2。

(9)平均密度:5.515g/cm^3。

(10)太阳与地球质量比:332946.0。

(11)太阳与地月系质量比:328900.5。

(12)回归年长度:365.2422d。

(13)离太阳平均距离1AU(一个天文单位) = $1.49597870 \times 10^{11}$ m。

(14)逃逸速度:11.19km/s。

(15)表面温度:−30 ~ +45℃。

(16)表面大气压:1013.250mbar(1mbar = 100Pa)。

3.3.1 地球的自转

地球存在着绕自转轴自西向东的自转,它的自转周期约为23^{h}56^{m}4^{s}平太阳时,自转的角速度约为15°/h,线速度则因纬度而异,赤道处最大,为465m/s,越往两极越小,至两极处为零。天空中各种天体东升西落的现象都是地球自转的反映。

人们最早利用地球自转作为计量时间的基准。自20世纪以来,由于天文观测技术的发展,人们发现地球自转的速度不是均匀不变的,到目前为止,人们已发现地球自转速度有三种变化。根据目前的研究,地球自转速度的三种主要变化如下:

(1)长期变化:主要由于日月引力作用产生的海洋潮汐摩擦和固体潮的滞销后作用,引起地球自转速度长期地逐渐变慢,使得平太阳日每百年约增长0.0016s。

(2)季节性变化:由于地球大气层中的气团随着季节而移动,使地球自转速度产生一种周期性变化,这种变化包含有一年、半年、一月、半月等周期,通常把一年和半年的周期变化合称为季节性变化。它使地球自转速度上半年变慢,下半年变快,每年几乎以固定的变化形式重复出现,它的影响在一年内使日长有±0.001s的变化。

(3)不规则变化:地球内部物质移动、地幔与地核之间的角动量交换或海平面的变化等因素引起地球自转速度有时快、有时慢的不规则变化,它使日长时而增加、时而减少,在一年内最大达5×10^{-8}s的相对变化。

广义的地球自转运动,还包括地球自转轴方向的变化。地球在空间的定向由三种运动来描述:一是地轴方向相对于空间的变化;二是地轴方向相对于地球本身的变化;三是地球绕地轴的变化。第一项变化的周期部分称为章动,长期部分称为岁差;第二项称为极移;第三项称为地球自转速度变化或日长变化。地球自转运动定量描述的参数,称为地球自转定向参数(Earth Orientation Parameter,EOP)。狭义上只把描述地球自转速度变化的UT1(已加极移改正的世界时)和描述极移的地级坐标(x_p, y_p)称为地球自转参数(Earth Rotation Parameter,ERP)。实际上地球自转无论相对于空间还是相对于地球本体都存在着复杂的运动,地球自转速度不是恒定的,呈现复杂的波动。

3.3.2 地球自转速度的变化

地球自转轴速度变化引起日长的视扰动,从而使得由恒星中天或其他方法所测定的世界时(UT)发生扰动。为了明确UT与日长的关系,将后者定义为同一恒星在某地连续两次中天相距的原子时。如果日长恒定地保持为86400原子时秒,则原子时与UT相等,每一恒星每天将在同一时刻中天。

地球自转速度变化是极其复杂的,时间尺度由几天到几十年,甚至有长期变化。短周期变化通常是10^{-3}s的量级,10年变化是10^{-2}s的量级。要检测某一时间尺度的地球自转速度的变化,观测所用的时钟必须在该时间尺度上比地球自转更为稳定。

由于地球自转速度变化,因此以地球自转为基准的世界时是一种非均匀的时标。国际上于1967年根据铯原子的振荡定义了均匀的时标原子时(TAI)。对于许多应用采用TAI有更高的精度,但是许多与地球自转有关的工作,仍然需要利用世界时。为了兼顾各方面的需求,产生了一种介于原子时和世界时之间的计时系统,称为协调世界时(UTC),它的秒长由高稳定的显著的TAI确定,而时刻则要使得

$$|UT1 - UTC| < 0.9s \qquad (3.13)$$

这样定义的UTC具有原子时稳定的优点,时刻上又靠近UT1。如果两者之差超过了0.9s,则把UTC改变1整秒,称为闰秒,有正闰秒和负闰秒。闰秒由IERS负责确定,并事

46

先发出通知。

综上所述,日长变化分为三类:日长的长期线性拉长、10年尺度的不规则变化和短周期变化。通过近代和古代的光学天文观测数据,可以推断几千年来地球自转速度放慢情况,从而算得日长的长期线性拉长是每世纪 1～2ms。从近百年的日长记录看出日长存在时间尺度为 20～30 年的不规则变化,其幅度为 4～5ms。日长的短周期变化存在多种周期,包括潮汐和季节性周期。

3.3.3 地球的公转运动

地球环绕太阳的运动即地球公转。公转轨道为椭圆,其长半径为 149597870km,扁率为 0.00014,偏心率为 0.0167。公转周期为一恒星年,方向自北黄极看为逆时针方向。地球公转的速度是不均匀的,在近日点最快,在远日点最慢,平均线速度为 29.79km/s,平均角速度为 59'8″/日。地球公转所在的平面即黄道面与地球赤道面的交角(黄赤交角)为 23°27″。由于地球自转而产生了昼夜交替,又由于地球公转及黄赤交角的存在而产生了四季的交替。

从地球上看,太阳沿黄道逆时针运动。黄道和赤道在天球上存在相距 180° 的两个交点。其中太阳沿黄道从天赤道以南向北通过天赤道的一点,称为春分点;与春分点相隔 180° 的另一点,称为秋分点。太阳分别在每年的春分(3 月 21 日前后)和秋分(9 月 23 日前后)通过春分点和秋分点。对居住在北半球的人们来说,当太阳经过春分点或秋分点时,就意味着已是春季或是秋季时节了。

太阳通过春分点到达最北的那一点称为夏至点(白天最长),与之相差 180° 的另一点称为冬至点(夜晚最长)。太阳分别于每年的 6 月 22 日前后和 12 月 22 日前后通过夏至点和冬至点。同样,对居住在北半球的人们来说,当太阳在夏至点和冬至点附近时,从天文学意义上,是进入夏季和冬季时节了。上述情况对于居住在南半球的人,则正好相反。

地球上的赤道标志——赤道纪念碑,位于厄瓜多尔。它修建于 1982 年 8 月。花岗岩碑呈方柱形,高 30m。碑体正面的两座小塔底座分别标明赤道的地理方位:经度 78°27'8″ 和纬度 0°0'0″。

3.4 月球的运动

3.4.1 月球概况

月球是距地球最近的一颗天体,是地球唯一的天然卫星。它与地球有着密切的演化联系。月地平均距离为 384400km(视直径 31'4″),大约是地球赤道半径的 60 倍。月球比地球小,为南北极稍平、赤道稍许隆起的扁球,其平均直径约为 3476km,大概为地球直径的 3/11。月球表面面积大约为地球表面面积的 1/14,比亚洲面积稍小。它的体积是地球体积的 1/49,也就是说,地球里面可以装下 49 个月球;月球的质量是地球质量的 1/81.3,它的重力加速度只有地球的 1/6。月球上没有大气和水分,因而也没有云雾,加之月面物质的热容量和导热率很低,月面昼夜温差很大,白天阳光直射的地面温度高达 120℃,夜间低到 −183℃。月球本身不发光,只反射太阳光。它的亮度随日、月间的角距和地月距离而变化,在满月时平均亮度为 – 12.7 等,给大地的照度相当于 100W 电灯在距 21m 处的照度。

月球上的引力只有地球的 1/6。也就是说,6kg 重的东西到月球上只有 1kg 重了。人在月面上行走,身体显得很轻松,稍稍一使劲就可以跳起来。宇航员认为在月面上半跳半跑地走,似乎比在地球上步行更痛快。

月球表面高低起伏,其明显特征是环形山(月坑)和月海。环形山的特点是中部低陷,四周呈环状起伏,形似地球上的火山口和陨星坑。大的环形山的直径接近 300km。中央区还有高 2km 多的群峰;小的直径也不过几百米。月海就是人们肉眼所见的月面上暗淡的黑斑,其实是一些宽广的平原,其中最大的面积达 500 万 km² 。高出(一般 2 ~3km)月海的地区称为月陆,月陆的反射率较高。月球山也存在山脉,最长的山脉达 1000km,往往高出月海 3 ~4km;最高的山峰在月球的南极附近,高达 9000m。

月球的正面(向着地球的一面)和背面结构差异较大。正面月海多,环形山少;背面则相反,且地形凸凹不平,起伏悬殊。月球的年龄大概有 46 亿年左右。

3.4.2　月球的运动

地球与月球构成了一个天体系统,称为地月系。在地月系中,地球是中心天体,因此一般把地月系的运动描述为月球对于地球的绕转运动。然而,地月系的实际运动是地球与月球对于它们的公共质心的绕转运动。由于地球的质量约为月球质量的 81.3 倍,所以地月系质心在地球体内,离地心约 4671km,为地月距离的 1.2%,这表明月球环绕地心的椭圆轨道与月球环绕地月系的公共质心的椭圆轨道相差不大,可以说月球在环绕地球公转。月球公转时其近地点(离地球最近时)平均距离为 363300km(视直径 $32'46''$),远地点(离地球最远时)平均距离为 405500km(视直径 $29'22''$),两者相差 42200km。月球公转的速度是不均匀的,平均线速度为 1.02km/s,公转一周需时 $27^{\mathrm{d}}7^{\mathrm{h}}43^{\mathrm{m}}116^{\mathrm{s}}$,即 27.32166 天,称为月球公转的恒星周期或恒星月。

月球公转轨道平面与天球相交的截痕称为白道(Moon's Path)。如图 3.11 所示,大圆 ll' 为月球在天球上的视运动轨道,它与黄道 EE' 的夹角 ω 称为黄白交角(Obliquity of the Moon's Path),平均为 $5°09'$ 。白道与黄道有两个交点,其中月球进入黄道以北的交点 β 称为升交点(Ascending Node),月球进入黄道以南的交点 V 称为降交点(Descending Node),它们的连线 βV 称为交点线。太阳和行星的引力影响,使得月球轨道产生摄动,交点线沿着黄道向西以每年 $19°21'$ 的速度旋转,约 18.6 年在黄道上运行一周。

月球在它的轨道上平均每日东移 $13.2°$,所以它每天中天时间较恒星平均推迟 53^{m}。因为太阳每日在天球上东移约 $1°$,故月球相对于太阳,每日向东运行 $12.2°$,因而它的每天中天时间较太阳平均推迟 49^{m}(由于月球赤经的日变化量是不均匀的,因此,月球中天时间每日实际推迟时间在 37^{m} ~ 65^{m} 之间)。

月球在天球上相对于太阳的转动周期,即当月球黄经 $\lambda_{月}$ 再一次等于太阳黄经 λ 的时间间隔称为朔望月(Synodic Month),或称太阴月(Lunar Month),它等于 $29^{\mathrm{d}}12^{\mathrm{h}}44^{\mathrm{m}}03^{\mathrm{s}} \approx 29.53^{\mathrm{d}}$。

月球是反射太阳光而发光的。因此,当它绕地球转动时,地球上的观测者看到的月球光亮部分的形状是不同的。地球上的观测者所见月球亮面呈现的不同圆缺形状称为月相(Phase of the Moon),如图 3.12 所示。

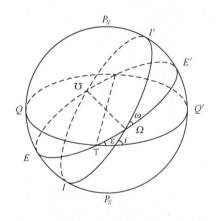

图 3.11　白道与赤道

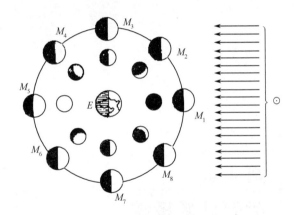

图 3.12　月球的运动

当月球在 M_1 时,约在阴历初一,$\lambda_月 = \lambda$,这时在地球上看不见月球的光亮部分。这时的月相称为新月(New Moon),又称朔。新月时,月球与太阳几乎同时升出,约于 12^h 左右上中天。新月后,月球逐渐向东离开太阳。

当月球在 M_3 时,约阴历初七八,$\lambda_月 = \lambda + 90°$,这时在地球上可以看到呈半圆形的月球亮面。这时的月相称为上弦(First Quarter)。上弦时的月球于中午前后升出,傍晚 18^h00^m 左右上中天,半夜前后降没。

当月球位于 M_5 时,约阴历十五,$\lambda_月 = \lambda + 180°$,这时在地球上可以看到月球整个光亮的圆面。这时的月相称为满月(Full Moon),又称望。满月的月球于傍晚升出,半夜前后上中天,天亮前后降没。

当月球在 M_7 时,约农历廿二、廿三,$\lambda_月 = \lambda + 270°$,这时在地球上也可以看到呈半圆形的月球亮面。这时的月相称为下弦(Last Quarter)。下弦时的月球于半夜升出,约于 06^h00^m 上中天,中午前后降没。

从新月到满月,从天空中看到的月球亮面是朝西的;从满月到新月则是朝东的,如表 3.3 所列。

表 3.3　月令变化表

月相	月出	上中天	月没
新月	06^h	12^h	18^h
上弦	12	18	24
满月	18	24	06
下弦	00	06	12

从最近的新月起,计算到某时刻止所经过的日数称为月令(Age of the Moon)。它是 0~29.5 的一个数目。

我国的阴历日期实际上便是月令的近似数。知道了月令便可以知道月相,也可以近似计算月球的中天时间。月球的中天时间与潮汐有密切的关系。

月球在公转的同时还绕着它的自转轴自转,自转的方向也是由西向东,与其公转方向相同。但月球有一个特点,即它的自转周期与其公转周期相等。因此,月球总是以同一半面向着地球,另一半面背着地球。这样,人们在地球上只能看到月球朝向地球的一面,而看不见背向地球的另一面。

49

第4章

时间计量系统

　　我们知道,天文测量是用三维空间的$(\varphi、\lambda、H)$三个坐标来确定地面点在空间的位置的。但宇宙间一切事物都在空间和时间中变化着,地面点的位置也毫不例外,它是随着时间的变化而变化的。所以确定地面点位置时,除用上述三维空间的三个坐标外,还必须加入相应观测瞬间的一个时间坐标t。由此可知,确定地面点在空间的位置必须用四维空间的四个坐标$(\varphi、\lambda、H、t)$。尤其在人卫观测中,因卫星在空间的位置变化快,若仅用$(x、y、z)$三个地心直角坐标来表示卫星的位置而缺少一个时间坐标t,那就毫无意义了。因此,必须建立一些时间计量系统来确定时间坐标t。

　　时间的意义对于人类来说是不言而喻的。长期以来,人们一直在寻求确立最精确的时间方法。在远古时期,人类以太阳的东升西落作为时间尺度。公元前2世纪,人们发明了地平日晷,一天的误差为15min。一千多年前的希腊和我国的北宋时期,能工巧匠们曾设计出水钟,精确到每天10min的误差。六百多年前,机械钟问世,并将昼夜分为24h。17世纪,单摆用于机械钟,使计时精度提高了100倍。到了20世纪30年代,石英晶体振荡器出现了,现在一座精密的石英钟可以做到每三百年只差1s。

　　自17世纪以来,科学家们以地球自转和世界时作为时间尺度,把地球绕地轴自转一周,地球上任何地点的人连续两次看见太阳在天空中同一位置的时间间隔定为一个平太阳日。1820年,法国科学院正式提出,一个平太阳日的1/86400为一个平太阳秒,称为世界时秒长。由于地球自转的季节性变化、不规则变化和长期减慢,世界时每天最多可精确到1×10^{-9}s。

　　人类社会的进步和现代科学技术的飞速发展,使人们对时间尺度的精度要求越来越高。1953年是时频科学的一个新的里程碑。世界上第一台原子钟在美国哥伦比亚大学由三位科学家研制成功。1963年第13届国际计量大会决定:铯(^{133}Cs)原子基态的两个超精细能级间跃迁辐射震荡9192631770周所持续的时间为1s。此定义一直沿用至今。

4.1 时间的概念

4.1.1 时间的定义

时间是事物存在或延续的过程,它与长度、质量共同称为宏观世界的三个基本量,是四维空间(时间和三维位置)的一维。时间具有绝对和相对两个方面的特性,即包含"时刻"和"时间间隔"两种含义。时刻是指某一事件发生的瞬间;时间间隔则表示两个事件之间的时间历程。时刻在天文学中也称为历元。

时间和空间是物质存在的基本形式。时间是建立在物质的运动和变化的基础上的。物质的运动和变化又是在时间和空间中进行的。因此,如果脱离了物质,脱离了物质的运动和变化,时间和空间都将是毫无意义的。

对于时间的描述,可采用一维的时间轴,包括作为计量时刻的原点(初始历元)和计量时间间隔的单位(尺度)两大要素,原点可根据需要进行指定,度量单位采用时刻和时间间隔两种形式。时刻是时间轴上的坐标点,是相对于时间轴的原点而言的,是指事物在运动或变化过程中的某一瞬间;时间间隔是两个时刻之间的差值,是指事物在运动或变化过程中所持续时间的长短,如图 4.1 所示。

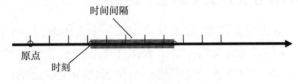

图 4.1　时间的定义

天文测量中通常说的时间测量,实际上就包含了既有差别又有联系的这两个内容,即时间间隔的测量和时刻的测定。

4.1.2 时间系统的建立

时间的计量必须以物质的运动为依据,各种具体的时间计量系统都建立在对某一特定物质运动测量的基础之上。为了尽可能提供准确而均匀的时间,一个实用的时间计量系统必须具备以下三个基本品质:

(1)均匀性。通常取作时间测量基准的运动是周期运动,这种运动的周期必须是稳定的。由稳定的周期运动作为时间单位所计量的时间才是均匀的。

(2)连续性。作为时间测量基准的运动必须是连续不断的。

(3)可测性。作为时间测量基准的运动必须是可以测量的。这就要求这种运动在任何地方都可以通过一定的实验或观测予以复制并付诸实用。

根据这一基本原则,时间系统的建立包括作为计量时刻的原点(初始历元)和计量时间间隔的单位(尺度),只要确定了这两个要素就可以建立起相应的时间系统。

理论上,任何一个周期运动,只要它的周期是恒定的而且是可以观测的,就可以作为时间尺度。历史上人们创造了各式各样的测量时间的基准,但是为了更精确的测量时间,必须采用一种公认的有权威性的方法作为时间测量的基准。这种基准需要满足下列条件:①运动是连续的、周期性的;②运动周期必须充分稳定;③运动周期具有复现性。当然,"充分稳定"和"复现性"同任何物理参数一样,不可能是绝对的,总是针对一定的精度指标而言的,在某一历史阶段内,它只是人类科学水平所达到的最佳值。

采用不同的时间原点和尺度,就可产生不同类型的时间系统。国际时间工作中迄今已选用过三种物质运动形式作为时间测量的基准,分别如下:

(1) 地球自转。以地球自转周期为基准的时间计量系统是世界时系统,由此量得的时间单位为"日",这种时间计量系统有恒星时和太阳时,它是世界时时间基准的基础,稳定度为 10^{-8}。

(2) 地球公转。以地球(或行星)公转周期为基准的时间计量系统是历书时系统,由此量得的时间单位为"年",它是力学时时间基准的基础。

(3) 原子跃迁。以原子内部电子在能级跃迁时所辐射或吸收的电磁波频率为基准,由此量得的时间单位为"原子秒",这种时间计量系统为原子时系统,它是原子时时间基准的基础,稳定度可达 10^{-15}。

时间的国际标准单位为秒(s),派生出的单位有毫秒(ms, 10^{-3}s)、微秒(μs, 10^{-6}s)、纳秒(ns, 10^{-9}s)等。

4.1.3 时间系统在大地天文测量中的作用

运动的天体不断地改变着位置,如果只给定某一个天体的位置坐标,而不说明它对应的瞬间,那么这个坐标是毫无意义的。对于天体处于某一位置对应的瞬间需要用一个准确的时刻来标志,天体从当前位置变化到另一个位置之间所经历的历程也需要用一个精确的时间来表示,由此在天文学和空间科学中,时间系统是精确描述天体和卫星等高速运动物体及相互关系的重要基准。

在大地天文测量中,时间系统的重要意义在于,坐标和时间系统是天文测量的基本参考系统,天体作为一个被观测目标,其位置是在高速运动中不断变化的,因此在每次测定天体的位置的同时,都必须记录星过十字丝瞬间的时刻,时间在大地天文测量中是直接的观测量。当要求天文经度误差小于 0.04″,天文纬度误差小于 0.5″时,则相应的计时设备时间的稳定度要小于 5×10^{-7}。

4.2 恒星时与太阳时

恒星时与太阳时都是以地球自转为测量基准的一种时间计量系统。天体的周日视运动是人们所感受到的最一般的周期性运动,它对人类的生产活动具有重要的影响。由于地球的自转速率变化非常微小,难以觉察,因此,长期以来人们都将天体的周日视运动作为时间测量的基准。天体的周日视运动周期是地球自转的反映,欲测定地球自转周期,可在天球上选定某一天体或某一特殊点作为参考点,并以测站的子午圈作为量度参考点周日视运动周期的参考(或起算)方向。参考点连续两次通过该地子午圈的时间段,即为地球自转的一个周期。由于观测地球自转所选的天体(或参考点)不同,就形成了不同的时间计量系统。以恒星为标准的是恒星时系统,以太阳为标准的是太阳时系统。

4.2.1 恒星时

恒星在天空中并非静止不动的,它们之间的相对位置会随时间而发生微小变化。为了有一个统一的参考基准,恒星时选择春分点作为基本参考点,以春分点的周日视运动为依据建立的时间称为恒星时,简称恒时,常用 s 表示。

春分点连续两次通过测站上中天所经历的时间间隔称为一个恒星日。1 恒星日划分为 24 恒星小时,1 恒星小时分成 60 恒星分,1 恒星分分成 60 恒星秒。恒星日、恒星时、恒星分、恒星秒等单位称为计量时间的恒星时单位。

有了恒星时单位,还必须定义恒星时的起点。恒星时的起点被定义为春分点的上中天时刻。显然,若不计地球自转速率中的起伏和极移的微小影响,在任一瞬间的地方恒星时在数值上等于该瞬间春分点距子午圈的时角,即

$$s = t_\Upsilon \tag{4.1}$$

式中:s 为地方恒星时;t_Υ 为春分点的时角。

设图 4.2 中 Υ 代表春分点,Q 代表子午圈与赤道圈的交点,则 ΥQ 即为观测者的地方恒星时。由于春分点仅为天球上的一个假设点,不能直接观测。设有一天体 σ,通过该星的时圈交赤道于 σ' 点,则春分点的时角恒等于该天体的赤经与其时角之和,即

$$s = \alpha + t \tag{4.2}$$

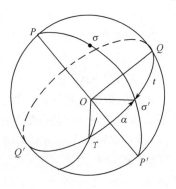

图 4.2　恒星时

式中:α 为天体 σ 的赤经,从星表中获得;t 为天体的时角。只要测得天体的赤经 α,按上式即可求得观测瞬间测站的恒星时。这是观测天体确定恒星时的基本理论基础。

当天体上中天时 $t = 0$,显然有

$$s = \alpha_{中} \tag{4.3}$$

恒星时等于上中天时恒星的赤经,可见在上中天观测天体测定恒星时是一种最简便的方法。此外,若已知观测天体瞬间的恒星时 s 和天体的赤经 α,则按式(4.2)即可求得观测瞬间天体的时角 t。

由于恒星时的起点为春分点的上中天时刻,因此,经度不同的测站,其地方恒星时也不同。显然,A、B 两地的地方恒星时 s_A 与 s_B 之差等于其经度 λ_A、λ_B 之差,即

$$s_A - s_B = \lambda_A - \lambda_B \tag{4.4}$$

起始子午线($\lambda = 0$)上的恒星时称为格林尼治恒星时,通常用 S 表示。显然,地方恒星时与格林尼治恒星时之间的关系为

$$s = S + \lambda \tag{4.5}$$

必须指出,由于春分点在天球上有缓慢移动,因此恒星日的长度并不严格等于地球的自转周期。春分点在岁差的影响下每年约向西移动 $50''$,这使恒星日比地球自转周期约短 0.008s。另外,由于春分点有平春分点与真春分点之分,因此恒星时也有平恒星时与真恒星时之别。

1. 真恒星时与平恒星时

瞬时春分点有瞬时平春分点和瞬时真春分点之分,所以采用不同的春分点作为参考点就产生了不同的恒星时。

参考点以真春分点为准的恒星时是真恒星时(Local Apparent Sidereal Time,LAST),也称视恒星时,格林尼治零子午线处(天文经度 $\lambda = 0^h$)的真恒星时是格林尼治真恒星时(Greenwich Apparent Sidereal Time,GAST)。

参考点以平春分点为准的恒星时是平恒星时(Local Mean Sidereal Time,LMST)。格林尼治零子午线处(天文纬度 $\lambda = 0^h$)的平恒星时是格林尼治平恒星时(Greenwich Mean Sidereal Time,GMST)。

2. 不同恒星时之间的关系

由于章动,真春分点在黄道上相对于平春分点的位移为 $\Delta\psi$,在赤道上相对位移为 $\Delta\psi\cos\varepsilon$,也就是常说的赤经章动或二分差。真恒星时和平恒星时之间的关系为

$$GAST - GMST = LAST - LMST = \Delta\psi\cos\varepsilon \tag{4.6}$$

式中: $\Delta\psi$ 为黄经章动(章动在黄道上的分量); ε 为黄赤交角。

地方恒星时同格林尼治恒星时之间的关系为

$$LAST - GAST = LMST - GMST = \lambda \tag{4.7}$$

3. 恒星时的作用

恒星时提供一种时间尺度,在它的基础上可推导出平太阳时。恒星时作为地球的空间姿态参数之一,以时间描述方式来描述地球瞬时姿态参数,因此不要求其尺度的均匀性,而是要求如实代表瞬时天球坐标系和瞬时地球坐标系间的旋转角。

恒星日的长度除了受岁差的影响外基本上等于地球自转周期,所以采用恒时进行星历预报,一个月的时间中其恒时的变化量不足 1s,如果使用世界时则要相差 2h 之多。过去 60° 多星等高观测法是靠人工查星表的方式进行选星的,由于是用恒星时直接作为时间参数进行选星和找星,因此恒星时钟表更是测量中不可缺少的装备。尽管现在天文测量中已不再需要恒星表记录时间了,但是实用天文学的测量原理和实际的星历预报、视位置计算等处理中都离不开恒星时,因此,恒星时除了在航海中有一定的应用外,基本上是天文学上的专用时间。

4.2.2 真太阳时

选取真太阳(太阳视圆面中心)为基本参考点,以其周日视运动为基准建立的时间计量系统称为真太阳时,简称真时,用 $T_\odot$ 表示。

真太阳时的基本单位是真太阳日。真太阳的视圆面中心连续两次通过测站上中天所经历的时间间隔称为一个真太阳日。1 真太阳日分为 24 真太阳小时,1 真太阳小时分为 60 真太阳分,1 真太阳分分为 60 真太阳秒。真太阳日和真太阳时的时、分、秒等单位称为计量时间的真太阳时单位。

太阳上中天瞬间为测站真太阳时的开始,即真太阳时的起点。真太阳时 $T_\odot$ 在数值上等于真太阳相对于本地子午圈的时角 $t_\odot$,即

$$T_\odot = t_\odot \tag{4.8}$$

在日常生活中,习惯上以下中天(子夜)为一日的开始,因此,实际上把真太阳时定

义为

$$T_\odot = t_\odot \pm 12^h \tag{4.9}$$

也可理解为起点定义为真太阳的下中天时刻。同样,真太阳时也具有地方性,即两个地方的真太阳时之差等于两地经度差,即

$$T_{\odot A} - T_{\odot B} = \lambda_A - \lambda_B \tag{4.10}$$

根据式(4.2)和式(4.8),可以得出真太阳时与恒星时之间的关系,即

$$T_\odot = s - \alpha_\odot \tag{4.11}$$

式中:$\alpha_\odot$为太阳的赤经。由于地球的公转,真太阳每年沿黄道运行一周,其赤经为$0^h \sim 24^h$。

微分式(4.11),得

$$\mathrm{d}T_\odot = \mathrm{d}s - \mathrm{d}\alpha_\odot \tag{4.12}$$

由此可以得出如下结论:

(1)真太阳日比恒星日长。由于太阳的赤经每年增加24^h,因此恒星时比真太阳时每年多24^h,即每天约长4min。

(2)真太阳时是不均匀的。真太阳的视运动是地球自转和公转的共同反映。地球公转轨道为椭圆,它的公转速度是不均匀的,而且自转轴不垂直于公转面,致使黄道与赤道不重合,这两个原因使得真太阳日的长度每天都不相同,最长的真太阳日(12月23日前后)与最短的真太阳日(9月13日前后)相差可达51s之多。这种时间标准虽然与日常生活的节律一致,但不能适应科学应用的需求。为了克服真太阳时的不均匀性,人们又建立了平太阳时系统。

4.2.3 平太阳时

由于真太阳时具有较大的不均匀性而不便于使用,为了建立一种既与真太阳时相差不大,而其长度又是均匀的时间单位,19世纪末美国天文学家纽康(S. Newcomb)引入了一个假想的参考点——平太阳,并以此建立了平太阳时,简称平时,并将格林尼治子午圈的平时称为世界时。

首先在黄道上建立一个匀速运动的辅助点,其运动的速度等于太阳视运动速度的平均值,并且与真太阳同时经过近地点(1月3日前后)和远地点(7月4日前后)。然后在赤道上引入另一辅助点,它不仅与黄道上的辅助点速度相同,而且两者同时通过春分点和秋分点。这个在天赤道上匀速运动的假想点称为平太阳。

以平太阳的周日视运动为依据建立的时间系统称为平太阳时,简称平时,用T表示。

平太阳连续两次通过测站下中天所经历的时间段,称为一个平太阳日,平太阳日是平太阳时的基本单位,由此派生出平太阳小时、平太阳分、平太阳秒等单位。平太阳下中天瞬间(平子夜)为测站平太阳时的起算点。因此,任一瞬间,测站的平太阳时在数值上等于该瞬间平太阳的时角加12h。因此平太阳时T与平太阳时角t之间的关系为

$$T = t \pm 12^h \tag{4.13}$$

与式(4.11)类似,平太阳时T与恒星时s之间的关系为

$$T = s - \alpha' \pm 12^h \tag{4.14}$$

式中:α'为平太阳的赤经,其表达式为

$$\alpha' = 18^h41^m50.54841^s + 8640184.812866^s T_u + 0.093104^s T_u^2 - (6.2 \times 10^{-6})^s T_u^3$$

(4.15)

式中：T_u 为从 J2000.0（世界时 2000 年 1 月 1 日 12^h）起算的儒略世纪数（1 儒略世纪数 = 36525 天）。

与恒星时和真太阳时一样，平太阳时也具有地方性，通常称为地方平时。两个地方的平太阳时之差等于两地经度差。若不考虑地球自转本身的微小不均匀性，则平太阳时是均匀的。所以，平太阳时是能够满足量度时间要求的一种时间单位。

格林尼治零子午线处的平时称为世界时 UT。地方平时与世界时之间的关系为

$$T = UT + \lambda$$

(4.16)

4.2.4 时差

由于平太阳是人们假想的一个辅助点，所以无法直接测定，只有通过真太阳时来推算。某瞬间真太阳时与平太阳时之差称为时差，也就是代表该时刻真太阳时角与平太阳时角之差。用 η 表示，其关系为

$$\eta = T_\odot - T = t_\odot - t$$

(4.17)

根据时角与赤经之间的关系，可以写出

$$\eta = \alpha_\odot - \alpha$$

(4.18)

由此可见，时差即平太阳赤经与真太阳赤经之差，可以由理论计算得到。每年出版的《天文年历》中载有时差值。

真太阳时与平太阳时存在差异的原因有两个：一是地球绕日运动的角速度不相等，冬季较快，夏季较慢；二是太阳是在黄道运行，而平太阳则假定在赤道是等速运行。时差 η 在一年中四次为零。四次为极大值，见表 4.1。

表 4.1　η 的零点与极值

日期	4 月 16 日	6 月 15 日	9 月 1 日	12 月 24 日	2 月 12 日	5 月 15 日	7 月 26 日	11 月 3 日
时差 η	0	0	0	0	-14^m24^s	$+3^m48^s$	-6^m18^s	$+16^m24^s$

4.2.5 区时和本初子午线

由于平太阳、春分点等随着天球不停地由东向西做周日视运动，它们过各地子午圈的时刻有先后，因此，在同一瞬间，不同经度地区的地方时之差等于其经度之差。地球自转产生昼夜变化，各地的人们都习惯使用当地的日出日落来确定地方时，因而世界各地的日期和时间是不同的。若各地都采用自己的地方时，势必造成时间上的混乱。为了解决各地时间不一致的问题，在 1884 年华盛顿国际经度会议上，制定了一种国际间和本国内统一的、按经度分区的时间系统——区时，也称为标准时。人们规定了时区和国际日期变更线。

将全球分为 24 个理论时区，每个时区的中央经线相差 15°，地方时相差 1^h，以中央经线的地方时作为该时区的标准时间，称为区时。时区的划分如下：以格林尼治子午线（起始子午线）为标准，从西经 7.5°到东经 7.5°（经度间隔为 15°）为 0 时区；从 0 时区的边界分别向东和向西每隔经度 15°划分为一个时区，东西各划分成 12 个时区，即从东 1 区直到

东 12 区, 东 12 区与西 12 区相重合, 共 24 个时区。也可从 0 时区开始向东起算, 依次为 1, 2, 3, …, 23 时区。0 时区的区时即为世界时 UT, 如图 4.3 所示。

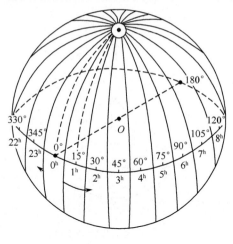

图 4.3　区时

由于行政管理的需要, 时区的界线照顾到国家或地区的疆界, 各国有自己的规定。例如, 中国的国土跨东 5 区到东 9 区, 但全国都用东 8 区的中央经线的地方时作为标准时间, 称为北京时间。

世界各地的时刻有早晚之分, 因此每天变换日期(从本地平时 0 时起换日期)也有先后之别。为了避免计算日期上的混乱, 1884 年国际经度会议决定, 把 180° 经线作为国际上日期变换的界线, 称为日界线。凡越过日界线, 日期就要增加(从西半球到东半球)或减小(从东半球到西半球)1 天。此外, 为了不使 180° 经线上的国家使用不同的日期, 日界线不完全与 180° 经线重合。世界地图上标有日界线的走向。

1884 年在华盛顿举行的国际子午线会议决定, 采用英国伦敦格林治天文台原址埃里中星仪所在的子午线作为时间和经度计量的标准参考子午线, 称为本初子午线, 又叫零子午线或首子午线。从本初子午线开始, 向东划分 0°～180°, 为东经度; 向西划分 0°～180°, 为西经度。1968 年国际上以国际习用原点作为地极原点, 并把通过国际习用原点和平均天文台经度原点的子午线称为本初子午线。

4.3　恒星时与平太阳时的换算

恒星时和平太阳时都是以地球自转为周期的时间计量系统, 但它们又是两个不同的时间计量系统, 其不同点: 一是时间单位不同, 也就是 1 个恒星日和 1 个平太阳日的长度不同; 二是起始点不同, 分别采用上中天和下中天。因此, 两个时间计量系统的时间间隔不同, 时刻也不同。平太阳时是一切民用时的基础, 恒星时在天文学中具有广泛的用途, 两者都是非常重要的时间计量系统。本节将讨论这两种时间系统的换算问题。

4.3.1　太阳时和恒星时

对于任一个时间段, 可用恒星时单位表示, 也可用平时单位表示。由于平太阳在赤道上有由西向东的周年运动而春分点没有。所以1个恒星日和1个平太阳日的长度不同。为了便于对这两种日长进行比较,可假设平太阳和春分点重合瞬间通过A地子午圈,如图4.4所示。

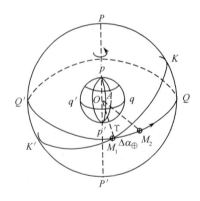

图4.4 平太阳和春分点重合

地球公转导致恒星时和太阳时的不同,太阳视位置每日向东移动约1°,太阳连续两次经过上中天的时间,较春分点连续两次经过上中天的时间,约长4min。图4.5的O及O'代表地球在相邻两日的位置,OA为观测者的子午圈。当地球在轨道上的O点时,太阳经过观测者的子午圈。地球自转1周后,即1个恒星日后,地球位置进到O'点。这时观测者的子午圈为O'A',其与OA平行。但太阳的正射方向为CA″。必须等待地球自转再增加∠A'O'A″角度后,约需要4min的时间,太阳经过观测者的子午圈而为1个太阳日。由图4.4还可看出太阳公转一周所需的太阳日数较其恒星日数少1天,即1个太阳年约365.2422平太阳日或366.2422恒星日。显然,1个太阳日比1个恒星日长$3^m56.5554^s$。

因而得到平太阳时与恒星日时单位间的1个基本关系式,即

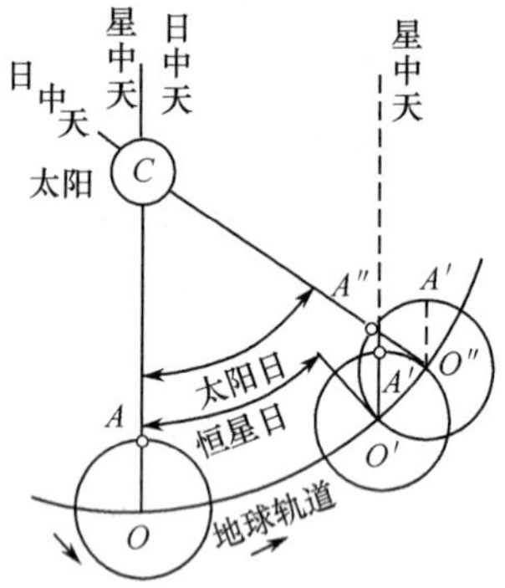

图4.5 太阳时与恒星时

$$1 \text{平太阳日} = 1 \text{恒星日} + \Delta\alpha_\oplus^h$$

或

$$24^h \text{平时} = 24^h \text{恒星日} + 3^m56.5554^s = 24.0657098^h \text{恒星时}$$

由上式可知,平太阳日的长度比恒星日长$3^m56.5554^s$。即恒星时单位的长度比平时单位短一些。显然,量度同一时间段,用恒星时单位量度出来的单位数值比用平时单位量度出来的数值大些(即量出来的单位数多些)。

4.3.2 恒星时与平太阳时的时间段换算

对于任一时间段,可用恒星时单位来表示,也可用平时单位来表示。要将同一时段用两种不同的时间来表示,首先需要建立恒时单位与平时单位间的数学关系,才能完成这两种时间单位所表示的同一时间段的换算。

平太阳时与恒星时之间的关系可用式(4.14)表示。但该公式在实用上是不方便的,

58

因为必须计算平太阳赤经 α'，为此，对式(4.14)进行改进。由于恒星时与平太阳时互为函数关系，因此两种时间段之间的关系可用如下的微分关系式表示，即

$$\Delta s = \frac{\mathrm{d}s}{\mathrm{d}T}\Delta T = \left(1 + \frac{\mathrm{d}\alpha'}{\mathrm{d}T}\right)\Delta T \tag{4.19}$$

或者

$$\Delta T = \frac{\mathrm{d}T}{\mathrm{d}s}\Delta s = \left(1 - \frac{\mathrm{d}\alpha'}{\mathrm{d}s}\right)\Delta s \tag{4.20}$$

令

$$\begin{cases} \mu = \dfrac{\mathrm{d}\alpha'}{\mathrm{d}T} \\ \nu = \dfrac{\mathrm{d}\alpha'}{\mathrm{d}s} = \dfrac{\mu}{1+\mu} \end{cases} \tag{4.21}$$

则

$$\Delta s = (1 + \mu)\Delta T = \Delta T + \Delta T \mu \tag{4.22}$$

或者

$$\Delta T = (1 - \nu)\Delta s = \Delta s - \Delta s \nu \tag{4.23}$$

根据式(4.14)，得

$$\mu = \frac{8640184.812866}{36525 \times 24 \times 60 \times 60} = 0.00273791 = \frac{1}{365.2422} \tag{4.24}$$

$$\nu = \frac{\mu}{1+\mu} = \frac{1}{366.2422} = 0.00273043 \tag{4.25}$$

365.2422 是平太阳连续两次通过春分点所需要的平太阳日数。这一时间间隔称为 1 个回归年。由于在一个回归年中平太阳的赤经增加了 24^{h}，因此在 1 回归年中恒星时要比平太阳时多 1 天，即

1 回归年 = 365.2422 平太阳日 = 366.2422 恒星日，因此

$$1\text{ 平太阳日} = \frac{366.2422}{365.2422}\text{恒星日} = \left(1 + \frac{1}{365.2422}\right)\text{恒星日}$$

或者

$$1\text{ 恒星日} = \frac{365.2422}{366.2422}\text{平太阳日} = \left(1 - \frac{1}{366.2422}\right)\text{平太阳日}$$

从而有

$$1\text{ 平时单位} = (1 + \mu)\text{恒时单位}$$

或者

$$1\text{ 恒时单位} = (1 - \nu)\text{平时单位}$$

这就是时间换算系数 μ, ν 的直观意义。

恒星时与平时之间的时间段换算是比较简单的，可用式(4.22)或式(4.23)直接计算，也可以利用《天文年历》中的"化恒星时为平太阳时"表或"化平太阳时为恒星时"表。在表中可以 Δs 或 ΔT 为引数，查取 $\Delta s \nu$ 或 $\Delta T \mu$ 的值。

例1 由 A 到 B 的火车走了 $14^{\mathrm{h}}58^{\mathrm{m}}48.576^{\mathrm{s}}$ 平时，问走了多少恒星时时间？

解：由题知

$$\Delta T = 14^{\mathrm{h}}58^{\mathrm{m}}48.576^{\mathrm{s}}$$

则

$$\Delta T \mu = 2^{\mathrm{m}}27.652^{\mathrm{s}}$$

$$\Delta s = \Delta T + \Delta T \mu = 15^{\text{h}}01^{\text{m}}16.228^{\text{s}}$$

答:火车走了恒星时间为 $15^{\text{h}}01^{\text{m}}16.228^{\text{s}}$。

例 2 天文台在晚上从恒星时 $19^{\text{h}}35^{\text{m}}19.228^{\text{s}}$ 开始观测,到恒星时 $6^{\text{h}}26^{\text{m}}43.6^{\text{s}}$ 结束。问共观测了多少平时?

解:已知从观测开始到结束共观测了恒星时间为

$$\Delta s = 24^{\text{h}} + 6^{\text{h}}26^{\text{m}}43.6^{\text{s}} - 19^{\text{h}}35^{\text{m}}19.228^{\text{s}}$$
$$= 10^{\text{h}}51^{\text{m}}23.766^{\text{s}}$$
$$\Delta s \nu = 1^{\text{m}}46.716^{\text{s}}$$
$$\Delta T = (1 - \nu)\Delta s = \Delta s - \Delta s \nu$$
$$= 10^{\text{h}}49^{\text{m}}37.050^{\text{s}}$$

答:共观测了 $10^{\text{h}}49^{\text{m}}37.050^{\text{s}}$ 平时。

4.3.3 恒星时刻与平太阳时刻的换算

对于任一瞬间的时刻,既可用恒星时时刻来表示,也可用平时时刻来表示。生活中一般使用平时时刻,恒时与日常使用的时间的联系并不紧密。而在天文测量中,很多地方使用恒时,例如天体位置计算、星表预报等都涉及恒时时刻及其相互间的换算。因为恒星时单位的长度比平时单位的长度短,而且其起算点不同,故在某一瞬间这两种时刻也不相同。

设平太阳的赤经和时角分别为 α_σ、t_σ。可知地方恒星时 $s = \alpha_\sigma + t_\sigma$,若以 T 代表地方平时,则

$$t_\sigma = T \pm 12^{\text{h}} \tag{4.26}$$

式(4.14)可写为

$$s = \alpha_\sigma + T \pm 12^{\text{h}} \tag{4.27}$$

式(4.27)为恒星时与地方平时之间的关系式。如果已知地方平时,则可用式(4.27)求地方恒星时,反之亦可。

两种时间计量系统都是从各自的 0^{h} 瞬间开始计量的,因此,进行时刻换算必须考虑同一瞬间某一种时间的 0^{h} 对应的另一种时间的时刻。即必须知道当天平时 0^{h} 瞬间所对应的恒星时 S_0,即世界时零点对应的恒星时 S_0,以平时日期为准该日恒时 0^{h} 瞬间所对应的平时 T_0,只要知道某地 D 日平时 0^{h} 所对应的恒星时 S_0,即可进行某地平时 T 与恒星时 s 的换算。如图 4.6 所示,在《天文年历》中"世界时和恒星时"表内列出了每日世界时 $(T_0)0^{\text{h}}$ 相应的格林尼治恒星时 S_0 和格林尼治恒星时 $(S)0^{\text{h}}$ 相应的世界时 T_0。大地天文测量中一般使用下式直接计算 S_0,即

$$S_0 = 6^{\text{h}}41^{\text{m}}50.54841^{\text{s}} + 8640184.812866^{\text{s}} T_{\text{G}} + 0.093104^{\text{s}} T_{\text{G}}^2$$
$$- 6.2 \times 10^{-6} T_{\text{G}}^3 + \Delta\varphi\cos\varepsilon/15 \tag{4.28}$$

式中:$\Delta\varphi\cos\varepsilon/15$ 为赤经章动;T_{G} 为格林尼治 D 日的儒略世纪数,T_{G} 按下式计算,即

$$T_{\text{G}} = (JD_{e0} - 2451545.0)/36525 \tag{4.29}$$

根据时段换算公式(4.22)或式(4.23),格林尼治恒星时 S 与世界时 T 之间存在下列关系,即

$$S - S_0 = (T - T_0)(1 + \mu) \tag{4.30}$$

或

60

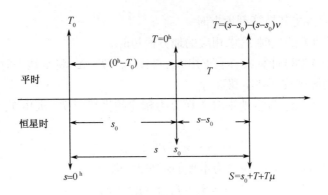

图 4.6　平时与恒星时的关系

$$T - T_0 = (S - S_0)(1 - \nu) \tag{4.31}$$

1. 格林尼治时刻换算

(1) 已知格林尼治 D 日恒星时 S，求格林尼治平时(世界时) T_0。

已知格林尼治 D 日恒星时 S，求其相应的格林尼治平时(世界时) T_0 的计算式为

$$T_0 = (S - S_0)(1 - \nu) \tag{4.32}$$

式中的 S_0 为 D 日世界时 0^h 的格林尼治恒星时，实际计算时，常先求出某日世界时 0^h 所对应的格林尼治恒星时 S_0，求法为先按式(4.28)计算，再按式(4.32)求出 T_0。

例3　已知某年12月4日格林尼治恒星时 $S = 10^h35^m28.376^s$，求相应时间的世界时 T_0。

解：从该年天文年历"世界时和恒星时"表内查得12月4日世界时 0^h 的格林尼治恒星时 $S_0 = 4^h51^m50.134^s$，则

$(S - S_0)$	$5^h43^m38.242^s$
$-(S - S_0)\nu$	$0^h00^m56.297^s$
T_0	$5^h42^m41.945^s$

(2) 已知 D 日格林尼治平时(世界时) T_0，求格林尼治恒星时 S。

已知 D 日格林尼治平时(世界时) T_0，求其相应的格林尼治恒星时 S 的公式为

$$S = S_0 + T_0(1 + \mu) \tag{4.33}$$

例4　已知某年12月10日世界时 $T_0 = 12^h38^m44.864^s$，求相应瞬间的格林尼治恒星时 S。

解：从该年天文年历"世界时和恒星时"表内查得12月10日世界时的格林尼治恒星时 $S_0 = 5^h15^m29.488^s$，则

S_0	$5^h15^m29.488^s$
$+ T_0$	$12^h38^m44.864^s$
$+ T_0\mu$	$0^h02^m04.642^s$
S	$17^h56^m18.994^s$

2. 任一地方(经度为 λ_E)的时刻换算

对于任一地区的时刻换算，首先应将地方时间转换到格林尼治时间，然后进行格林尼

治时刻换算,最后再将其换算到地方时。

（1）已知某地方的平时 T,求相应的地方恒星时 s。

首先利用式(4.28)计算或查表求出 S_0,再按 $T_0 = T - \lambda_E$ 将本地平时 T 换算为相应的世界时 T_0。时刻换算按下列步骤进行:

① 使用 $T_0 = T - \lambda_E$ 将本地平时 T 换算为相应的世界时 T_0,求出 T_0 所对应的格林尼治恒星时,即

$$S = S_0 + T_0(1 + \mu)$$

② 将格林尼治恒星时 S 换算为本地的恒星时,即

$$s = S_0 + T_0(1 + \mu) + \lambda_E \tag{4.34}$$

（2）已知某地方的恒星时 s,求相应的地方平时 T。

已知某地方的恒星时 s,求相应的地方平时 T 的换算过程:

① 按下式将本地恒星时 s 换算为相应瞬间的格林尼治恒星时,即

$$S = s - \lambda_E$$

② 按下式将格林尼治恒星时 S 换算为相应瞬间的世界时,即

$$T_0 = (S - S_0) - (S - S_0)\nu$$

③ 将世界时 T_0 换算为相应瞬间的地方平时,即

$$T = T_0 + \lambda_E = (S - S_0) - (S - S_0)\nu + \lambda_E \tag{4.35}$$

若算出的 $T < \lambda_E$,则用前一天的 S_0。

3. 时刻换算流程

恒星时刻与平太阳时刻的换算流程图如图 4.7 所示。

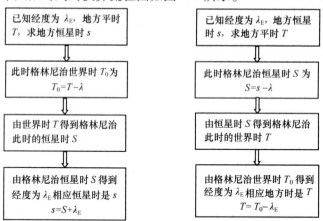

图 4.7　时刻换算流程图

例 5　某年10月1日在 A 地($\lambda_E = 7^h 34^m 30^s$)观测某星的时刻为 A 地平时 $20^h 41^m 36.869^s$,求相应观测瞬间 A 地的恒星时 s。

用上述方法算得观测瞬间 A 地的恒星时为 $21^h 23^m 16.839^s$。

上例中,如果把观测时刻改为北京时间 $20^h 41^m 36.869^s$,运算就不同了。北京时间换算为世界时时减时区 8,而将格林尼治恒星时转换为 A 地恒星时时加 $\lambda_E = 7^h 34^m 30^s$,其结果为 $20^h 56^m 03.666^s$。

例 6　某年 5 月 15/16 日在测站 A($\lambda_E = 8^h 10^m 45.1^s$)观测某星的时刻为测站恒星时

$14^h49^m50.641^s$,求相应观测瞬间测站 A 的平时 T。

解:查天文年历得 5 月 15 日 $S_0 = 15^h31^m29.529^s$。

答:相应观测瞬间测站 A 的平时为 $23^h15^m52.424^s$。

4.4 年、月、历法

时间的基本计量单位是"日",为了计量较长的时间间隔,天文学中引入了比"日"更长的时间计量单位——"月"和"年"。所谓的"年"就是地球绕太阳公转一周的时间间隔,"月"是月球绕地球公转一周的时间间隔。正如日有恒星日和平太阳日等不同的单位一样,由于所选取的度量运动周期的参考点不同,因而也有不同长度的月和年。

4.4.1 年

"春有百花夏有雨,秋有凉风冬有雪。"四季更替谓之"年"。

每年 1 月正值北半球的寒冬,可此时,地球却是过近日点;而 7 月是北半球盛夏时节,地球正过远日点。难道靠近太阳反而冷,远离太阳反而热吗?

其实,日地距离的变化只是使整个地球从太阳接受的总热量产生一些微小的差异,这一点差异并不足以造成地球上一年的季节变化。真正的原因是地球在轨道上"歪着身子走路",从而太阳赤纬随时在变化,也就是说太阳在地球上的直射点会发生有规律的变化。

每年 3 月 21 日左右,阳光直射赤道,这时太阳在春分点,太阳赤纬等于 0°。此后,太阳赤纬开始加大,太阳光直射点逐渐向赤道以北移动,北半球所得的热量逐渐增多。6 月 22 日左右,太阳运行至夏至点,太阳赤纬等于黄赤交角,阳光直射在北回归线上。这天北半球各地,中午太阳位置最高,白昼时间最长,黑夜时间最短,接受的太阳光和热最多,日出和日没点偏北的程度最大。夏至后太阳光直射点南移,9 月 23 日左右太阳运行至秋分点,阳光再次直射赤道。12 月 22 日左右,太阳运行至冬至点,阳光直射南回归线,对北半球来说此时的情况与 6 月 22 日恰好相反。冬至后阳光直射点开始北移,到 3 月 21 日,又直射赤道。

这样,对于地面上的某一地带,在一年中的不同日期里,日出和日没点的方位不断变化,白天太阳在天球上所走的距离长短不一,即白昼长短不一,于是太阳光照射的时间就不同。正午太阳的高度也不断地变化,阳光与地面的倾斜角度也随之变化。太阳光照射时间、照射角度的变化使某一地带所接受的太阳光和热就有多与少的差别,从而形成春暖夏热秋凉冬冷的气候变化。

四季构成的一年,就是回归年,它的天文意义是平太阳连续两次通过春分点的时间间隔。

1. 回归年

由平太阳的假设条件可知,平太阳的周年视运动周期等于真太阳的周年视运动周期。以春分点为参考点,视太阳中心连续两次过春分点的时间段,称为一个回归年,又称太阳年。回归年长 $365^d5^h48^m46^s$,约等于 365.2422 平太阳日。回归年不是地球公转的真实周期。由于岁差的影响,春分点每年向西移动 $50.2''$,从而使回归年比真实的公转周期(恒星年)短 0.01416 平太阳日。

2. 恒星年

选择黄道上的某一固定点作为参考点,视太阳中心连续两次通过该点所经历的时间间隔,称为恒星年。它是地球绕太阳公转的真实周期,只应用于天文学研究。由于有岁差,因此恒星年比回归年约长 20^m23^s,为 $365^d6^h9^m9^s$,约为 365.25636^d。

3. 儒略年

儒略年规定为 365 天,每四年中有一闰年。因此儒略年的平均长度为:1 儒略年 = 365.25^d。儒略年比回归年要长,大约 400 个儒略年比 400 个回归年长 3 日。

4. 民用年

为了使儒略年的平均长度更接近回归年,在 1852 年,格里高利对儒略年作了改进,得到了现在通用的民用年。在每四个民用年中,设一个闰年,凡能被 4 整除的年数可设为闰年,但在 400 年中要去掉三个闰年,年数中的个位和十位都为 0(即为整数百年)时,规定只有当世纪数能被 4 整除的才算闰年。这样便有

$$1 \text{ 民用年} = \frac{365 \times 400 + 97}{400} = 365.2425^d \tag{4.36}$$

民用年和回归年的长度差为 0.0003 个平太阳日。

4.4.2　月

1. 恒星月

选择某恒星 σ 方向作参考,月球视面中心连续两次经过该恒星方向的时间间隔,称为一恒星月。恒星月是月球绕地球公转的真实周期,约为 27.32166 平太阳日。

朔望月比恒星月长,原理与太阳日比恒星日长是一样的。恒星月与日常生活关系不大,而朔望月却因为是月亮圆缺变化的周期,与地球上涨潮落潮有关,与航海、捕鱼有密切的关系,对人们夜间的活动有较大的影响,同时在宗教上月相也占有重要位置,所以人们自然地以朔望月作为比日更长的记时单位。

2. 朔望月

选择太阳作为参考点,月球从朔(新月)到朔或从望(满月)到望所经历的时间间隔,称为一个朔望月。一个朔望月约等于 29.53059 个平太阳日。

浩瀚星空中,最引人瞩目的天体就是月亮了,它那变化万千的外貌,它所承载的从古至今那么多的美丽动人的神话传说,为人间平添了多少诗情画意!广寒宫里琼楼玉宇,有嫦娥仙子舞翩翩。不仅如此,月亮周期性的阴晴圆缺还是人们自古以来制定历法的根据之一。

月亮围绕地球公转,同时也自转,两者周期相同,方向也相同,因此月亮总以相同的一面对着地球,在人造卫星上天之前的漫长岁月里,人们从来没见过月亮的“后脑勺”。

月亮为什么会有阴晴圆缺的变化呢?众所周知,月亮本身不发光,只是把照射在它上面的太阳光的一部分反射出来,这样,对于地球上的观测者来说,随着太阳、月亮、地球相对位置的变化,在不同日期里月亮呈现出不同的形状,这就是月相的周期变化。进一步说,虽然月亮被太阳照射时,总有半个球面是亮的,但由于月亮在不停地绕地球公转,时时改变着自己的位置,因此它正对着地球的半个球面与被太阳照亮的半个球面有时完全重

合,有时完全不重合,有时一小部分重合,有时一大部分重合,这样月亮就表现出了阴晴圆缺的变化。

当月亮处于太阳和地球之间时,它的黑暗半球对着地球,人们根本无法看到月亮的任何一点形象,这就是"朔",朔在天文上是指月亮黄经和太阳黄经相同的时刻。逢朔日,月亮和太阳同时从东方升起,即使地球把太阳光反射到月亮,然后再由月亮反射回来的那部分光,也完全淹没在强烈的太阳光辉中。

而当地球处于月亮与太阳之间时,虽然三个星球也是处于一条线上,但这时,月亮被太阳照亮的半球朝向地球,柔和的月光整夜洒在大地上,这就是满月,也就是"望"。这时月亮黄经和太阳黄经相差180°。

月亮与地球的距离相对于日地距离来说太短了,在天球上,月亮东移的速度比太阳快很多,每天月亮由西向东前进13°多点,而太阳却只前进1°。因此,朔之后,月亮很快地跑到了太阳的东边,一两天后,太阳一落下去,西边的天空就可见到一弯新月,两个尖角指向东方。此后,月亮升起的时间越来越迟,月亮也逐渐丰满起来。约在朔后7天,月亮的黄经刚好超过太阳90°,人们看到的月亮是圆弧朝西的半圆,这就是上弦月。以后月亮继续向东,更加丰满,升起的也更迟了,直到望。从朔到望,月亮离太阳的距离越来越大。

过了望后,月亮逐渐向太阳移近,月面逐渐消蚀下去。当月亮黄经超过太阳黄经270°时,它又变成了半圆形,但圆弧朝东,这就是下弦月。这时候,当太阳从东方升起时,月亮正高悬在正南的天空上,自然,我们的肉眼这时是看不见月亮的。下弦以后,月亮要到后半夜才从东方出来,它的半个圆面逐渐消蚀下去,变成狭窄的镰刀形,尖角向西。从望到朔,月亮与太阳靠得越来越近,以至再次与太阳黄经相同,消失在晨曦中。

月相变化的周期,也就是从朔到望或从望到朔的时间,称为朔望月。观测结果表明,朔望月的长度并不是固定的,有时长达 29^d19^h,有时仅为 29^d6^h,它的平均长度为 $29^d12^h44^m3^s$。

4.4.3 历法

时间长河是无限的,只有确定每一日在其中的确切位置,人们才能记录历史、安排生活。人们日常使用的日历,对每一天的"日期"都有极为详细的规定,这实际上就是历法在生活中最直观的表达形式。

年、月、日是常用的时间单位。它们之间不满足整数倍关系,因此将它们直接应用到人们的日常生活中是很不方便的。为此需要对实用的年和月的长度进行调整,并科学地安排年、月、日之间的关系,这就是所谓的历法。具体地说,历法就是科学地定出一年包含多少天、一年分为几个月、每个月分配多少天,定出某种年、月、日的基本单位等。由于调配年、月、日三者关系的方法不同,历史上创立过许多不同的历法,归纳起来可分为三类:阴历、阳历和阴阳历。

1. 阴历

阴历是人们最早使用的一种历法。它以月亮圆缺变化的周期来计算时间。如前所述,一个朔望月约为29.5309个平太阳日,为此阴历规定:单月为30天,双月为29天,平均每个月为29.5天。积12个月为一年,共354天。每3年为一闰年,闰年在12月底增加一天,共355天。

阴历的优点是日期与月相的盈亏直接联系。但是,由于阴历年比回归年约短 11 天,从而使它与四季的交替无关,不适于农业生产。因此目前除少数几个伊斯兰国家(回历)仍在采用外,一般都不用。

"希吉来历"是伊斯兰国家和世界穆斯林通用的宗教历法,也称"伊斯兰教历"。中国旧称"回回历",简称"回历"。

"希吉来"是阿拉伯语的音译,意为"迁徙"。公元 639 年,伊斯兰教第二任哈里发欧麦尔为纪念穆罕默德于 622 年率穆斯林由麦加迁徙到麦地那这一重要历史事件,决定把该年定为伊斯兰教历纪元,以阿拉伯太阳年岁首(即儒略历公元 622 年 7 月 16 日)为希吉来历元年元旦。

希吉来历是太阴历,其计算方法如下:以太阴圆缺一周为一月,历时 $29^d12^h44^m2.8^s$;太阴圆缺 12 周为一年,历时 $354^d8^h48^m33.6^s$。每一年的 12 个月中,6 个单数月份(即 1、3、5、7、9、11 月)为"大建",每月为 30 天;6 个双数月份(2、4、6、8、10、12 月)为"小建",每月为 29 天;在逢闰之年,将 12 月改大月为 30 天。该历以 30 年为一周期,每一周期里的第 2、5、7、10、13、16、18、21、24、26、29 年,共 11 年为闰年,不设置闰月,而在 12 月末置一闰日,闰年为 355 日,另 19 年为平年,每年 354 日。故平均每年为 $354^d8^h48^m$。按该历全年实际天数计算,比回归年约少 $10^d21^h1^m$,积 2.7 回归年相差一月,积 32.6 回归年相差一年。该历对昼夜的计算,以日落为一天之始,到次日日落为一日,通常称为夜行前,即黑夜在前,白昼在后,构成一天。

希吉来历每年 9 月(莱麦丹)为伊斯兰教斋戒之月,对这个月的起讫除了计算之外,还要由观察新月是否出现来决定。即在 8 月 29 日这天进行观测,如见新月,第 2 日即为 9 月 1 日,黎明前开始斋戒,8 月仍为小建;如不见新月,第 3 日则为 9 月 1 日,8 月即变为"大建"。到了 9 月 29 日傍晚,也需要看月,如见新月,第 2 天就是 10 月 1 日,即为开斋节日,使 9 月变成"小建";如未见新月,斋戒必须再延一天,9 月即为"大建"。12 月(祖勒·希哲)上旬为朝觐日期,12 月 10 日为宰牲节。该历的星期,使用七曜(日、月、火、水、木、金、土)记日的周日法。每周逢金曜为"主麻日",穆斯林在这一天举行"聚礼"。

希吉来历自创制至今 14 个世纪以来,一直为阿拉伯国家纪年和世界穆斯林作为宗教历法所通用。该历于元世祖至元四年(1267 年)正式传入中国,后并编撰该历颁行全国,供穆斯林使用。至元十三年后,元朝政府颁行的郭守敬"授时历"及明代在全国实行的"大统历",均参照该历制定。回历对中国历法的影响,达 400 年之久。中国信奉伊斯兰教的各族穆斯林,至今在斋戒、朝觐、节日等宗教活动中,仍以该历计算为据。

2. 阳历

阳历是以回归年为基础编制的历法。其制历的基本原则是使历年的平均长度尽量与回归年相一致,并参考朔望月的长短把一年分为 12 个月。目前全世界通用的公历就是一种阳历。

公历浸透了人类几千年间所创造的文明,是古罗马人向埃及人学得,并随着罗马帝国的扩张和基督教的兴起而传播于世界各地。

公历最早的源头,可以追溯到古埃及的太阳历。尼罗河是埃及的命脉,正是由于计算尼罗河泛滥周期的需要,才产生了古埃及的天文学和太阳历。七千年前,古埃及人观察到,天狼星第一次和太阳同时升起的一天之后,再过五六十天,尼罗河就会开始泛滥,于是他们就以这一天作为一年的开始,推算起来,这一天是 7 月 19 日。最初一年定为 360 天,后来改为 365 天。这就是世界上第一个太阳历。后来古埃及人又根据尼罗河泛滥和农业生产的情况,把一年分为三季,分别称为洪水季、冬季和夏季。每季 4 个月,每月 30 天,每月里 10 天为一大周,5 天为一小周。全年 12 个月,另加 5 天在年尾,为年终祭祀日。

这种以 365 天为一年的历年,是观测天狼星定出来的,因此称为天狼星年。它和回归年相差约 0.25 天,因而在日历上每年的开始时间越来越早,经过 1461 个历年,各个日期再次与原来的季节吻合,以后又逐渐脱离。看起来,天狼星年好像在回归年周期左右徘徊,因而又称它为徘徊年、游移年,1461 年的循环周期被称为天狼周期。

后来,埃及人通过天文观测,发现年的真正周期是 365.25 日,但僧侣们为了使埃及的节日能与祭神会同时举行,以维护宗教的"神圣"地位,宁愿保持游移年。后来出土了一块石碑,上面有用埃及文和希腊文所写的碑文,记载了欧吉德皇帝在公元前 238 年发布的一道命令:每经过 4 年,在第 4 年的年末 5 天祭祀日之后下一年元旦之前,再加一天,并在这天举行欧吉德皇帝的节日庆祝会,以便让人们记住。欧吉德皇帝校正了以前历法的缺陷,这增加一天的年称为定年,其他年称为不定年。

古罗马人使用的历法经历了从太阴历到阴阳历、阳历的发展过程。罗马古时是意大利的一个小村,罗马人先是统一了意大利,而后又成为地跨欧、亚、非三洲的大帝国。最早,古罗马历全年 10 个月,有的历月 30 天,有的历月 29 天(这十分类似太阴历),还有 70 余天是年末休息日。罗马城第一个国王罗慕洛时期,各月有了名称,还排了次序。全年 10 个月,有的月 30 天,有的月 31 天,共 304 天,另外 60 余天是年末休息日。以罗马城建立的那一年,即公元前 753 年作为元年,这就是罗马纪元。某些欧洲历史学家直到 17 世纪末还使用这个纪年来记载历史事件。

第二个国王努马,参照希腊历法进行了改革,增加了 11 月和 12 月,同时调整各月的天数,改为 1、3、5、8 月每月 31 天,2、4、6、7、9、10、11 每月 29 天,12 月最短,只有 28 天。根据那时罗马的习惯,双数不吉祥,于是就在这个月里处决一年中所有的死刑犯。这样,历年为 355 天,比回归年少 10 多天。为了纠正日期与季节逐年脱离的偏差,就在每 4 年中增加 2 个补充月,第一个补充月为 22 天,加在第二年里,另一个补充月为 23 天加在第 4 年里,所增加的天数放在第 12 月的 24 日与 25 日之间。这实际上就是阴阳历了,历年平均长度为 366.25 天,同时用增加或减少补充月的办法来补救历法与天时不和的缺点。但这样却更增加了混乱:月份随意流转。例如,掌管历法的大祭司长在自己的朋友执政的年份,就硬插进一个月,而当是仇人执政时,就减少补充月,来缩短其任期。民间契约的执行也受到影响,祭祀节与斋戒日都在逐渐移动,本该夏天的收获节竟跑到了冬天举行。

当儒略·恺撒第三次任执政官时,指定以埃及天文学家索西琴尼为首的一批天文学家制定新历,这就是儒略历。

儒略历的主要内容如下:每隔 3 年设一闰年,平年 365 天,闰年 366 天,历年平均长度为 365.25 日。以原先的 11 月 1 日为一年的开始,这样,罗马执政官上任时就恰值元旦。儒略历每年分为 12 个月,1、3、5、7、9、11 是大月,大月每月 31 天。4、6、8、10、12 为小月,小月每月 30 天。第 2 月(即原先的 12 月)在平年是 29 天,闰年是 30 天,虽然月序不同于改历前,可是仍然保留着原来的特点,是一年中最短的月份。儒略历从罗马纪元 709

年,即公元前 45 年 1 月 1 日开始实行。这一年,为了弥补罗马历与太阳年的年差,除了 355 天的历年和一个 23 天的附加月外,又插进 2 个月,其中一个月为 33 天,另一个月为 34 天。这样,这一年就有 355 + 23 + 33 + 34 = 445 天。这就是历史上所称的"乱年"。

西方历法从儒略历实施开始,终于走上正轨。滑稽的是,颁发历书的祭司们把改历命令中的"每隔三年设一闰年"误解为"每三年设一闰年"。当奥古斯都准备改正闰年错误时,已经多闰了 3 次,于是他下令从公元前 8 年到公元 4 年停止闰年,即公元前 5 年、公元前 1 年和公元 4 年仍是平年,以后又恢复为每 4 年一闰了。为了纪念他的这一功绩,罗马元老院通过决议,把儒略历的第 8 月改称为"Augustus",即奥古斯都月,因为奥古斯都在这个月里曾取得过巨大的军事胜利。但这个月是小月,未免有点逊色,并且罗马人以单数为吉,而 30 天却是个双数,于是就从 2 月份拿出一天,加到奥古斯都月里,8 月就 31 天了,而 2 月在平年只有 28 天,碰上 4 年一次的闰年时为 29 天。7、8、9 连续 3 个月都是大月,看起来很不协调,使用也不方便,就把 9 月改为 30 天,10 月为 31 天,11 月为 30 天,12 月为 31 天。这样,大小月相间的规律破坏了,一直到两千年后的今天还在受到影响。

奥古斯都修改过的历法格式与现行公历一模一样,但它的纪元,即计算年代的起算点还不是公元元年,它的闰年方法与现行公历还不完全一致。这两点差别与基督教的起源和发展有密切的关系。

公历的纪元,是从"耶稣降生"的那年算起的。这与基督教的兴盛密切相关。此后,儒略历被认为是准确无误的历法,于是人们把 3 月 21 日固定为春分日,却带来了未曾料想到的麻烦。随着时间的推移,人们发觉,真正的春分不再与当时的日历一致,这个昼夜相等的日期越来越早,到 16 世纪末已提前到 3 月 11 日了。春分逐渐提前,是由于儒略历并非是最精确的历法,它的历年平均长度等于 365.25 日,比回归年长了 11^m14^s,这个差数虽然不大,但累积下去,128 年就差 1 天,400 年就差 3 天多了。

为了不违背宗教会议的规定,满足教会对历法的要求,罗马教皇格里高利十三世设立了改革历法的专门委员会,比较了各种方案后,决定采用意大利医生利里奥的方案,在 400 年中去掉儒略历多出的 3 个闰年。

1582 年 3 月 1 日,格里高利颁发了改历命令,内容如下:

(1) 1582 年 10 月 4 日后的一天是 10 月 15 日,而不是 10 月 5 日,但星期序号仍然连续计算,10 月 4 日是星期四,第二天 10 月 15 日是星期五。这样,就把从公元 325 年以来积累的误差消除掉了。

(2) 为避免以后再出现春分飘离的现象,改闰年方法为凡公元年数能被 4 整除的是闰年,但当公元年数后边是带两个"0"的"世纪年"时,必须能被 400 整除的年才是闰年。

格里高利历的历年平均长度为 $365^d5^h49^m12^s$,比回归年长 26s。虽然照此计算,过 3000 年左右仍存在 1 天的误差,但这样的精确度已经相当了不起了。

由于格里高利历的内容比较简洁,便于记忆,而且精度较高,与天时符合较好,因此它逐步为各国政府所采用。我国是在辛亥革命后根据临时政府通电,从 1912 年 1 月 1 日正式使用格里高利历的。

3. 阴阳历

阴阳历是介于阴历和阳历之间的历法。它以严格的朔望周期来定月,同时又用设置闰月的办法使年的长度与回归年相近。我国习用的夏历(又名农历、旧历,民间也有称阴历的)就属于阴阳历的一种。它兼有阴、阳二历的特点。

夏历的制定如下:一历年分为12个历月,因朔望月为29.5309天,故历月分为大月(30天)和小月(29天)。大月或小月需经过推算每两个月朔日之间近于30天或29天而定。这样历月的平均长度就很接近于朔望月了,但一年的天数只有354天或355天,比回归年的长度还少约11天。为此约每隔3年置一闰月,使闰年的长度变为384天或385天。至于闰哪一月,则根据这一年的节气来决定。一回归年分24节气,其中12个称节气,另12个称中气。太阳在周年视运动中从春分点起每隔15°设一节气,而且把节气和中气相间排列。夏历月份的名称按照"中气"而定,如含"雨水"的月份叫正月,含"春分"的月份叫二月等。不含中气的月份就定为闰月,用上个月的月份名称称闰某月。例如1993年夏历的第4个月中无中气,故为闰月,称为闰3月,这样在该年中就有2个3月。平均19年中有7个闰月。这样19年和回归年相比相差 $2^h05^m04^s$,闰月大致在第3、6、9、11、14、17、19年。

节气就其实质而言是属于阳历范畴的,从天文学意义来讲,二十四节气是根据地球绕太阳运行的轨道(黄道)360°,以春分点为0点,分为24等分点,两等分点相隔15°,每个等分点设有专名,含有气候变化、物候特点、农作物生长情况等意义。二十四节气即立春、雨水、惊蛰、春分、清明、谷雨、立夏、小满、芒种、夏至、小暑、大暑、立秋、处暑、白露、秋分、寒露、霜降、立冬、小雪、大雪、冬至、小寒、大寒。以上依次顺数,逢单的均为"节气",通常简称为"节",逢双的则为"中气",简称为"气",合称为"节气"。现在一般统称为二十四节气。

二十四节气在我国是逐渐确立完善起来的。我国周朝和春秋时代是用"土圭"测日影的方法来定夏至、冬至、春分、秋分的。土圭测影,就是利用直立的杆子在正午时测量日影的长短。秦朝《吕氏春秋》的《十二纪》中所记载的节气已增加为8个,即立春、春分、立夏、夏至、立秋、秋分、立冬、冬至。还有一些记载是有关惊蛰、雨水、小暑、白露、霜降等节气的萌芽的:一月"蛰虫始振",二月"始雨水",五月"小暑至",七月"白露降",九月"霜始降"。到了汉朝《淮南子·天文训》中已有完整的二十四节气的记载了,与今天的完全一样。

我国民间有一首歌诀:春雨惊春清谷天,夏满芒夏暑相连。秋处露秋寒霜降,冬雪雪冬小大寒。每月两节不变更,最多不差一两天。上半年来六、廿一,下半年来八、廿三。

这一歌诀是人们为了记忆二十四节气的顺序,各取一字缀联而成的。

农历的历年长度是以回归年为准的,但一个回归年比12个朔望月的日数多,而比13个朔望月的日数少,古代天文学家在编制农历时,为使一个月中任何一天都含有月相的意义,即初一是无月的夜晚,十五左右都是圆月,就以朔望月为主,同时兼顾季节时令,采用19年7闰的方法:在农历19年中,有12个平年,一平年为12个月;有7个闰年,每一闰年为13个月。

之所以采取"19年7闰"的方法是因为一个朔望月平均是29.5306日,一个回归年有12.368个朔望月,0.368小数部分的渐进分数是1/2、1/3、3/8、4/11、7/19、46/125,即每2年加一个闰月,或每3年加一个闰月,或每8年加3个闰月……经过推算,19年加7个闰月比较合适。因为19个回归年=6939.6018日,而19个农历年(加7个闰月后)共有 235 个朔望月,等于 6939.6910 日,这样二者就差不多了。

7 个闰月安插到 19 年当中,其安插方法是有讲究的。农历闰月的安插,自古以来完全是人为的规定,历代对闰月的安插也不尽相同。秦代以前,曾把闰月放在一年的末尾,称为"十三月"。汉初把闰月放在九月之后,称为"后九月"。到了汉武帝太初元年,又把闰月分插在一年中的各月。以后又规定"不包含中气的月份作为前一个月的闰月",直到现在仍沿用这个规定。

有的月份会没有中气的原因是节气与节气或中气与中气相隔时间平均是 30.4368 日(即一回归年按 365.2422 日平分 12 等分),而一个朔望月平均是 29.5306 日,所以节气或中气在农历的月份中的日期逐月推迟,到一定时候,中气不在月中,而移到月末,下一个中气移到另一个月的月初,这样中间这个月就没有中气,而只剩一个节气了。

古人在编制农历时,以 12 个中气作为 12 个月的标志,即雨水是正月的标志,春分是二月的标志,谷雨是三月的标志……把没有中气的月份作为闰月就使得历月名称与中气一一对应起来,从而保持了原有中气的标志。

从 19 年 7 闰来说,在 19 个回归年中有 228 个节气和 228 个中气,而农历 19 年有 235 个朔望月,显然有 7 个月没有节气和 7 个月没有中气,这样把没有中气的月份定为闰月,也就很自然了。

农历月的大小很不规则,有时连续 2 个、3 个、4 个大月或连续 2 个、3 个小月,历年的长短也不一样,而且差距很大。节气和中气,在农历里的分布日期很不稳定,而且日期变动的范围很大。这样看来,农历似乎显得十分复杂。其实,农历还是有一定循环规律的:由于 19 个回归年的日数与 19 个农历年的日数差不多相等,因此就使农历每隔 19 年差不多是相同的。每隔 19 年,农历相同月份的每月初一日的阳历日一般相同或者相差一两天。每隔 19 年,节气和中气日期大体上是重复的,个别的相差一两天。相隔十九年闰月的月份重复或者相差一个月。

4. 干支纪法

"干支"就字面意义来说,相当于树干和枝叶。我国古代以天为主,以地为从,天和干相连叫天干,地和支相连叫地支,合起来称为天干地支,简称干支。

天干有 10 个,就是甲、乙、丙、丁、戊、己、庚、辛、壬、癸;地支有 12 个,依次是子、丑、寅、卯、辰、巳、午、未、申、酉、戌、亥。古人把它们按照一定的顺序而不重复地搭配起来,从甲子到癸亥共六十对,称为六十甲子。

我国古人用这六十对干支来表示年、月、日、时的序号,周而复始,不断循环,这就是干支纪法。

传说黄帝时代的大臣大挠"深五行之情,占年纲所建,于是作甲乙以名日,谓之干;作子丑以名日,谓之枝,干支相配以成六旬。"这只是一个传说,干支到底是谁最先创立的,现在还没有证实,不过在殷墟出土的甲骨文中,已有表示干支的象形文字了,说明早在殷代已经使用干支纪法了。

5. 星期的由来

星期制起源于东方的古巴比伦和古犹太国一带,犹太人把它传到古埃及,又由古埃及传到罗马,公元 3 世纪以后,就广泛地传播到欧洲各国了。明朝末年,基督教传入我国的时候,星期制也随之传入。

人类命运受星辰影响的认知最初来自巴比伦,他们认为日、月、火、水、木、金、土星逐日轮流主管天上的事务,人们逐日轮流祭拜,7天一循环,慢慢就形成了星期。

在欧洲一些国家的语言中,一星期中的各天并不是按数字顺序的,而是有着特定的名字,是以"七曜"来分别命名的。七曜是指太阳、月亮和水星、金星、火星、木星、土星这五个最亮的大行星。其中,土曜日是星期六,日曜日是星期天,月曜日是星期一,火曜日是星期二,水曜日是星期三,木曜日是星期四,金曜日是星期五。

在不同地区,由于宗教信仰的不同,一星期的开始时间并不完全一致。埃及人的一星期是从土曜日开始的,犹太教以日曜日开始,而伊斯兰教则把金曜日排在首位。在我国,起初也是以七曜命名一星期中的各天的,到清末才逐渐为星期日、星期一……星期六所代替,习惯上认为星期一是开始时间(某些地区也有把星期日作为一周开始的观念)。

我国古代把日、月和五星称为七曜,为日曜日、月曜日、火曜日、水曜日、木曜日、金曜日、土曜日,后来就称星期几。

4.4.4 儒略周期和儒略日

在日常生活中用历年记事是比较方便的。但在计算相隔时间很长的两个事件之间的日数时,计算这期间的闰年数目很烦琐。为此,天文上计算相距很长的两个日期之间的时间,不是用年或月,而是用儒略记日法。这种记法是在 16 世纪由斯卡里格尔(J. J. Scaliger)提出的,并将 $19 \times 28 \times 15 = 7980$ 年的周期用其父亲的名字儒略(Julius)来命名,称为一个儒略周期。儒略周期始于公元前 4713 年 1 月 1 日,即天文学上的 -4713 年 1 月 $1^{d}0^{h}$,该周期内的数称为儒略日,用 JD 表示。每个儒略日始于格林尼治平正午(即世界时 12^{h})。利用儒略日计算日数,避免了计算闰年数目的麻烦,使用起来比较方便。

从 -4713 年 1 月 $1^{d}0^{h}$ 开始起算的儒略记日法,随着时间的推移,儒略日数字很大,不便使用。1973 年第 15 届国际天文学联合会(IAU)提出了一种约化儒略日,也称"准儒略日",用 MJD 表示,它的起算点改为 1858 年 11 月 17 日世界时 0^{h}。儒略日与准儒略日的关系为

$$JD - MJD = 2400000.5 \text{ 日}$$

1976 年国际天文学联合会决议规定,从 1984 年起,天文历表采用新的标准历元 J2000.0。它是公元 2000 年的儒略年首,该瞬间的儒略日数为 2451545.0。

由于儒略年的长度是 365.25 平太阳日,或者说一个儒略世纪等于 36525 个平太阳日,因此任一年的儒略年首与标准历元的间隔为 365.25 日的倍数。由此可以得到每年儒略年首的儒略日数。

4.5   历书时和力学时

4.5.1   世界时的不均匀性

世界时是以地球自转周期为基准测定的,过去人们认为它是一种均匀时,但随着石英钟的出现和天文观测精度的不断提高,人们发现地球自转速度是不均匀的,它的均匀性只

能达到 10^{-8} 左右。它具有以下三种变化：

（1）长期变化。由于地球表面潮汐摩擦的影响，地球自转的速度逐渐变慢，平太阳日的长度在一百年内约增长了 0.0016s。

（2）季节性变化。地球大气和洋流的运动使地球自转速度产生季节性变化。这种变化基本上是上半年变慢，下半年变快。一年内平太阳日的长度约有 ±0.001s 的变化。

（3）不规则变化。由于地球物质结构和运动的复杂性，地球自转还存在着起因不明的不规则变化，使地球自转速度有时加快，有时变慢。

由于地球自转的不均匀性，因此以地球自转为基准的平时系统（或恒星时系统）的日长和秒长不是固定不变的常数。所以在国际上常用的世界时也具有某种程度的不均匀性。当然，所谓均匀与不均匀只是相对的。同一种时间系统，在某一精度要求下可以认为是均匀的，而在另一种更高精度的要求下可能就是不均匀的了。

为了消除某些因素对地球自转速度的影响，1955 年国际天文学联合会决定在世界时中加入不同的改正，并把世界时分为下面三种：

（1）世界时 UT0 系统：它是天文台站根据天文观测结果直接算得的世界时。它是以观测瞬间的瞬时地极为准的子午圈所测定的。所以它不仅包含地球自转速度不均匀的影响，而且还含有地极移动的影响，由于极移的影响使各地测得的 UT0 有微小的差别，所以不宜作统一的时间。

（2）世界时 UT1 系统：地极移动引起子午圈的变动，从而地面点的经度也随之发生变化。在 UT0 中加入相应的经度改正数 $\Delta\lambda$（即极移改正），以消除极移对各台站经度引起变化的影响，这样得到的世界时定义为 UT1。

（3）世界时 UT2 系统：它是由 UT1 经过季节性改正（ΔT_S）后得出的世界时间。但是，由于它仍旧存在着无法预测的长期减慢和不规则变化等因素的影响，所以在对时间精度提出更高要求的情况下，UT2 也就不能作为均匀的时间标准了。

三种世界时系统的关系是

$$\begin{cases} UT1 = UT0 + \Delta\lambda \\ UT2 = UT1 + \Delta T_S = UT0 + \Delta\lambda + \Delta T_S \end{cases} \quad (4.37)$$

UT2 系统未能消除地球自转的长期减慢和不规则变化等因素的影响，因而仍然是不均匀的。

4.5.2 历书时

由于地球自转速率的不规则性，世界时不能作为精密的时间计量系统，它不适合于观测和理论的比较。1958 年第 10 届 IAU 决议，自 1960 年起，各国天文年历引入一种以太阳系内天体公转为基准的时间系统，称为历书时（ET）。它在当时被认为是均匀的。历书时用 1900 年年首的平黄经和平均运动来定义，历书秒的定义为 1900 年 1 月 0^d12^h 回归年长度的 1/31556925.9747，而把 1900 年年初太阳几何平黄经等于 279°41′48.04″的时刻作为起始历元，即 1900 年 1 月 0^d12^h 为历书时的时刻起算点瞬间 0^h。

但是，历书时不论从理论上还是实践上都是不完善的，它不能作为真正的均匀时间标准。原因如下：①原则上讲，每一种基本历元表都可以有其自身的"历书时"，例如由观测月亮得出的历书时与用太阳运动定义的历书时就不一致；②根据广义相对论，地心和日心两个参考系的时间是不相同的,历书时定义中关联到一些天文学常数,天文常数系统的改变就会导致历书时的不连续;③实际测定历书时的精度不高,而且提供结果比较迟缓,不能及时满足需要高精度时间的部门的要求。

4.5.3 力学时

鉴于历书时的缺点,1976 年 IAU 第 16 届大会决定,从 1984 年起采用力学时取代历书时。IAU 在 1976 和 1979 年的第 16、17 届大会上引入了 2 个新的时间尺度,它们分别为质心力学时(TDB)和地球力学时(TDT)。相对于太阳系质心的运动方程组及由此得出的历表,时间变量用 TDB 表示,用于地心视位置历表的时间变量为 TDT。

1991 年召开的 IAU 第 21 届大会上又定义了 2 个新的时间尺度,即质心坐标时(TCB)和地心坐标时(TCG),并把地球力学时改名为地球时(TT)。因此现在实际上存在 4 个天文时间尺度:2 个属于 BCRS,即 TCB 和 TDB;2 个属于 GCRS,即 TGG 和 TT。它们都是在相对论框架里定义的。

TT 是建立在国际原子时(TAL)基础上的,它对 TAI 时刻补偿正好选用 TAI 试用期间历书时与国际原子时之差的估算值。它与 TAI 在数值上有以下关系,即

$$TT = TAI + 32.184s \tag{4.38}$$

根据相对论原理,TDB 与 TT 之差 $s(s = TDB - TT)$,可以选取它们之间转换公式中任意常数而使两者之差不存在长期项,而只存在微小的周期性变化。它们之间的关系为

$$s = 0.001658\sin(m + 0.01671022\sin m) \tag{4.39}$$

式中:m 为地球在其轨道内的平近点角(rad),计算公式为

$$m = (357.51716 + 35999.039525175T')2\pi/360 \tag{4.40}$$

4.6 原子时系统与协调世界时

4.6.1 国际原子时

为了满足更高精度的实际需要,人们开始到物质的微观世界去寻找具有更稳定周期的物质运动形式作为新的时间计量标准。于是,以物质内部原子运动的特征为基础的原子时应运而生。原子时是以秒,而不是以日为基本时间单位的。1967 年 10 月,第 13 届国际度量衡会议规定:把在海平面上将铯(C_s^{133})原子超精细能级跃迁频率的电磁振荡 9192631770 周所经历的时间间隔定义为原子时 1s 的时间长度。原子时起点定在 1958 年 1 月 1^d0^h 世界时 0^h,即规定在这一瞬间,原子时和世界时重合。但后来发现两者并不完全重合,而是相差 0.0039s,即在此瞬间两者时刻相差为

$$UT - TAI = 0.0039s \tag{4.41}$$

根据这一定义,任何铯原子钟在确定起始历元后都可以提供原子时。由世界各地时间实验室用足够精确的铯原子钟导出的原子时称为地方原子时,不同的地方原子时存在着差异。目前,全世界大约有 20 多个国家的不同实验室分别建立了各自独立的地方原子

时。国际时间局比较、综合世界各地原子钟数据,最后确定的原子时,称为国际原子时。国际原子时从 1972 年 1 月 1 日正式启用。

4.6.2　协调世界时

相对于以地球自转为基础的世界时来说,原子时是均匀的计量系统,这对于测量时间间隔非常方便且重要,但世界时时刻可反映地球在空间中的位置。为兼顾这两种需要,引入了协调世界时(UTC)系统。人们日常生活所用的时间就是协调世界时,它是一种折中的时间尺度,用原子时的速率,而在时刻上逼近世界时。由于原子时的秒长与世界时的秒长不相等,因此,UTC 的时刻与世界时的时刻的差值将越来越大,为使其保持在 ±0.9s 内,使用"闰秒"的方法调整。因此,UTC 在本质上还是一种原子时,因为规定它的秒长要和原子时的秒长相等,只是在时刻上,通过人工干预,尽量靠近世界时。也就是说 UTC 协调世界时实际上是受世界时(UT1)制约的原子时。

1971 年国际无线电咨询委员会制定了实施细节。其要点如下:①协调世界时从 1972 年 1 月 $1^d 0^h$ 开始实施。②协调世界时需通过跳秒来实现其时刻上与世界时(UT1)保持在 0.9s 之内的要求。跳秒每次调整 1s,称为闰秒。凡是增加 1s,即时刻推迟 1s,称为正闰秒;减少 1s,即时刻提前 1s,称为负闰秒。③实施跳秒时间,在 6 月 30 日和 12 月 31 日世界时最后的 1s 进行。3 月 31 日和 9 月 30 日的最后 1s 作为跳秒的补选用日期,而且如有必要,每个月月末的最后 1s 都可实施跳秒调整。一个正闰秒在 $23^h 59^m 60^s$ 的下一秒是第二天的 $0^h 0^m 0^s$;而一个负闰秒在 $23^h 59^m 58^s$ 的下一秒是第二天的 $00^h 00^m 00^s$。协调世界时跳秒的具体日期,由国际时间局提前两个月发出通知。最近,我国国家授时中心在《时间频率公报》中提前数月向全国时间用户通知闰秒的消息。

4.6.3　GPS 时

GPS 全球定位系统采用一个独立的时间系统作为导航定位计算的基础,这个系统称为 GPS 时间系统(简称 GPST)。

GPST 规定它的起点在 1980 年 1 月 6 日 UTC 的 0 点,它的秒长始终与主控站的原子钟同步,启动之后不采用跳秒调整,由此可知 GPST 与国际原子时有固定 19s 的常数差,且 1980 年之后与 UTC 还有随时间不断变化的常数差。如 1987 年 12 月,常数差为 4s,即

$$GPST = UTC + 4s \qquad (4.42)$$

显然使用 GPS 系统导航定位的用户在数据处理和使用最后结果时,应当注意上述关系。特别是利用 GPS 系统作为精密时间传递的用户更要严格计算。GPST 与 UTC 的关系为

$$GPST = UTC + 1s \times n - 19s \qquad (4.43)$$

式中:n 为调整参数,用户可以从 GPS 导航电文第 4 子帧中获取。

上述时间关系如图 4.8 所示。图中用虚线表示 GPS 在 1980 年 1 月 6 日 UTC 0 点启动,并与 TAI 秒长定义保持同步,随后 GPST 与 UTC 的常数差随时间变化并不断增加。

GPST 与 TAI 有固定 19s 的时间差，而 TAI 与地球动力学时 TDT 有固定 32.184s 的常数差。

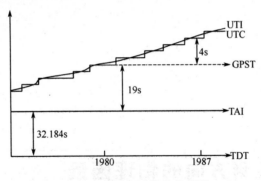

图 4.8　各时间系统的关系图

第5章
影响天体观测方向的物理因素

　　观测者所观测到的天体方向,是观测者所看到的光的反入射方向。显然,天体的观测方向与光的传播媒介、与观测者相对于天体的空间位置和观测者的运动速度有关,这三种物理因素的变化都会改变天体的观测方向。

　　对于不同的观测事件,影响天体观测方向的三种物理因素是不同的。首先是观测者空间位置的变化,这种变化会改变天体与观测者之间的相对位置,由于观测者位置不同而造成的天体方向之差称为视差。其次是观测者运动速度的变化,位置相同而速度不同的观测者所看到的天体方向也是不同的,称为光行差。最后是传播媒介的不同,光在不同介质中的传播会产生折射。在地面上观测,星光穿过大气层产生折射,使天体方向改变,称为大气折射。另外,根据广义相对论,光在引力场中的传播也会发生折射现象,这种效应称为光线引力偏折(或光线弯曲改正)。

　　为了使天体的方向有一个统一的参考基准,恒星星表通常选择太阳系质心(一个假想的观测者)作为参考点。显然,天体的观测方向与太阳系质心天球方向之间的关系可以表示为

$$观测方向 = 质心天球方向 + 视差(改正) + 光行差(改正)$$
$$+ 光线引力偏折(改正) + 大气折射(改正)$$

本章将分别讨论这几种改正。

5.1　大　气　折　射

5.1.1　大气折射现象

　　在地球引力作用下,大量气体聚集在地球周围,形成地球的大气层。大气的密度随高度的增加按指数函数下降。离地面 2000km 以上的高空,大气极其稀薄,并逐渐向行星际空间过渡,但无明显的上界。

　　天体的光线穿过地球大气层时,空气密度沿着光线的传播路径发生连续变化,从而使

光的传播方向产生连续变化。这种现象以及由此引起的方向变化量统称为大气折射,又称为蒙气差。

大气折射与光传播路径上每一点处的大气状态有关。由于大气分布和变化的不规则性,因此精确确定大气折射量是一个十分困难的课题。特别是在接近地面时折射受大气不规则起伏及反常变化的影响非常严重,因此无法确定它的理论值。但总的来说,当光线通过大气时由于折射而向下弯曲,其偏离程度近似随天顶距的正切变化。这个偏离量在地平处约为34′,随着高度的增加而迅速减小。通常大气折射总的影响是只增加天体的高度,而不改变方位角。因此这一效应使天体的位置向上移动,使得所有天体在天空中的位置看上去比它们的几何位置要高。

大气折射使天体向天顶方向偏折,也使有视面的天体(如太阳,月球)表面上各点的相对位置发生变化。由于大气折射,观测者看到的星的视方向 z 和天体的真方向 z_0 不同,这个方向差称为蒙气差,常用 ρ 表示。如图 5.1 所示,观测所得的天顶距加上蒙气差,才是星的真天顶距,即

$$z_0 = z + \rho \tag{5.1}$$

大气折射效应使得天顶的位置升高了一个 ρ 角,故天体的视天顶距 z 总是小于它的真天顶距 z_0。

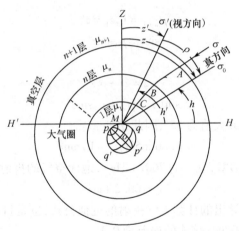

图 5.1　大气折射

由几何光学可知,入射线、折射线和过入射点的法线同在一平面内,所以大气折射发生在同一垂直平面内,因此大气折射对天体的方位角没有影响。

5.1.2　大气折射改正值的计算

假定地球大气层是由 n 个密度不同的等密度层组成的,并近似认为在观测地点上空各等密度的大气层都是平面层。令各层的密度分别为 $D_1,D_2,\cdots,D_n$,相应的折射率为 $\mu_1,\mu_2,\cdots,\mu_n$,大气层外的折射率为 μ_{n+1}。

图 5.2 中的天体 σ 的光线在各层的入射角分别为 z_1、z_2、z_n、z_{n+1},$z_{n+1} = z$,$z_1 = z'$,则根据折射定律,有

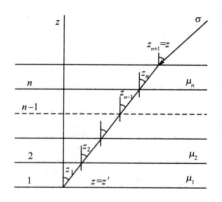

图 5.2 大气层

$$\begin{cases} \mu_{n+1}\sin z_{n+1} = \mu_n \sin z_n \\ \mu_n \sin z_n = \mu_n \sin z_{n-1} \\ \quad\quad\vdots \\ \mu_2 \sin z_2 = \mu_1 \sin z_1 \\ \mu_{n+1}\sin z_{n+1} = \mu_1 \sin z_1 \end{cases}$$

因为

$$\mu_{n+1} = 1, z_1 = z'$$
$$\sin z = \mu_1 \sin z'$$

所以

$$z = z' + \rho$$
$$\sin(z' + \rho) = \mu_1 \sin z'$$

考虑到 ρ 为小量, 其最大值为 $35'$, 因此, ρ 近似得

$$\rho = 206265''(\mu_1 - 1)\tan z' \tag{5.2}$$

标准状态下(温度为 $0℃$, 气压为 760mmHg), 地面空气的折射率 $\mu_1 = 1.000292$ 时, 有

$$\rho_0 \approx 60.2''\tan z' \tag{5.3}$$

这是在理想情况下, 导出的计算大气折射的近似公式, 也是目前修正大气折射的最基本的公式。当天顶距为 $30°$ 时, 该式的误差为 $0.1''$。

天体的天顶距越大, 蒙气差越大, 同时蒙气差会随温度、气压的变化而不同。略去推导过程, 由同心球层法推导的更为精确的公式为

$$\rho = a\tan z + b\tan^3 z + c\tan^5 z + \cdots \tag{5.4}$$

标准状态下, $a = 60.27''$, $b = -0.0669''$, z 为天体的天顶距, ρ 用 ρ_0 表示, 则有

$$\rho_0 = a\tan z + b\tan^3 z + c\tan^5 z + \cdots \tag{5.5}$$

不同的研究者假定大气性质随高度变化的各种不同的关系, 提出不同的大气折射理论, 但是天顶距越大, 其推算的结果一般也越不准。

5.1.3 大气折射表

常用的计算大气折射的方法是大气折射实际用表法, 首先选取纬度为 $45°$ 的海平面, 气温为 $0℃$, 气压为 760mmHg, 在这样的标准情况下, 利用公式 $\rho = \alpha\tan z'$ (即等密度平行

平面层)计算出来的大气折射为平均大气折射 ρ_0,根据平均大气折射 ρ_0 可编制大气折射实际用表。以天顶距 z 为引数,可查到相应的 ρ_0 值。ρ 的计算公式为

$$\rho = \rho_0(1 - A + B) \tag{5.6}$$

式中:A 为温度改正数,可由下式算得,即

$$A = \frac{0.00383T}{1 + 0.00367T}$$

式中:T 为观测时空气的温度;B 为气压改正系数,可由下式算得,即

$$B = \frac{P}{760} - 1$$

其中 P 是以 mmHg 计的实气压,即加入了纬度和气温改正后的气压,可由下式算得,即

$$P = P'[1 - 0.00264\cos2\varphi - 0.000163(T' - T)]$$

式中:P' 为读取的气压数值;φ 为观测站的纬度;T' 为气压表内水银的温度。

在我国的《天文年历》中,刊有蒙气差及其订正表。从减小蒙气差的角度讲,通常选择高度大于 20°的天体,最好选择高度大于 30°的天体,避免观测高度小于 5° ~ 10°的天体。

5.2 视   差

地面观测者由于受地球自转和公转的影响,其空间位置会发生变化,而观测者空间位置的变化会造成观测者在观测同一个天体时,观测到的天体在天球上的投影发生变化,这就是视差现象。

5.2.1 视差的基本概念

在观测天体时,可以认为视差是观测者在两个不同位置看到的同一天体的方向之差。它可以用观测者的两个不同位置之间的距离(基线)在天体处的张角来表示。天体的视差与天体到观测者的距离之间有简单的三角关系。观测者位置的变化,造成观测的同一天体在天球上位置的差异。如图 5.3 所示两个不同的观测位置 O 和 O',假定都处于同一直线上,并观测同一天体 σ,那么有

$$\angle AO'\sigma - \angle AO\sigma = \angle O\sigma O' = P \tag{5.7}$$

当观测者从位置 O 点变为 O' 点时,σ 和 A 在天球上的角距变化了 P,P 就是 σ 对于 O 和 O' 两点的视差。在 $\triangle OO'\sigma$ 中,有

$$\sin P = \frac{l}{\Delta}\sin\angle AO\sigma = \frac{l}{\Delta'}\sin\angle AO'\sigma \tag{5.8}$$

在地面上进行观测,地球自转和公转使得观测者的空间位置不断发生变化,同一观测者在两个不同瞬间的空间位置上观测同一天体有视差,同理两个观测者同一瞬间在两个不同的空间位置上观测同一天体也有视差,所以,讨论视差的目的就是把在同一瞬间不同位置或不

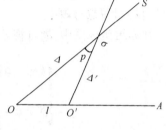

图 5.3 视差概念

同瞬间同一观测者所测得天体坐标归算到某一个参考观测点上,或者反过来把对应于参考点的天体坐标归算到对应于不同位置的观测者。

以观测者为天球中心的天体坐标为地面坐标,以地心为天球中心的天体坐标为地心坐标。同一天体的地面坐标和地心坐标之差称为周日视差。对于恒星,取太阳中心为参考点。以日心为天球中心的天体坐标为日心坐标。同一天体的地心坐标与日心坐标之差称为周年视差。

5.2.2 周日视差及其对天体坐标的影响

观测者是在地面上进行观测的,但使用的却是地心天球,这种近似会对其观测方向产生多大的影响呢? 地球的平均半径约为 6370 km,而离地球最近的恒星(人马座)距地球约 4.3 光年(4×10^{13} km)。此处近似将地球看作以赤道为半径的球体。图 5.4 中,O 为地心,M 为地面的观测点,z 是在 M 点测得的天体 σ 的天顶距,z' 是在 O 点测得的天体 σ 的天顶距。周日视差 $P = z' - z$。由 $\triangle \sigma MO$ 得

$$\sin P = \frac{a}{\Delta} \sin z' \tag{5.9}$$

式中:a 为地球半径;Δ 为天体与地心之间的距离;z 为天体地面真高度。

当 $z = 0°$,视差 $P = 0$;当 $z = 30°$时,即当天体位于地平圈上(图 5.4 中的 σ_0 点)时,P 达到其最大值 P_0,即天体高度等于零时的视差,P_0 称为该天体的地平视差。由 $\triangle \sigma_0 MO$ 有

$$\sin P_0 = \frac{a}{\Delta} \tag{5.10}$$

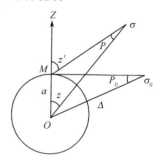

图 5.4 周日视差

因为 P 和 P_0 均为小量,如果略去它们的高次项,则有计算视差的公式,即

$$p = P_0 \sin z' \tag{5.11}$$

按上式并取 $z' = 90°$计算出人马座的周日视差 P 约为 $(3.3 \times 10^{-5})''$,这对实际观测基本没有影响。至于其他恒星则因距离更远,影响更小。但如果观测对象是太阳或月亮,则因其距地较近,方向影响较大,故地面观测结果必须化至地心,需加周日视差改正。地平视差 P_0 由式(5.10)确定,式中 a 是常数,这样 P_0 只与天体的距离 Δ 有关。另外,在我国的《天文年历》中太阳、月亮和行星的历表中,可根据日期查取其地平视差的值,再按式(5.11)计算周日视差。

在赤道坐标系中,周日视差对赤道坐标系影响的公式为

$$\begin{cases} (\alpha' - \alpha)\cos\delta = -\dfrac{a}{\rho}\cos\varphi'\sin(\alpha - s) \\ \delta' - \delta = \dfrac{a}{\rho}(\sin\varphi'\cos\delta - \cos\varphi'\sin\delta\cos(\alpha - s)) \end{cases} \tag{5.12}$$

式中:φ' 为测站的地心纬度;s 为观测时刻的地方恒星时。

5.2.3 周年视差及其对天体坐标的影响

由于地球绕日的轨道运动,因此地心是一个不断变化的动点。不只地球在动,太阳及恒星也在不断地运动,称为自行。其实天空中很难找到一个固定不变的点。不过各天体之间距离非常远,其运动也就不明显,只有用精密仪器长期观测才能发觉。若忽略太阳与恒星的自行,而只讨论地球轨道运行对恒星在天球上位置的影响,并仍以最近的恒星(人马座)为例,按地球轨道的半径约为 1.5×10^8 km 计算,则地球公转对于人马座观测方向的影响大约为 0. 76″。由此可见恒星的周年视差对实际观测的影响是不能忽视的。

地球绕日轨道为一椭圆,在图 5. 5 中 $\oplus$ 为太阳,E 为地球,σ 为一恒星。$E_\oplus = d$ 为地心至太阳系质心的距离,$\sigma_\oplus = \Delta$ 为恒星至太阳的距离,根据视差的定义有

$$\sin P = \frac{d}{\Delta}\sin\theta' = \frac{d}{\Delta}\sin\angle\sigma E_\oplus \tag{5.13}$$

略去推导过程,可得到计算周年视差对赤道坐标系影响的公式,即

$$\begin{cases} (\alpha' - \alpha)\cos\delta = -\dfrac{d}{\Delta}\sin(\alpha' - \alpha)\cos\delta_0 \\ \delta' - \delta = \dfrac{d}{\Delta}(\sin\delta_0\cos\delta - \cos\delta_0\sin\delta\cos(\alpha - \alpha_0)) \end{cases} \tag{5.14}$$

整理后得到周年视差对恒星 α、δ 的影响的常用公式为

$$\begin{cases} a' - a = \pi(\sin\lambda_\oplus\cos\varepsilon\cos a_0 - \cos\lambda_\oplus\sin a_0)\sec\delta_0 \\ \delta' - \delta = \pi(\sin\lambda_\oplus\sin\varepsilon\cos\delta_0 - \cos\lambda_\oplus\sin\delta_0\cos a_0 - \sin\lambda_\oplus\cos\varepsilon\sin\delta_0\sin a_0) \end{cases} \tag{5.15}$$

式中:d/Δ 等于恒星相对于地球轨道半长径所张的夹角,即周年视差 π;α'、δ' 为恒星的地心赤道坐标;α、δ 为恒星的日心赤道坐标;α_0、δ_0 为地球相对于太阳系质心为原点的赤道坐标;$\lambda_\oplus$ 为黄径。

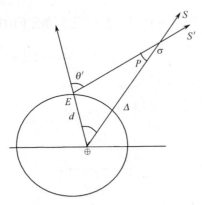

图 5.5　周年视差

5.2.4 视差矢量描述

描述视差矢量等相关内容的目的是通过列举视差矢量表示方法,比较矢量表示方法与球面表示方法的不同。

在图 5. 6 中,O 参考坐标系原点;O' 观测者位置;$O - XYZ$ 参考坐标系,用 $[R]$ 表示;

$O' - X'Y'Z'$为随观测者一起移动的坐标系,它相对于 $O - XYZ$ 只有平移,没有旋转;$\boldsymbol{d}$ 为观测者对参考坐标原点的坐标位置矢量;$\boldsymbol{r}$ 为天体在 $O - XYZ$ 坐标系中的位置矢量;$\boldsymbol{r}'$ 为天体在 $O' - X'Y'Z'$ 坐标系中的位置矢量。若观测者位移矢量 $\boldsymbol{d}$ 已知,即可以得到 $\boldsymbol{r}$ 和 $\boldsymbol{r}'$ 之间的关系为

$$\boldsymbol{r}' = \boldsymbol{r} - \boldsymbol{d} \tag{5.16a}$$

式(5.16a)中的各矢量分别为

$$\boldsymbol{r} = [R]\begin{bmatrix} r\cos a\cos b \\ r\sin a\cos b \\ r\sin b \end{bmatrix}, \boldsymbol{d} = [R]\begin{bmatrix} d_0\cos a_0\cos b_0 \\ d_0\sin a_0\cos b_0 \\ d_0\sin b_0 \end{bmatrix}, \boldsymbol{r}' = [R]\begin{bmatrix} r'\cos a'\cos b' \\ r'\sin a'\cos b' \\ r'\sin b' \end{bmatrix}$$

上式适用于计算周日视差和周年视差,并适用于地平坐标、赤道坐标和黄道坐标。下面以赤道坐标为例进行说明,用 α、δ 代入 a、b,并注意到太阳质心的地心坐标 d_B 和地心的质心坐标 $\boldsymbol{d}$ 大小相等,符号相反。将式(5.16a)写成分量方程的形式,即

$$r\cos\alpha\cos\delta = r'\cos\alpha'\cos\delta' - d_B\cos\alpha_B\cos\delta_B \tag{5.16b}$$

$$r\sin\alpha\cos\delta = r'\sin\alpha'\cos\delta' - d_B\sin\alpha_B\cos\delta_B \tag{5.16c}$$

$$r\sin\delta = r'\sin\delta' - d_B\sin\delta_B \tag{5.16d}$$

(5.16b)$\times\sin\alpha$ + (3.16b)$\times\cos\alpha$,得

$$\sin(\alpha' - \alpha)\cos\delta' = -\frac{d_B}{r}\sin(\alpha' - \alpha_B)\cos\delta_B \tag{5.16e}$$

(5.16b)$\times\sin\alpha$ + (3.16b)$\times\sin\alpha$,得

$$r'\cos(\alpha' - \alpha)\cos\delta' = r\cos\delta + d_B\cos\delta_B\cos(\alpha - \alpha_B) \tag{5.16f}$$

(5.16d)$\times\cos\delta$ + (3.16e)$\times\sin\delta$,得

$$\sin(\delta' - \delta) = \frac{d_B}{r}(\sin\delta_B\cos\delta - \cos\delta_B\sin\delta\cos(\alpha - \alpha_B)) \tag{5.16g}$$

式(5.14)是式(5.16e)和式(5.16g)在微小视差情况下的近似式,由此例可以看出矢量推导方法简单明了。

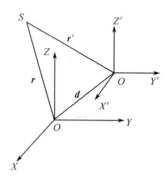

图 5.6 视差矢量表示

5.3 光 行 差

人们都有这样的生活体验:在无风的雨天,一个站着不动的人会觉得雨点是垂直下落

的,而跑动的人会感觉到雨点是倾斜地迎面而来的,而且速度越快倾斜的程度就越大。这一现象是由雨点和观测者的运动造成的。根据相对运动的原理,雨点相对于观测者的速度始终是雨点和观测者的速度之差。如图 5.7 所示,如果雨点的速度用 v 表示,观测者的速度用 v_0 表示,则雨点相对观测者的速度 v' 为

$$v = v' - v_0 \tag{5.17}$$

天体的光线沿着直线方向按一定的速度射进望远镜的视野时也会发生类似现象。由于星光的运动和观测者的运动相结合而使天体的方向发生变化的现象称为光行差现象。由光行差现象引起的天体视方向与真方向之差,称为天体的光行差。天体光行差是在观测者具有一定的运动速度时而引起的天体方向的变化。它可以用在同一瞬间、同一观测地,运动中的观测者所观测到的天体的视方向同静止的观测者所观测到的天体的真方向之差来表示。

在图 5.7(b) 中,如果观测者 M 静止不动所看到的天体 σ 的方向为 r,当观测者以速度 V_0 运动时,他看到天体 σ 的方向将是 r_v,那么 r 方向称为天体相对于观测者的真方向,r_v' 方向为天体相对于观测者的视方向。根据正弦定律,有

$$\sin\alpha = \frac{v}{c}\sin\theta'$$

式中:v 为观测者运动的速度;c 为光子运动的速度;$\alpha = \theta - \theta'$,由于 α 为一小量,所以上式可近似为

$$\alpha = \frac{v}{c}\rho''\sin\theta'$$

式中:$\rho'' = 206265''$,令 $k = \frac{v}{c}\rho''$,则有

$$\alpha = k\sin\theta'$$

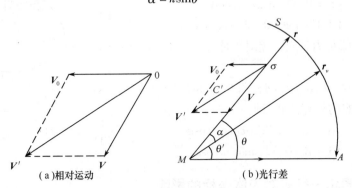

(a)相对运动　　　　(b)光行差

图 5.7　光行差

在光行差的影响下,天体沿着通过天体和向点的大圆弧 $\overset{\frown}{SA}$ 朝向点 A 移动,移动的大小就是光行差 α。光行差的位移方向是朝着观测者运动的方向 MA 与天球相交的 A 点,A 点称为光行差位移的奔赴点或向点。

地面测站随地球自转做周日自转运动所产生的光行差称为周日光行差。若以太阳系质心为参考,则测站随地球绕太阳系质心做周年公转运动所产生的光行差称为周年光行差。

5.3.1 周日光行差及其对天体坐标的影响

地球自转运动使观测者具有速度,因而产生周日光行差。计算周日光行差常用到的一个重要参数是周日光行差常数,它的计算公式为

$$K_\varphi = 206265'' \frac{v_\varphi}{c} = 0.32'' \cos\varphi$$

式中:φ 为测站纬度;c 为光速;v_φ 为测站纬度为非赤道观测者的线速度,并由下式算得,即

$$v_\varphi = \frac{2\pi r}{T}$$

式中:r 为纬圈的半径,且 $r = R e \cos\phi$;T 为一个恒星日中的平太阳秒数。

由于地球自西向东自转,因此观测者的运动方向始终指向东点 E,即周日运动的向点为东点 E。在周日光行差的影响下,天体沿着通过天体 σ 和东点 E 的大圆弧朝向点 E 位移了 $\sigma\sigma'$,见图 5.8,则有

$$\sigma\sigma' = k\sin\sigma'E = 0.32'' \cos\varphi \sin\sigma'E \approx 0.32'' \cos\varphi \sin\sigma E$$

在 $\triangle Z\sigma\sigma'$ 中,有

$$\begin{cases} zz' = \sigma\sigma' \cos\angle Z\sigma E = 0.32'' \cos\varphi \sin\sigma E \cos\angle Z\sigma E \\ (A - A')\sin z = \sigma\sigma' \sin\angle Z\sigma E = 0.32'' \cos\varphi \sin\sigma E \sin\angle Z\sigma E \end{cases} \quad (5.18a)$$

在 $\triangle Z\sigma E$ 中,$ZE = 90°$,有

$$\begin{cases} \sin\sigma E \cos\angle Z\sigma E = -\cos z \cos(90° + A) = \cos z \sin A \\ \sin\sigma E \sin\angle Z\sigma E = \sin(90° + A) = \cos A \end{cases} \quad (5.18b)$$

将式(5.18b)代入式(5.18a),得

$$\begin{cases} z - z' = 0.32'' \cos\varphi \cos z \sin A \\ (A + A')\sin z = 0.32'' \cos\varphi \cos A \csc z \end{cases} \quad (5.19)$$

式(5.19)即是周日光行差对天体地平坐标影响的计算公式。

由图 5.8 的 $\triangle P L\sigma'$ 中,同样可以推导出周日光行差对赤道坐标的影响的计算公式,即

$$\begin{cases} \alpha' - \alpha = 0.32'' \sec\delta \cos t \cos\varphi \\ \delta' - \delta = 0.32'' \sin\delta \sin t \cos\varphi \end{cases} \quad (5.20)$$

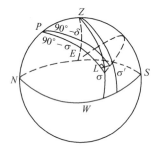

图 5.8　周日光行差

5.3.2 周年光行差对天体坐标的影响

周年光行差的奔赴点在黄道上,奔赴点的黄道坐标是 $\lambda_A = \lambda_\oplus + 90°$,如图 5.9 所示。

与周日光行差一样,计算周年光行差时应首先确定周年光行差的常数 K,设地球公转运动的速度为 v,则其计算公式为

$$v = \frac{2\pi a}{T \sqrt{1 - e^2}}$$

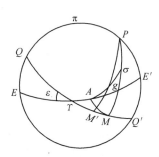

图 5.9　周年光行差

则有

$$K = \rho'' \frac{v}{c} = 206265'' \frac{v}{c} = 206265'' \frac{2\pi a}{cT\sqrt{1-e^2}}$$

如果取地球的平均公转速度,则光行差常数 K 称为周年光行差常数。

周年光行差对恒星赤经、赤纬的影响公式为

$$\begin{cases} \alpha' - \alpha = -K\cos\lambda_\oplus \cos\varepsilon\cos a\sec\delta - K\sin\lambda_\oplus \sin a\sec\delta \\ \delta' - \delta = -K\cos\lambda_\oplus \cos\varepsilon(\tan\varepsilon\cos\delta - \sin a\sin\delta) - K\cos a\sin\delta\sin\lambda_\oplus \end{cases}$$

为便于编表计算,将上式中有关 α、δ 及太阳黄经 $\lambda_\oplus$ 的因子用下列符号表示,即

$$\begin{cases} C = -K\cos\varepsilon\cos\lambda_\oplus \\ D = -K\sin\lambda_\oplus \\ c = \cos a\sec\delta \\ c' = \tan\varepsilon\cos\delta - \sin a\sin\delta \\ d = \sin a\sec\delta \\ d' = \cos a\sin\delta \end{cases}$$

其中 C、D 与太阳黄经 $\lambda_\oplus$ 有关,称为白塞耳日数,c、d、c'、d' 与恒星的 α、δ 有关,称为恒星常数。于是,周年光行差对恒星赤经、赤纬的影响公式可简写为

$$\begin{cases} \Delta\alpha_a = Cc + Dd \\ \Delta\delta_a = Cc' + Dd' \end{cases} \tag{5.21}$$

根据天体观测方向的光行差由图 5.8 可知,光子到达方向 $\boldsymbol{r}$ 和观测瞬间速度矢量 $\boldsymbol{v}_0$,天体的观测方向对光子到达方向的偏离可以用矢量表示为

$$\mathrm{d}\boldsymbol{r} = -\frac{v_0}{c}[\boldsymbol{r} \times (\boldsymbol{r} \times \boldsymbol{v}_0)]$$

天体的观测方向为

$$\boldsymbol{r}_v = \boldsymbol{r} + \mathrm{d}\boldsymbol{r} = \boldsymbol{r} - \frac{v_0}{c}[\boldsymbol{r} \times (\boldsymbol{r} \times \boldsymbol{v}_0)]$$

式中:$\boldsymbol{v}_0$ 为观测者瞬时速度的方向。

对于周日运动 $\boldsymbol{v}_0 = \boldsymbol{v}_d$,$\boldsymbol{v}_d$ 为观测者的周日运动线速度。对于周年光行差,地球的轨道瞬时速度矢量 $\boldsymbol{v}_0 = \boldsymbol{v}_\oplus$,$\boldsymbol{v}_\oplus$ 为地球公转速度。

周年光行差 $\mathrm{d}\boldsymbol{v}$ 为

$$\mathrm{d}\boldsymbol{v} = \frac{1}{c}\begin{bmatrix} \dot{x}_\oplus - v\cos\alpha\cos\delta \\ \dot{y}_\oplus - v\sin\alpha\cos\delta \\ \dot{z}_\oplus - v\sin\delta \end{bmatrix}_{\alpha,\delta} \tag{5.22}$$

其中

$$v = \dot{x}_\oplus \cos\alpha\cos\delta + \dot{y}_\oplus \sin\alpha\cos\delta + \dot{z}_\oplus \sin\delta$$

$$\mathrm{d}\boldsymbol{v} = \begin{bmatrix} -\sin\alpha\cos\delta(\alpha'-\alpha) - \cos\alpha\sin\delta(\delta'-\delta) \\ \cos\alpha\cos\delta(\alpha'-\alpha) - \sin\alpha\sin\delta(\delta'-\delta) \\ \cos\delta(\delta'-\delta) \end{bmatrix}_{\alpha,\delta}$$

式中:$\dot{x}_\oplus$、$\dot{y}_\oplus$、$\dot{z}_\oplus$ 为地球质心坐标速度的分量,可以从太阳历表得到。由此同样可推导出式(5.21)。

5.4　光线引力偏折

根据广义相对论,光子在引力场中的传播路径并非直线,而是凹向引力体的曲线。这种效应称为光线引力偏折。由于太阳系为弱引力场,因此这种效应很微弱。在目前的观测精度上只须考虑太阳引力的影响。

我们知道,观测者所看到的天体方向是天体射向观测者的光子的反入射方向,因此,由于光线的弯曲,静止观测者所观测到的天体方向并非是天体与观测者的连线方向,而是光线在观测者处的切线方向。如果天体与观测者的连线方向用 n 表示,光线的切线方向用 n' 表示,则有

$$n' = n + \Delta n_g \tag{5.23}$$

式中:Δn_g 为光线引力偏折改正。

根据广义相对论,在后牛顿精度下,Δn_g 可以表示为

$$\Delta n_g = \frac{2GM_{\Theta}}{c^2} \cdot \frac{1}{a(1-\cos\theta)}(n\cos\theta - n_{\Theta}) \tag{5.24}$$

式中:G 为万有引力常数;c 为光速;a 为日地距离;n_{Θ} 为太阳方向;θ 为恒星与太阳间的角距,如图 5.10 所示。

取 $\dfrac{GM_{\Theta}}{c^2} = 1.5\,\mathrm{km}$,$a = 1.5 \times 10^8\,\mathrm{km}$,则有

$$\Delta n_g = \frac{2 \times 10^{-8}}{1-\cos\theta}(n\cos\theta - n_{\Theta}) \tag{5.25}$$

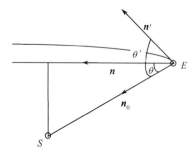

图 5.10　光线引力偏差

光线引力偏折使得恒星与太阳之间的角距发生变化,根据式(5.25),有

$$\Delta\theta \equiv \theta' - \theta = |\Delta n_g| = 0.004'' \cot\frac{\theta}{2} \tag{5.26}$$

显然,当 $\theta = 180°$ 时,光线引力偏折最小,$\Delta\theta = 0°$;当光线贴近太阳表面通过时,光线的引力偏折最大,即

$$\Delta\theta_{\max} = 0.004'' \frac{1+\cos\theta_{\max}}{\sin\theta_{\max}} \approx 0.008'' \frac{a}{R_{\Theta}} \tag{5.27}$$

取太阳半径 $R_{\Theta} = 7 \times 10^5\,\mathrm{km}$,则有

$$\Delta\theta_{\max} = 1.7''$$

第6章
岁差、章动、恒星自行及地极移动

在第 5 章中本书讨论了大气折射、光行差和视差等因素的影响而引起的天体坐标的变化,但这些因素都没有引起天球坐标系的变动,也就是说,春分点、天极、天赤道等基本圈、点固定不变。实际上春分点、天极、天赤道、黄道并不是固定不变的,这些基本圈、点是随着时间而变化的,由这些基本圈、点构成的天球坐标系也随着时间的变化而变化,因而引起了天体坐标值的变化。

6.1 岁　差

公元前 2 世纪,古希腊天文学家依巴谷将相隔 150 多年的恒星位置进行比较发现,恒星的黄经在 150 年内增加了约 1.5°,而黄纬却无明显的变化,于是他得出了如下的结论:春分点在天球上不是固定不变动的,而是沿黄道每百年向西移动约 1°。公元 330 年,我国古代天文学家虞喜根据冬至日恒星的中天观测,独立地发现岁差现象,并推算出春分点每 50 年向西移动约 1°。这意味着一个回归年比一个恒星年要短,每 50 年约差 1 天。故称其为岁差。现在的精确测定结果是,春分点在黄道上每年西移约 50.26″。因此,回归年与恒星年相比,每隔 72 年约相差 1 天,即每年约短 0.014 天。

人们虽然很早就发现了岁差现象,但直到 17 世纪才用牛顿引力理论做出了科学的解释。岁差产生的主要原因是太阳和月亮对地球赤道隆起部分的吸引。

岁差,更精确地讲是春分点岁差,是由于赤道平面和黄道平面的运动而引起的。其中由于赤道运动而引起的岁差称为赤道岁差;由于黄道运动而产生的岁差称为黄道岁差。赤道岁差以前一直称为日月岁差,而黄道岁差一直被称为行星岁差。随着观测精度的不断提高,行星的万有引力对地球的赤道隆起部分的力矩而导致的赤道面的进动必须顾及而不能像以前那样忽略不计,于是沿用了一百多年的术语"日月岁差、行星岁差"就显得不够准确,容易引起误解,因此第 26 届 IAU 大会决定采用 Fukushima 的建议,将日月岁差和行星岁差改称为赤道岁差和黄道岁差。

太阳和月亮对地球赤道隆起部分的引力作用,所产生的力矩把赤道面 OO' 拉向黄道

面 EE'。这一力矩同地球自转力矩的合并影响,使地轴 OP 在空间围绕黄极 K 画出一个圆锥,其锥角等于黄赤交角 $\varepsilon = 23.5°$,从而引起地球自转轴产生进动,使得赤道和黄道的交点——春分点在恒星背景中缓慢的向西移动,每年约 50.26″。地球自转轴在空间绕着地球公转轨道平面的法线(即南北黄极的连线)旋转,周期约 25800 年,与此同时黄赤交角也有变化,这种现象称为赤道岁差(即日月岁差)(图6.1)。同样,行星对地球赤道隆起部分也有引力作用,行星引力使黄道产生微小的变化,使春分点沿赤道每年向东位移 0.125″,同时也使黄赤交角每年约减小 0.47″,这种现象称为黄道岁差(即行星岁差)。行星岁差幅度较小,通常与日月岁差共同计算,两种岁差之和称为总岁差。岁差是地轴方向相对于空间的长周期运动。

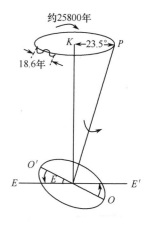

图6.1　岁差和章动

岁差实际上是地球自转轴在外力作用下的空间运动中的长周期平均运动部分,它的周期约为 25800 年。也就是说,春分点在黄道上缓慢西移,25800 年后又会回到同一点上。

6.2　岁差对天体赤道坐标的影响

6.2.1　日月岁差、行星岁差及总岁差

日月岁差是在日月引力的作用下,平春分点沿着黄道向西移动而引起的岁差现象。由于行星的摄动,引起的春分点位移而形成的岁差现象称为行星岁差。

日月岁差、行星岁差综合作用下,引起的平春分点的运动称为总岁差。日月岁差仅使赤道和春分点产生位移而不影响黄道,故它只引起赤道坐标 a、δ 和黄经 λ 发生变化,对黄纬 β 无影响。行星岁差只引起黄道变动而不影响赤道,故它只使赤经、黄经和黄纬发生变化,而对赤纬无影响。计算总岁差的公式为

$$\begin{cases} l = \psi' - \lambda'\cos\varepsilon \\ \beta = \lambda'\sin\varepsilon \\ m = \psi'\cos\varepsilon - \lambda'' \\ n = \psi'\sin\varepsilon \end{cases} \tag{6.1}$$

式中:β 为行星黄纬总岁差;l 为行星黄经岁差;m 为赤道总岁差;n 赤纬总岁差。

6.2.2　岁差对天体赤道坐标的影响

由于岁差、章动现象,赤道坐标系的基圈和主点不断随时间发生变化,因此恒星的赤道坐标在不同时间就有不同的数值。要将恒星在 t_0 时刻的赤道坐标换算成 t 时刻的赤道坐标,首先要考虑 t_0 至 t 这段时间,岁差对恒星赤道坐标的影响。

令 (α_0, δ_0) 为天体相对于 t_0 时刻的平赤道、平春分点的平赤道坐标,(α, δ) 为天体相对于 t 时刻的平赤道、平春分点的平赤道坐标,当 $(t - t_0)$ 不大时,$\alpha - \alpha_0$,$\delta - \delta_0$ 的泰勒级数

展开为

$$\begin{cases} \alpha - \alpha_0 = (t-t_0)\dfrac{\mathrm{d}\alpha}{\mathrm{d}t} + \dfrac{1}{2}(t-t_0)^2\dfrac{\mathrm{d}^2\alpha}{\mathrm{d}^2t} + \dfrac{1}{6}(t-t_0)^3\dfrac{\mathrm{d}^3\alpha}{\mathrm{d}^3t} + \cdots \\[2mm] \delta - \delta_0 = (t-t_0)\dfrac{\mathrm{d}\delta}{\mathrm{d}t} + \dfrac{1}{2}(t-t_0)^2\dfrac{\mathrm{d}^2\delta}{\mathrm{d}^2t} + \dfrac{1}{6}(t-t_0)^3\dfrac{\mathrm{d}^3\delta}{\mathrm{d}^3t} + \cdots \end{cases} \qquad (6.2)$$

式中：$\dfrac{\mathrm{d}\alpha}{\mathrm{d}t}$，$\dfrac{\mathrm{d}\delta}{\mathrm{d}t}$ 分别为赤经、赤纬的周年岁差；$\dfrac{\mathrm{d}^2\alpha}{\mathrm{d}^2t}$，$\dfrac{\mathrm{d}^2\delta}{\mathrm{d}^2t}$ 分别为赤经、赤纬的周年岁差变化，一般取 100 年内的变化，称为百年变化或长期变化；$\dfrac{\mathrm{d}^3\alpha}{\mathrm{d}^3t}$，$\dfrac{\mathrm{d}^3\delta}{\mathrm{d}^3t}$ 为岁差第三项。

由图 6.2 球面 $\triangle\pi P\sigma$，得

$$\begin{cases} \sin\delta = \cos\varepsilon\sin\beta + \sin\varepsilon\cos\beta\sin\lambda \\ \cos\delta\cos\alpha = \cos\beta\cos\lambda \end{cases}$$

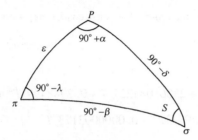

图 6.2　球面 $\triangle\pi P\sigma$

微分上式，并根据正弦和五元素公式，有

$$\begin{cases} \mathrm{d}\delta = \sin\varepsilon\cos\beta\mathrm{d}\lambda + \cos\varepsilon\mathrm{d}\beta + \sin\alpha\mathrm{d}\varepsilon \\ \mathrm{d}\alpha = (\cos s\cos\beta\mathrm{d}\lambda - \sin s\mathrm{d}\beta - \sin\delta\cos\alpha\mathrm{d}\varepsilon)\sec\delta \end{cases}$$

考虑到日月岁差、行星岁差对天体的综合影响，得

$$\begin{cases} \dfrac{\mathrm{d}\alpha}{\mathrm{d}t} = m + n\sin\alpha\tan\delta \\[2mm] \dfrac{\mathrm{d}\delta}{\mathrm{d}t} = n\cos\alpha \end{cases}$$

微分上式，得

$$\begin{cases} \dfrac{\mathrm{d}^2\alpha}{\mathrm{d}^2t} = \dfrac{\mathrm{d}m}{\mathrm{d}n} + \dfrac{1}{2}n^2\sin2\alpha + \left(\dfrac{\mathrm{d}n}{\mathrm{d}t}\sin\alpha + mn\cos\alpha\right)\tan\delta + n^2\sin^2\alpha\tan^2\delta \\[2mm] \dfrac{\mathrm{d}^2\delta}{\mathrm{d}^2t} = \dfrac{\mathrm{d}n}{\mathrm{d}t}\cos\alpha - mn\sin\alpha - n^2\sin^2\alpha\tan\delta \end{cases}$$

将上两式代入式(6.2)得

$$\begin{cases} \begin{aligned} \alpha - \alpha_0 = {}& (m + n\sin\alpha_0\tan\delta_0)\tau \\ & + \dfrac{1}{2}\left\{\dfrac{\mathrm{d}m}{\mathrm{d}n} + \dfrac{1}{2}n^2\sin2\alpha + \left(\dfrac{\mathrm{d}n}{\mathrm{d}t}\sin\alpha + mn\cos\alpha\right)\tan\delta + n^2\sin^2\alpha\tan^2\delta\right\}\tau^2 \end{aligned} \\[3mm] \delta - \delta_0 = n\cos\alpha_0\tau + \dfrac{1}{2}\left(\dfrac{\mathrm{d}n}{\mathrm{d}t}\cos\alpha - mn\sin\alpha - n^2\sin^2\alpha\tan\delta\right)\tau^2 \end{cases} \qquad (6.3)$$

其中，m、n 的意义同式(6.1)，$\tau = (t-t_0)$，如果要求的精度在 $0.01''$ 之内，时间间隔 τ

不超过一年,当 τ 不超过 25 年时取到二次项,时间再长取到三次项。

6.2.3 利用转换矩阵计算岁差改正

计算岁差的实用公式是

$$
\begin{bmatrix} x \\ y \\ z \end{bmatrix}_{\alpha\delta} = P \begin{bmatrix} x \\ y \\ z \end{bmatrix}_{\alpha_0\delta_0}
\tag{6.4}
$$

式中: P 为岁差,可由下式算得,即

$$
P = R_z(-Z_A)R_y(\theta_A)R_z(-\xi_A)
$$

分量形式为

$$
P = \begin{bmatrix} \cos\zeta_A\cos\theta_A\cos z_A - \sin\zeta_A\sin z_A & -\sin\zeta_A\cos\theta_A\cos z_A - \cos\zeta_A\sin z_A & -\sin\theta_A\cos z_A \\ \cos\zeta_A\cos\theta_A\sin z_A + \sin\zeta_A\cos z_A & -\sin\zeta_A\cos\theta_A\sin z_A + \cos\zeta_A\cos z_A & -\sin\theta_A\sin z_A \\ \cos\zeta_A\sin\theta_A & -\sin\zeta_A\sin\theta_A & \cos\theta_A \end{bmatrix}
$$

其中

$$
\begin{cases}
\zeta_A = 2.650545'' + 2306.083227''T + 0.2988499''T^2 + 0.01801828''T^3 \\
\qquad - 0.000005971''T^4 - 0.0000003173''T^5 \\
\theta_A = 2004.191903''T - 0.4294934''T^2 - 0.04182264''T^3 \\
\qquad - 0.000007089''T^4 - 0.0000001274''T^5 \\
z_A = -2.650545'' + 2306.077181''T + 1.0927348''T^2 + 0.01826837''T^3 \\
\qquad - 0.000028596''T^4 - 0.0000002904''T^5
\end{cases}
$$

式中的时间因数 T 按下章的式(7.6)计算。

6.3 章动及其对天体赤道坐标的影响

月球绕地球公转运动的轨道——白道和黄道存在 5°9′的夹角。月球沿着白道运动,经常在赤道两旁穿梭,太阳在一年内也要穿过赤道两次。这些运动都会引起月球、太阳对地球引力的变化,造成地球自转轴不止有长周期的运动(岁差),而且在岁差的基础上又附加着地轴方向相对于空间的短周期性的摆动,其影响是在 23.5°为半径的小圆上叠加短周期运动,其中最大的摆动振幅是 9.20″,周期是 18.6 年。这许多的短周期的摆动统称为章动。

由于日、月和行星对地球的引力方向和大小都在做各种周期性的变化,因而,综合这些引力的影响,使得北天极的真实运动不是均匀的圆周运动,而是沿着非常复杂的波浪状曲线向西运动。按波浪式运动的北天极 P,即为真天极,真天极绕平天极的波浪式振动(即章动),相应与某一瞬间真天极的赤道,称为这一瞬间的真赤道。真赤道与黄道的升交点,称为真春分点。天体对应于某一瞬间的真天极、真赤道与真春分点的坐标,称为天体在该瞬间的真坐标或真位置。

章动只影响黄经,并不影响黄纬,但对天体的赤经、赤纬都有影响。设某一瞬间天体的平赤道坐标为(α_0,δ_0),真赤道坐标为(α,δ),章动对天体黄经的影响为$\Delta\psi$,对黄赤交角的影响为$\Delta\varepsilon$。在图6.3中,由球面$\triangle\pi PO$,有

$$\begin{cases} \alpha - \alpha_0 = \Delta\psi(\cos\varepsilon + \sin\varepsilon\sin\alpha\tan\delta) - \Delta\varepsilon(\tan\delta\cos\alpha) \\ \delta - \delta_0 = \Delta\psi(\sin\varepsilon\cos\alpha) - \Delta\varepsilon\sin\alpha \end{cases}$$

习惯上以$\Delta\Psi$和$\Delta\varepsilon$代表长期章动项,$\mathrm{d}\Psi$和$\mathrm{d}\varepsilon$代表短期章动项,故上式常写为

$$\begin{cases} \alpha - \alpha_0 = (\Delta\psi + \mathrm{d}\psi)(\cos\varepsilon + \sin\varepsilon\sin\alpha\tan\delta) - (\Delta\varepsilon + \mathrm{d}\varepsilon)(\tan\delta\cos\alpha) \\ \delta - \delta_0 = (\Delta\psi + \mathrm{d}\psi)(\sin\varepsilon\cos\alpha) - (\Delta\varepsilon + \mathrm{d}\varepsilon)\sin\alpha \end{cases} \tag{6.5}$$

其中,黄经章动为

$$\Delta\psi = -(17.2327'' + 0.01737''T)\sin\Omega + (0.2088'' + 0.00002''T)\sin(2\Omega)$$
$$- (1.2729'' + 0.00013''T)\sin(2L) + \cdots$$

交角章动为

$$\Delta\varepsilon = -(9.210'' + 0.0009''T)\cos\Omega - (0.0924'' - 0.00004''T)\cos(2\Omega)$$
$$+ (0.5522'' + 0.00029''T)\cos(2L) + \cdots$$

式中:Ω为白道升交点的平黄经;L为太阳几何平黄经(修正了光行差的太阳平黄经);时间因数T按式(7.6)计算。

平黄赤交角为

$$\varepsilon_A = 84381.406'' - 46.836769''T - 0.0001831''T^2 + 0.00200340''T^3$$
$$- 0.000000576''T^4 - 0.0000001274''T^5$$

真平黄赤交角为$\varepsilon = \varepsilon_A + \Delta\varepsilon$。

利用旋转矩阵修正章动时,坐标系统先绕x轴逆时针旋转ε_A,使平天极与黄天极重合;然后绕z轴顺时针旋转$\Delta\Psi$,使得平春分点移动到与真春分点重合;最后坐标系统绕x轴顺时针旋转$\varepsilon(\varepsilon = \Delta\varepsilon + \varepsilon_A)$,使天极从黄极处移动到$P$处,这样得到

$$\begin{bmatrix} x \\ y \\ z \end{bmatrix}_{\alpha,\delta} = N \begin{bmatrix} x \\ y \\ z \end{bmatrix}_{\alpha_0,\delta_0} \tag{6.6}$$

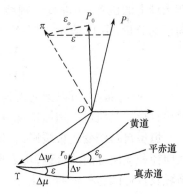

图6.3 矩阵旋转求章动示意图

式中:N为章动,计算公式为

$$N = R_x(-\varepsilon)R_z(-\Delta\psi)R_x(\varepsilon_A)$$

N的分量形式表示为

$$N = \begin{bmatrix} \cos\Delta\psi & -\sin\Delta\psi\cos\varepsilon_A & -\sin\Delta\psi\sin\varepsilon_A \\ \cos\varepsilon\sin\Delta\psi & \cos\varepsilon\cos\Delta\psi\cos\varepsilon_A + \sin\varepsilon\sin\varepsilon_A & \cos\varepsilon\cos\Delta\psi\sin\varepsilon_A - \sin\varepsilon\cos\varepsilon_A \\ \sin\varepsilon\sin\Delta\psi & \sin\varepsilon\cos\Delta\psi\cos\varepsilon_A - \cos\varepsilon\sin\varepsilon_A & \sin\varepsilon\cos\Delta\psi\sin\varepsilon_A + \cos\varepsilon\cos\varepsilon_A \end{bmatrix}$$

式中各符号的意义与式(6.4)相同。

IAU 2000岁差－章动模型替代了IAU 1976岁差模型和采用IAU 1980章动理论,阵地天文测量选择IAU 2000B模型。

6.4　恒 星 自 行

6.4.1　恒星自行的概念

　　前面本书讨论了观测者的空间运动状态和坐标系的变化(岁差、章动)对恒星位置坐标的影响。在讨论过程中都没有考虑恒星自身的运动。但是恒星在天空中并非静止不动的,它们的运动也使恒星的位置坐标发生变化。由恒星运动所引起的恒星在天球上的位置变化,称为恒星自行。

　　尽管恒星相对于太阳的运动速度很大(平均达几十千米每秒),而且运动方向各不相同,但是由于恒星距离地球非常遥远,因此人们很难觉察到这种运动。绝大多数恒星的自行都是非常小的,以致难以测量出来。恒星自行的最大值约为10″/年,超过1″/年的恒星是极个别的。虽然如此,人们却很早就发现了恒星自行现象。在公元8世纪初,我国唐代天文学家僧一行(张遂)在用浑天仪测定恒星位置的过程中,就发现了恒星的自行。

　　恒星本身按照一定的规律在空间中运行,它是恒星相对于太阳的运动引起每年在天球上的角位移。亦即恒星的空间运动 V 在垂直于视线方向上一年所走过的距离对观测者所张的角度。计算自行时所用的坐标系为质心坐标系。

　　如图6.4所示,恒星 σ 对太阳系(或地球)O 的运动矢量为 V,V_r 为由太阳系看天体 σ 的视方向线。矢量 V 可以分为两个分量:沿视线方向的分量,称为纵向运动分量,用 V_r 表示,它不影响恒星在天球上的位置;在垂直于视线方向的切线上的分量,称为切线横向运动分量,用 V_t 表示。V_r、V_t 的计算式为

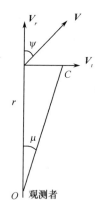

$$\begin{cases} V_r = V\cos\theta \\ V_t = V\sin\theta \end{cases}$$

矢量 V_t 很小,可以把它视为恒星运动 V 在天球上的投影,称为恒星自行。其值可以用恒星视方向变化的角距 μ 来表示。

图6.4　恒星自行

　　恒星自行的变化很缓慢,在短期内可认为是常数。但在长期内其向径和横向方向的自行,均表现出微小的变化。在精密计算时必须顾及自行的这种长期变化。

6.4.2　恒星自行对天体赤道坐标的影响

　　恒星自行对天体赤道坐标的影响用下式计算,即

$$\begin{cases} \alpha - \alpha_0 = \mu_\alpha \tau + \dfrac{1}{2}\dot{\mu}_\alpha \tau^2 + \cdots \\ \delta - \delta_0 = \mu_\delta \tau + \dfrac{1}{2}\dot{\mu}_\delta \tau^2 + \cdots \end{cases} \tag{6.7}$$

式中:(α_0,δ_0) 对应于 t_0 时刻天体在该天球坐标系中的天球坐标;(α,δ) 对应于 t 时刻的天球坐标;$\tau = (t-t_0)$,τ 以年为单位;μ_α 为赤经自行,单位为时秒($^{(\mathrm{s})}$/cent);μ_δ 为赤纬自行,单位为角秒((″)/cent);$\dot{\mu}_\alpha$ 为赤经自行的长期变化;$\dot{\mu}_\delta$ 为赤纬自行的长期变化。

计算中通常使用下式求得 t_0 历元的赤经自行、赤纬自行以及视向速度,即

$$\begin{cases} \mu'_\alpha = 15\mu_\alpha \cos\delta_0/(365.25\pi) \\ \mu'_\delta = \mu_\delta/(365.25\pi) \\ V'_r = V_r 86400/A \end{cases} \qquad (6.8)$$

式中:V_r 为径向自行,单位为 km/s;μ_α 为赤经自行,单位为时秒($^{(\mathrm{s})}$/cent);μ_δ 为赤纬自行,单位为角秒($(")$/cent);π 是恒星周年视差,单位为角秒($"$)。

6.5　地极移动

6.5.1　极移的产生和测定

地球自转轴与地球表面相交的两个点(即北极和南极)合称为"地极"。地极是地表正北正南方向的标志,也是所有经线的汇聚点。地球内部和外部的种种动力学因素,使得地球体对于自转轴产生相对运动,因而引起了地轴在地球内部的位置变化导致地极的移动,这种现象称为极移。

1891 年,美国天文学家张德勒进一步指出,极移包括两个主要的周期成分:一个是近于 14 个月的周期;另一个是周年周期。前者称为张德勒周期,这种极移成分是非刚体地球的自由摆动。极移的周年成分主要是由大气作用引起的受迫摆动。二者综合,极移的范围不超过 ±0.4″,即相当于 24m × 24m 范围内按逆时针方向循近似圆的螺旋形曲线做周期性运动,如图 6.5 所示。地极绕行 1 周需 1 年多时间,近似 6 年内绕行 5 周。

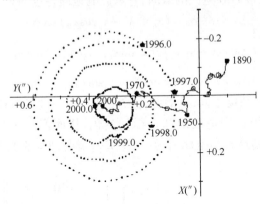

图 6.5　极移轨迹

极移使地面上各点的纬度、经度和方位角都发生变化。相对来说,纬度变化最容易通过天文观测精确地测定,历史上首先是根据纬度变化来研究极移的。极移的范围很小,所以可用通过极移轨线的中心与地球表面相切的平面来代替这一范围的球面,进而取一平面直角坐标系来表示地极的瞬时位置。相应的切点就是坐标的原点,国际上选用国际习用原点(Conventional International Origin,CIO)为统一的地极坐标原点。

地球自转在地球体内绕着质心摆动,相应某一瞬间的自转轴的地极,称为瞬时地极。1984 年以前采用的是 IRP 瞬时地极,1984 年至 2003 年采用天球历书轴 CEP,2003 年后采用天球中间极代替历书轴 CEP。地面上由天文观测得到的结果都是以各观测瞬间的瞬时

地极为基准的。

地极原点的确定与选择大致有两种方式:一种是历元平极,它假定地极运动仅由三种周期分量组成;另一种是固定平极,它对极移规律不做任何假定,而是通过选定测纬度的台站的一组初始纬度值来定义一个固定的参考点,即固定平极。瞬时极与固定平极之间通过一方程组建立联系,CIO 和 JYD$_{1968.0}$ 均属于固定平极。通常取至少 6 年以上观测所得的瞬时地极的平位置作为地极坐标系的原点。X 轴和 Y 轴是这样定义的,通过 CIO 的格林尼治子午线圈方向为 X 轴的正方向,沿格林尼治以西 90°的子午线方向为 Y 轴的正方向,X_p 和 Y_p 就称为地极坐标。JYD$_{1968.0}$ 沿格林尼治以东 90°的子午线方向为 Y 轴的正方向,JYD$_{1968.0}$ 地极坐标与 CIO 地极坐标的表示方法见图 6.6。

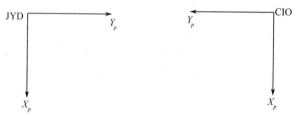

图 6.6　CIO 和 JYD 极点的表示方法

JYD$_{1968.0}$ 系统属于我国所采用的地极坐标原点。CIO 为国际上通用的地极坐标原点。

6.5.2　极移对经纬度和方位角的影响

地极移动不改变天极 P 在空间的取向,它只影响地面各点的天文坐标发生变化,即

$$
\begin{cases}
\Delta\alpha = \alpha - \alpha_0 = (x_p\sin\lambda_0 + y_p\cos\lambda_0)\sec\varphi_0 \\
\Delta\lambda = \lambda - \lambda_0 = \dfrac{1}{15}(x_p\sin\lambda_0 + y_p\cos\lambda_0)\tan\varphi_0 \\
\Delta\varphi = \varphi - \varphi_0 = x_p\cos\lambda_0 - y_p\sin\lambda_0
\end{cases}
\tag{6.9}
$$

极移导致各地的经、纬度不同,从而各地天文台所测的世界时稍有差异。岁差、章动造成天球坐标的变化,极移则造成地球坐标的变化,从而产生了平地球坐标系和瞬时(真)地球坐标系,设平地球直角坐标值为 (X,Y,Z),瞬时地球直角坐标值为 (x,y,z),则它们之间的关系为

$$
\begin{bmatrix} X \\ Y \\ Z \end{bmatrix} = R_x(-x_p)R_y(-y_p)\begin{bmatrix} x \\ y \\ z \end{bmatrix} = \begin{bmatrix} 1 & 0 & x_p \\ 0 & 1 & -y_p \\ -x_p & y_p & 1 \end{bmatrix}\begin{bmatrix} x \\ y \\ z \end{bmatrix}
\tag{6.10}
$$

式中:x_p、y_p 为地极坐标值,其数值可从时间公报中查取。

第 7 章
天体视位置的计算

　　天体视位置是指在运动着的地球上光线穿过透明的大气层和无折射的假想条件下，某观测瞬间从地球质心所看到的恒星在该观测瞬间的真赤道和真春分点定义的地心赤道坐标系中的天体位置。实际测量中，一方面所测天体方向和位置是受了多种因素综合影响后的结果，另一方面天文星表提供的天体坐标位置为某一历元的质心坐标系，因此，观测位置需经过大气折射、周日光行差和周日视差等修正，质心星表历元位置则要加入恒星自行、岁差、章动、周年光行差和周年视差等改正。这一系列的计算中涉及天文定位三角形、天文历书系统和天球坐标系的变换等问题。其中天文定位三角形和天球坐标系在前面的章节已介绍过，本章将重点介绍天文历书系统和天体视位置的计算。

7.1　天文历书系统

　　天文历书系统包括了天球参考系、天文时间系统、天文常数系统和地球参考系与天球参考系之间变换模型等。下面针对大地天文测量中涉及的有关内容作简要介绍。

7.1.1　天球参考系

　　为了描述天体在空间的位置和运动，需要在空间定义这样一个坐标系：其原点在太阳系质心，其坐标轴相对于遥远的天体背景的整体没有旋转。符合这种条件的坐标系称为惯性参考系。然而，这仅仅是概念上的定义，惯性参考系无法真正建立，实际应用中仅能采用准惯性参考系。为了使准惯性坐标系具体化，需确定一组参数和一套理论，国际上用协议的方法选择一个参考系，并建立一组选择参数。如国际地球自转服务组织（IERS）用这样的方法建立了国际天球参考系（ICRS）。

7.1.2　天文时间系统

　　时间是天体运动的自变量，是野外天文测量的直接观测量，它在天文测量中具有极其重要的意义，为了更加全面地理解大地天文测量中涉及的各种时间系统的概念、特点和计量方法及用途等，将其归纳为表 7.1。

表 7.1　大地天文测量常用时间系统归纳表

系统	符号	计量依据	秒长	计量时刻	用　　途
世界时系统	GMST	春分点为参考点的地球自转	平春分点连续两次上中天时间间隔的 1/86400	平春分点的格林尼治时角	瞬时天球坐标系和瞬时地球坐标系间的坐标旋转参数
	UT1	太阳为参考点的地球自转	赤道平太阳连续两次下中天时间间隔的 1/86400	赤道平太阳的格林尼治时角加 12h	野外采集的时间通过收录标准时号和加入改正归算至该时间系统
原子时系统	TAI	原子钟	海平面上铯（Cs^{133}）原子超精细能级跃迁频率 9192631770 周所经历的时间间隔	1958 年 1 月 1 日 0 时世界时 0h，UT − TAI = 0.0039s	1967 年起用来定义时间尺度（秒长）
	UTC	原子钟 + 闰秒		与世界时时刻之差小于 ± 0.9s，UT1 = dUT1 + UTC	通过接收 GPS、低频时码等时间信号获取该时间
力学时系统	TDT（TT）	地球力学时	地球大地水准面上秒长等于 SI 秒	TT − TAI = 32.184s	通过 TAI 尺度实现 TT 的概念，于 1984 年起取代 ET
	TDB	太阳质心力学时		—	太阳质心坐标系中天体运动方程的时间变量

7.1.3　天文常数系统

天文常数系统是根据引力定律和常数间一定的理论关系，协调天文常数采用值构成的一个系统。它表征天体的大小、距离、运动速度、质量、物理特征和化学组成等诸多天文参数。天文常数对天体位置的测定与计算具有重要的意义。它所取值的不同使之产生了不同的天文常数系统。

国际上第一个统一采用的天文常数系统是纽康天文常数系统。1896 年在巴黎召开的国际基本恒星会议上，首次确定在各国天文年历中共同采用美国天文学家纽康所确定的岁差、章动、光行差常数和太阳视差等。该系统自 1896 年至 1968 年被全世界用了 70 多年，其数值见表 7.2。

表 7.2　纽康天文常数系统

常数名称	采用值	备　注
太阳视差	$\pi_\Theta = 8.80''$	纽康测定
章动常数（1900）	$N = 9.21''$	纽康测定
光行差常数	$\kappa = 20.47''$	纽康测定
黄经总岁差（1900）	$\rho = 5025.64''$/儒略世纪	纽康测定
黄赤交角（1900）	$\varepsilon_0 = 23°27'08.26''$	纽康测定

常数名称	采用值	备 注
光速	$c = 299860 \text{km/s}$	纽康测定
地月质量比	$1/\mu = 81.45$	纽康测定
太阳与地月质量比	$M_\odot / M_\oplus (1 + \mu) = 329390$	纽康测定
月球平均地平视差	$\pi_{\mathrm{m}} = 57'02.80''$	纽康测定
地球赤道半径	$\alpha_\oplus = 6378388 \text{m}$	取自 1924 年 IUGG 采用的国际参考椭圆
地球扁率	$f = 1/297$	取自 1924 年 IUGG 采用的国际参考椭圆
高斯引力常数	$k = 0.01720209895$	1938 年 IAU 通过,并作为固定常数采用
1900.0 回归年秒数	31556925.9747	1958 年第 10 届 IAU 大会通过,并作为历书时定义。1960 年开始采用

注:IUGG——国际大地和地球物理联合会;IAU——国际天文学联合会

20 世纪 60 年代,人造卫星的成功发射精确地测定了地球的某些动力学参数,金星的雷达探测给出了天文单位的精确长度,伍拉德的地球自转理论给出了更精确的章动表达式,大行星的观测精度有了很大的提高,轨道理论更加完善。因此,1964 年 IAU 第 12 届大会通过了新天文常数系统的修正方案,并决定从 1968 年开始正式采用。该系统将常数分成定义常数(定义值,没有误差)、基础常数(由天文观测或实验直接测定的最精确值)、导出常数(根据理论关系由定义常数和基础常数计算出来)、辅助常数、行星质量系统五个部分。

常用的各种时间系统之间的关联如图 7.1 所示。

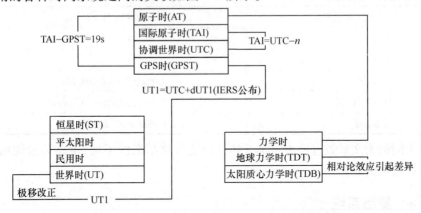

图 7.1 大地天文测量常用时间系统间的联系

1976 年召开的 IAU 第 16 届大会决议:规定从 1984 年起各国天文年历采用 IAU 1976 天文常数系统,决定在天文历书计算中采用儒略世纪作时间单位,天文长度作长度单位;不再使用历书时秒作为时间单位长度定义标准,取消历书时的定义常数;天文历算的标准参考历元由 B1900.0 改为 J2000.0;将天文单位光行时由导出常数改为基础常数,天文单位由导出常数改为基础常数,引力常数 G 作为新的基础常数;取消了关于月球的某些常数,增加了常数的位数。

从 20 世纪 80 年代起,由于测量技术的发展和测量精度的迅速提高,天文常数的改进和更新的速度明显加快。国际地球自转服务组织在空间技术观测资料分析中发现,1976年 IAU 天文常数系统中有些常数仍存在可检测出的误差,经资料分析处理相继给出了一些新的数值,例如 IERS 1992、IERS 1996、IERS 2000 等天文常数系列。更新的、精度更高的常数值不断被公布,常数的范围也不断扩大。这些值的采用无疑可以提高地球自转测定数据解算的内部精度,这些值是当前最佳的测定结果,但是最佳不一定是最应当采用的,我国考虑到系统内部自洽问题,目前采用 IAU 天文常数中的定义常数、基础常数、导出常数,具体见表 7.3,DE405/LE405 历表采用的太阳/行星质量比常数见表 7.3。如果需要了解最新的天文常数情况和数据,可从 IAU 和 IERS 的网站上查询。

表 7.3 IAU 天文常数

项目	常数名称	符号	数值
定义常数	高斯引力常数	k	$0.01720209895 = 3548.1876069651''$
	光速	c	$299792458 \mathrm{m/s}$
基础常数	一个天文单位的光行时间	τ_A	$499.0047838061 \mathrm{s}$
	地球赤道半径	$\alpha_\oplus$	$6378136.6 \mathrm{m}$
	地球动力学形状因子	J_2	0.0010826359
	地心引力常数	GM	$3.986004418 \times 10^{14} \mathrm{m^3/s^2}$
	引力常数	G	$6.673 \times 10^{-11} \mathrm{m^3 \cdot kg^{-1} \cdot s^{-2}}$
	月亮与地球质量比	μ	0.0123000383
	黄经总岁差(历元2000.0)	ρ	$5028.796195''/$儒略世纪
	黄赤交角(历元2000.0)	ε_0	$84381.406''$
导出常数	一个天文单位的长度	A	$1.49597870691 \times 10^{11} \mathrm{m}$
	太阳视差	$\pi_\ominus$	$8.794144''$
	光行差常数(历元2000.0)	$\kappa_\ominus$	$20.49552''$
	地球扁率	f	$0.00335281 = 1/298.257$
	日心引力常数	GS	$1.32712442076 \times 10^{20} \mathrm{m^3/s^2}$
	太阳质量	S	$1.9888 \times 10^{30} \mathrm{kg}$

取值不同的天文常数直接决定了天体视位置计算结果的不同,由此导致地面点和地面目标解算结果的差异。

7.1.4 星历系统

星历系统包括日、月、行星历表系统和恒星星表系统两个部分。

1. 历表系统

历表参考系是利用太阳系内的自然天体实现的,按不同天体有行星参考系和月球参考系。美国喷气推进实验室(JPL)的历表,是以太阳、行星、空间探测器的观测为依据,通过轨道运动方程数值积分来计算的,结果为行星参考系(即用行星历表定义),简称 JPLDE。

1984 年起天文年历采用新的太阳、月亮和大行星基本历表。这些基本历表称为 DE200/LE200。IERS 1989 标准推荐了这些历表,历表包括 1800—2050 年 250 年中行星和月亮的赤道直角坐标,大行星所取的原点为太阳系质心,参考平面为 J2000.0 地球平赤道和平春分点,这些历表构成了 1984 年以来天文年历的基础。

IERS 1996 标准推荐的行星、月亮历表是 JPL 研制的 DE403/LE403,这些新历表的参考框架是 ICRF。采用了最新 IERS 框架的观测,修正了所有相关的观测数据,历表包括了 1980—2010 年中行星和月亮的赤道直角坐标。

IERS 2003 标准推荐的行星、月亮历表采用 DE405/LE405,这些新历表精度更高,包括的范围更广。

历表和星表的使用是相对应的,如 FK5 采用 DE200/LE200 历表,依巴谷星表则采用 DE405/LE405 历表。

2. 星表系统

在确定测站的天文经纬度和方位角时,需要一定程度均匀分布恒星的精确位置,这时,星表提供了一个天球参考架,它是基本天球参考系的一个具体实现。天文测量都是在全球量度坐标系中进行的,通常观测肉眼能看到的亮星,实际观测时利用天文测量系统,依据基本星表来编制观测星表。

世界上广大天文工作者长期观测,编制了各种类型的星表,其精度和参考框架有所不同。知名星表主要有美国的 Newcomb、波斯(B. Boss)总星表(GC)、摩根(B. R. Morgon)N30、苏联测地星表 KT3、SAOC 星表、德国的 FK 基本星表系列等。当代的一些重要星表主要有依巴谷星表、第谷星表、FK6 星表、UNAC 星表、USNO 星表等。在 20 世纪,FK 星表系列是精度最高、系统最好的基本星表之一,曾作为规范提供了基本天球参考系,在天文测量中一直作为参考基准,直到依巴谷星表问世。欧洲空间局在 1989 年成功发射了依巴谷天体测量卫星,依巴谷星表是通过执行依巴谷任务建立的天体测量星表。该星表是第一个在空间观测的基础上得到的恒星星表,较过去的星表具有明显的优势,星数多、位置精度高,成为当代国际天球参考架在可见光波段的实现。

我国 1956 年编制了《2628 颗恒星平位置表》(历元 1950.0)。1968 年国家测绘总局编制了《3447 颗恒星平位置表》(历元 1980.0),恒星取自 FK4、GC、N30 等星表。1990 年中国科学院、国家测绘局和总参测绘局完成了 FK5 系统《中国大地测量星表》(历元 2000.0),这部大地测量星表在我国 1990 年至 2010 年的大地天文测量中发挥了重要的作用,也是阵地天文测量中使用时间最长的一部大地测量星表。依巴谷大地测量系列星表,为 ICRS 参考系,历元为 2000.0,是我国现阶段使用的星表系统。

7.2 天体视位置的计算

大地天文测量,无论是定位还是定向,在数据处理时,都要用到观测瞬间(测瞬)天体的视坐标(视位置)α、δ。但是,在实际工作中只能依据星表历元的天体平位置来计算其测瞬视坐标;或者依据按一定时间间隔刊载的天体视坐标来内插计算其测瞬视坐标。通常在天文测量中把载于某一历元基本星表中的天体平位置化到测瞬视位置的计算,称为天体视位置计算。

7.2.1 恒星位置

恒星的位置对应的历元通常有星表历元、任意历元和观测历元。其所对应的坐标系有恒星的位置参照于某一历元的平赤道和平春分点所确定的平赤道坐标系或真赤道和真春分点所确定的真赤道坐标系。不同历元的平赤道坐标系的变化是由岁差引起的。同一历元的平赤道坐标系和真赤道坐标系的差异是由章动引起的。坐标系的定向历元和恒星的观测历元若不相同,则其差异涉及恒星的自行。

坐标系的原点(即天球的中心)有站心、地心、日心(太阳系质心)。从站心到地心涉及周日光行差和周日视差,从地心到日心涉及周年光行差和周年视差。

前面章节讨论了影响天体位置的各种因素:大气折射、周日视差、周年视差、周日光行差、周年光行差、岁差、章动等。这些因素使得天体的位置具有观测位置、视位置、真位置、平位置和年首平位置等的区别。天体的视位置和真位置都是以测瞬的真赤道和真春分点为参考的,这两种位置的关系是

$$视位置 = 真位置 + 周年视差改正 + 周年光行差改正$$

平位置是以平赤道和平春分点为参考的,某一瞬间的真位置与平位置的关系是

$$真位置 = 平位置 + 章动改正$$

由于岁差和自行的存在,当由某一历元(瞬间)的平位置求另一历元的平位置时,要加这两个历元间的岁差和自行改正。

根据相对论效应,在太阳引力场的作用下,地球上观测天体的视方向将发生偏折,当要求计算精度高于0.001″时,还要加光线引力偏折改正。

至于周日视差,因恒星非常遥远,可忽略不计;大气折射和周日光行差则直接改正观测量或观测结果,因此,视位置计算中不考虑这三项改正。

各种位置的含义如下:

观测位置:根据天文观测,由天文仪器直接测定的天体位置,且已经扣除了观测仪器本身的各种误差,坐标系为观测瞬间的真赤道坐标系。

站心位置:位于站心的观测者在没有大气的情况下所观测的天体位置。

视位置:天体视位置代表在运动着的地球及其大气透明和无折射的假想条件下,某观测瞬间从地球质量中心所看到的恒星在该观测瞬间的真赤道和真春分点定义的地心赤道坐标系中的天体位置。视位置对应的坐标系是观测位置修正了大气折射、周日光行差和周日视差的影响后,所得的天体地心坐标。

真位置:天体真位置相当于一个在质心(即太阳系质心,简称质心;地球质心则常简称为地心)的观测者所看见的天体位置。真位置所对应的坐标系是观测瞬间的日心赤道坐标系,对应真春分点、真赤道。视位置就是修正了周年光行差和周年视差以及光线引力弯曲效应影响后,所得到的天体质心坐标。

观测瞬间平位置:真位置修正了章动影响后,所得到的天体日心坐标,仍然相当于一个在质心的观测者所看见的天体位置,但其所参照的坐标系是观测瞬间的日心平赤道坐标系,对应平春分点、平赤道。

年首平位置:在星表或天文年历中,各恒星的平位置都归算到年首的平赤道和平春分点,称为年首平位置,其对应的时间是星表历元或者是当年的年首,坐标系是星表历元或当年年首的日心平赤道坐标系。年首平位置和观测瞬间平位置之间的差异主要是由年首到观测瞬间之间的岁差引起的,另外,还应加恒星在此期间的自行。恒星在不同年首的平

位置的差异是由各年首之间的岁差和自行引起的。

恒星的各种位置之间的关系可概括为如下内容：

（1）观测位置＝视位置＋大气折射改正＋周日光行差改正＋周日视差改正；

（2）视位置＝真位置＋周年光行差改正＋周年视差改正＋光线引力弯曲改正；

（3）真位置＝观测瞬间平位置＋章动改正；

（4）观测年首平位置＝星表年首平位置＋岁差改正＋自行改正。

综上所述，当由星表历元平位置计算测瞬视位置时，可写为

$$视位置＝星表历元平位置＋岁差改正＋章动改正＋自行改正＋周年光行差改正＋$$
$$周年视差改正＋光线引力偏折改正$$

对某一恒星来说，周日视差影响甚微可以忽略不计，大气折射取决于观测时的大气的气温、气压的情况，周日光行差改正因观测地点的纬度不同而不同，这两项改正都与观测地点直接有关，大气折射还与时间有关。而周年光行差、周年视差、岁差和章动等改正则与观测地点无关。

7.2.2 恒星视位置计算概述

天体视位置计算中使用的是天球基本参考系，具体地说就是一本恒星位置星表。测算一本精密的恒星位置星表是一项非常艰巨的工作，通常要花费十几年甚至几十年的时间。最近推出的依巴谷星表，利用了太空中观测恒星距离和运动参数的 Hipparcos 天文测量卫星进行观测，从 1989—1993 年用了近 4 年的观测时间，由于恒星数量多达 100 万颗以上，所有数据必须统一处理，因而直到 1996 年 8 月才将其资料整理完毕，1997 年正式出版。由此可见，每推出一本星表总希望能用更长的时间，因此，星历必须在一种能够长期稳定不变的坐标系中建立。位于地球表面上的站心坐标系对于观测者来说是最方便的，但它不仅因地而异，而且还要随地球的自转和公转时刻变化，显然站心坐标系是不能够满足作为恒星星表系统的要求的。地心坐标要随地球的公转而变化，也不合乎要求。太阳系绕银心的运动速度（约 223km/s）虽然很高，但是，因为其距离银心约为 26700 光年，而周期约为 167660 光年，故在几十年中可视为不变（变化仅为 $1'' \times 10^{-2}$），故天文学采用的基本参考坐标系是天球平赤道坐标系，坐标原点是太阳系质心。

天文观测是在地球上进行的，为了归算实测成果，需要将恒星的位置由太阳系质心坐标系经地球公转效应改正（周年视差、周年光行差）变换为地心坐标系，再由地心坐标系经地球自转效应改正（周日视差、周日光行差）变换为站心坐标系，这就是天体位置变换的两次换心过程。

太阳系质心坐标系星表历元的恒星位置称为质心星表历元原始位置，化到质心观测年首平位置，由于恒星自行和日月行星摄动力的影响，应加入恒星自行和岁差改正。由质心观测年首平位置到质心观测瞬时平位置，须加入年内自行和岁差改正，后再加上章动改正便成为质心观测瞬时真位置。真位置和视位置之间的不同是坐标系原点的不同，通过第一次换心完成质心坐标系向地心坐标系的转换，大地天文测量工作中的恒星视位置计算一般到此即已完成，周日视差因很小而忽略，周日光行差和大气折射一般直接加到观测结果中，计算流程如图 7.2 所示。

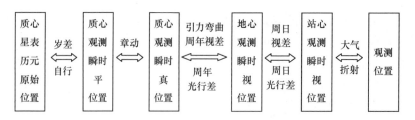

图 7.2 天体位置计算流程图

7.2.3 恒星视位置计算

1. 确定时间因数

已知观测瞬间的世界时 UT1 时间求观测瞬间的质心力学时,对大地天文测量精度而言,可认为地球力学时 TDT(即 TT)与太阳系质心力学时 TDB 一致,设测瞬世界时为 T',则质心力学时为

$$TT = T' + \Delta T_E \tag{7.1}$$

式中:T' 为钟面时对应的世界时。

ΔT_E 以世界时的年、月、日(Y、M、D)为引数,可直接在中国天文年历中查取世界时化地球力学时的改正值,自 2005 年起,ΔT_E 数据在网上(http://ww. maia. usno. navg. mill)公布。

实际上,现在天文测量中一般使用程序进行计算,所以通常采用满足精度要求的经验公式求 ΔT_E,目前采用的经验公式为

$$\begin{cases} \Delta T_E = 57.\,28\text{s} + 0.\,65\text{s}D_0 + 0.\,45\text{s }\sin(29D_0 - 100) \\ D_0 = (JD_0 - 2447892.\,5)/365.\,25 \\ JD_{e0} = JD_0 + \Delta T_E/86400 \end{cases} \tag{7.2}$$

式中:JD_0 为测瞬世界时零点相应的儒略日,以年、月、日为引数按下式计算,即

$$JD_0 = 1721028.\,5 + 367Y + D + \text{int}\left(\frac{275M}{9}\right)$$

$$- \text{int}\left\{1.\,75\left[Y + \text{int}\left(\frac{M+9}{12}\right)\right]\right\} + \text{int}\left(\frac{Y_m}{4}\right) - \text{int}(Y_m) \tag{7.3}$$

式(7.2)、式(7.3)中:$Y_m = \left[Y - \text{int}\left(\frac{14-M}{12}\right)\right]/100$;int 为取整函数;$Y$ 为观测当年的年号;M 为月数;D 为日数;JD_{e0} 为质心力学时零点相应的儒略日。

测瞬质心力学时相应的儒略日 JD 为

$$JD = JD_{e0} + T'/24 + s/86400 \tag{7.4}$$

式中:s 为 TDB 与 TT 之差($s = \text{TDB} - \text{TT}$)。按式(4.39)计算,格林尼治 D 日的儒略世纪数 T_G 为

$$T_G = (JD_{e0} - 2451545.\,0)/36525 \tag{7.5}$$

测瞬 T' 对应的儒略世纪数 T 为

$$T = (JD - 2451545.0)/36525 \tag{7.6}$$

2. 得到地球和太阳的历表数据

从太阳系天体位置历表中,提取地球相对太阳系质心的位置和速度矢量,即 $\boldsymbol{E}(t)$ 和 $\dot{\boldsymbol{E}}(t)$。地球的太阳系质心速度用于光行差计算;地球的太阳系质心位置用于相对论引力弯曲计算。

3. 恒星位置的球面算法

球面表示法以球面三角形为基础,实际应用中基本上是以天文定位三角形为依据的,它直观而经典,在计算天体视位置时,由于球面三角表示方式总是以观测者为坐标原点,所以在计算过程中将涉及从星表采用的太阳系质心转换为地心,再由地心转换为站心的两次复杂换心过程。另外球面坐标运算使用超越函数运算,计算结果存在由于近似引起的误差,计算精度受到一定的影响,在计算机广泛使用的今天,这种方法基本不再使用,但是对于一些特定场合仍有一定的作用,因而简要介绍其计算过程。

1)根据星表历元平位置计算年首平位置

计算视位置的第一步是要算出观测瞬间对应的当年年首平位置。由星表历元换算到观测年历元,是不同历元天球平赤道坐标系间的计算,不同瞬间的恒星平位置,彼此间的差别是岁差和自行造成的。根据式(6.3)和式(6.7)即可算得观测年首平位置。

2)由年首平位置计算观测瞬间视位置

由年首平位置计算观测瞬间视位置:

第一步由观测年首平位置计算观测瞬间平位置。由观测年首历元到观测瞬间历元,是不同时间天球平赤道坐标系间的计算,因而只须修正由年首到观测瞬间期间内的岁差和自行,仍然按式(6.3)和式(6.7)计算。计算中要使式(6.3)和式(6.7)中的 $\tau = t - t_0$ 不超过半年,因此,上半年取当年年首,下半年取下半年年首。

第二步由观测瞬间平位置计算观测瞬间真位置,其历元没有变化,是由天球平赤道坐标系换算到天球真赤道坐标系,应加章动改正。按式(6.5)计算观测瞬间真位置。

第三步由观测瞬间真位置计算观测瞬间视位置,其历元仍然没有变化,应加周年光行差和周年视差、光行差改正、光行差的相对效应、光线引力弯曲改正,以便将天球质心真赤道坐标系转变到天球地心真赤道坐标系,计算公式参见式(5.15)和式(5.21)。

4. 恒星视位置的矢量算法

矢量表示方式以矢量转换完成复杂的坐标变换,矢量表示方式采用线性运算,计算精度不受近似计算的影响。相对于球面表示法,矢量表示法形式简洁、概念清晰及计算精度高,是阵地天文测量视位置计算采用的计算方法。

1)计算公式

恒星视位置计算的矢量表示法的计算公式为

$$\boldsymbol{u}(t') = \boldsymbol{N}(t)\boldsymbol{P}(t)\boldsymbol{B}f\{g[\boldsymbol{u}(t_0) + \dot{\boldsymbol{u}}(t_0) \cdot (t - t_0) - \boldsymbol{E}(t)]\} \tag{7.7}$$

式中:t' 为观测时间,TT 时间尺度;t 为观测时间,TDB 时间尺度;t_0 为星表的参考历元,TDB 时间尺度;$\boldsymbol{E}(t)$ 为在观测时刻 t 地球质心相对太阳系质心的位置;$g(\cdot)$ 为光的引力弯曲函数;$f(\cdot)$ 为光的光行差函数;$\boldsymbol{B}$ 为框架偏差矩阵;$\boldsymbol{P}(t)$ 为观测时刻 t 的岁差旋转矩阵;$\boldsymbol{N}(t)$ 为观测时刻 t 的章动旋转矩阵;$\boldsymbol{u}(t_0)$ 为恒星在参考历元 t_0 的星表平位置,表示为以太阳系质心为原点的三维位置矢量;$\dot{\boldsymbol{u}}(t_0)$ 为恒星在参考历元 t_0 的空间运动,从星表自行、视差和视向速度值得到,表示为以太阳系质心为原点的三维速度矢量;$\boldsymbol{u}(t')$ 为恒星在观测时刻 t' 的视位置,表示为以地球质心为原点的三维位置矢量。

2）计算步骤

第一步,将恒星历表数据表示为位置和速度矢量。

设 α、δ 代表 J2000.0 时恒星的星表平赤经和平赤纬,μ_α、μ_δ 代表恒星的年自行分量。形成恒星在 t_0 时相对于太阳系质心的位置矢量 $\boldsymbol{u}(t_0)$,即

$$\boldsymbol{u}(t_0) = \begin{bmatrix} r\cos\alpha\cos\delta \\ r\sin\alpha\cos\delta \\ r\sin\delta \end{bmatrix} \tag{7.8}$$

自行和视向速度值的计算见式(6.8)。恒星在星表历元 t_0 相对太阳系质心的空间速度矢量 $\dot{\boldsymbol{u}}(t_0)$ 为

$$\dot{\boldsymbol{u}}(t_0) = \begin{bmatrix} -\sin\alpha & -\cos\alpha\sin\delta & \cos\alpha\cos\delta \\ \cos\alpha & -\sin\alpha\sin\delta & \sin\alpha\cos\delta \\ 0 & \cos\delta & \sin\delta \end{bmatrix} \begin{bmatrix} \mu'_\alpha \\ \mu'_\delta \\ V'_r \end{bmatrix} \tag{7.9}$$

第二步,计算恒星在星表历元和观测时间之间的运动矢量,即

$$\boldsymbol{u}_2 = \boldsymbol{u}(t_0) + \dot{\boldsymbol{u}}(t_0) \cdot (t - t_0) \tag{7.10}$$

式中:矢量 $\boldsymbol{u}_2$ 代表恒星在观测时间 t 时天体相对太阳系质心的位置。

第三步,将原点从太阳质心移至地球质量中心,即

$$\boldsymbol{u}_3 = \boldsymbol{u}_2 - \boldsymbol{E}(t) \tag{7.11}$$

式中:矢量 $\boldsymbol{u}_3$ 代表恒星在观测时间 t 相对地心的位置,加入了周年视差。

第四步,计算相对论光线弯曲的影响,即

$$\boldsymbol{u}_4 = |\boldsymbol{u}_3| \left\{ \hat{u} + \frac{g_1}{g_2} [(\hat{u}\hat{q})\hat{e} - (\hat{e}\hat{u})\hat{q}] \right\} \tag{7.12}$$

其中

$$g_1 = \frac{2GS}{c^2 |\boldsymbol{E}(t)| A}$$
$$g_2 = 1 + \hat{q} \cdot \hat{e}$$
$$\hat{u} = \boldsymbol{u}_3 / |\boldsymbol{u}_3|$$
$$\hat{e} = \boldsymbol{E}(t) / |\boldsymbol{E}(t)|$$
$$\hat{q} = \boldsymbol{q} / |\boldsymbol{q}|$$
$$\boldsymbol{q} = \boldsymbol{E}(t) + \boldsymbol{u}_3$$

式中:$\boldsymbol{E}$ 为地球的太阳系质心坐标;GS 为日心引力常数;c 为光速;A 为一个天文单位的长度。GS、c、A 等天文常数的取值见表 7.3。

第五步,计算光行差改正。

光行差改正的计算公式为

$$\boldsymbol{u}_5 = (\beta^{-1}\boldsymbol{u}_4 + \boldsymbol{V}_B + (\boldsymbol{u}_4^{\mathrm{T}} \cdot \boldsymbol{V}_B)\boldsymbol{V}_B(1+\beta^{-1}))/(1+\boldsymbol{u}_4^{\mathrm{T}} \cdot \boldsymbol{V}_B) \qquad (7.13)$$

$$\boldsymbol{V}_B = \dot{\boldsymbol{E}}_B/c = 0.0057755\,\dot{\boldsymbol{E}}_B$$

$$\beta = (1 - \boldsymbol{V}_B^{\mathrm{T}}V_B)^{-1/2}$$

式中:$\dot{\boldsymbol{E}}_B$ 为地球的太阳系质心坐标变率。

第六步,坐标系加框架偏差和岁差、章动。

顾及参考历元 J2000.0 时框架偏差的影响,将 ICRS 数据转换到 J2000.0 的动力学平赤道和春分点,需要一个矩阵旋转,即

$$\boldsymbol{B} = \begin{bmatrix} 1-(\mathrm{d}\alpha_0^2+\xi_0^2)/2 & \mathrm{d}\alpha_0 & -\xi_0 \\ -\mathrm{d}\alpha_0 - \eta_0\xi_0 & 1-(\mathrm{d}\alpha_0^2+\xi_0^2)/2 & -\eta_0 \\ \xi_0 - \eta_0\mathrm{d}\alpha_0 & \eta_0 - \xi_0\mathrm{d}\alpha_0 & 1-(\eta_0^2+\xi_0^2)/2 \end{bmatrix}$$

式中:ξ_0 和 η_0 为 J2000.0 时天极偏差,以弧度(rad)为单位;$\mathrm{d}\alpha_0$ 为 J2000.0 的平春分点在 CRS 中的赤经,以弧度(rad)为单位。它们分别按以下公式计算,即

$$\begin{cases} \mathrm{d}\alpha_0 = -0.01460''/\rho'' \\ \xi_0 = -0.0166170''/\rho'' \\ \eta_0 = -0.0068192''/\rho'' \end{cases}$$

把框架偏差、岁差和章动施加到固有方向 $\boldsymbol{u}_5$ 上,即把框架偏差、岁差、章动的旋转矩阵 $\boldsymbol{B}$、$\boldsymbol{P}$、$\boldsymbol{N}$ 乘以固有方向 $\boldsymbol{u}_5$ 上,于是得到视方向 $\boldsymbol{u}_6$,即

$$\boldsymbol{u}_6 = NPB\boldsymbol{u}_5 \qquad (7.14)$$

式中:P 和 N 分量见式(6.4)和式(6.6)。

第七步,计算恒星在单位天球上的视坐标,即

$$\boldsymbol{r}_{\alpha,\delta} = \begin{pmatrix} X_6 \\ Y_6 \\ Z_6 \end{pmatrix}_{\alpha,\delta} = \boldsymbol{u}_6/|\boldsymbol{u}_6| \qquad (7.15)$$

$$|\boldsymbol{u}_6| = \sqrt{X_6^2+Y_6^2+Z_6^2}$$

恒星位置矢量表示为球面坐标,即

$$\begin{cases} \alpha' = \arctan(u_6(y)/u_6(x)) \\ \delta' = \arcsin(u_6(z)/\sqrt{u_6(x)^2+u_6(y)^2}) \end{cases} \qquad (7.16)$$

式中:α'、δ' 为恒星在观测历元的地心视位置。

第8章
天文测量仪器

大地天文观测一般采用目视光学观测。目前,野外天文测量所用的仪器主要可分为三大类:第一类,观测仪器,即由 T_3 光学经纬仪与 $60°$ 等高棱镜组成的小型棱镜等高仪或 TC1800、TCA2003、TS30 等全站仪或电子经纬仪;第二类,守时和计时仪器,主要有机械天文钟、石英钟、接收时号的收信机以及接收时号(接收短波 BPM、GPS、低频时码 BPC)与计时为一体的测时仪或 ASCA－1 天文测控仪等;第三类,用于数据采集和数据处理的计算机。还有一些辅助设备,如气温表、气压计。

不同等级的观测,通常采用的仪器和观测方法也不同,阵地天文测量中以往和现在使用的观测仪器和时间计量设备见表8.1。

表8.1　常用仪器、设备

仪器类别		型号	适用的国家等级	技术要求
经纬仪	T_3 +60°棱镜	60°等高仪	2～4	1″
	全站仪	TC1800		1″
		TCA2003	1～4	0.5″
守时设备	石英钟或电子表	SY2		钟速互差≤$5×2^{i-1}$ms/h（i 为等级）
计时设备	电子计时器	—	1～4	
收时设备	短波收信机	139 收信机,数字收音机		时号互差≤100ms
守时、计时一体机	晶振	SYS－2 型程控计时仪	2～4	
守时、计时、收时一体机	晶振＋BPM/GPS	AT－2 全自动测时仪		时号互差≤1ms
	晶振＋BPM/GPS/BPC	ASCA－1 天文测控仪	1～4	
主控计算机	普通型	笔记本电脑		Windows98 以上
	加固型	ASCA－1 天文测控仪		

就观测方向和天顶距来说,大地测量的测角仪器在使用原理上可用于天文观测。但为了适应天文观测的特点,需要做必要的改变和配备一些附件。一般的测角仪器只观测低目标,天文观测有时需要观测近天星,所以需要有转折目镜。一般的测角仪器只观测固

106

定目标,天文观测需要跟踪移动的星像,所以需要装有多丝分划板以消减人差的影响。角度测量中消减仪器误差的通用方法,在天文观测中已不完全适用,所以需要有高敏感的跨水准器或挂水准器以及水平轴成正交的水准器,用来分别测量水平轴倾斜和望远镜倾斜的变化。

8.1 T₃ 光学经纬仪

8.1.1 T₃ 光学经纬仪结构性能

T₃ 光学经纬仪是瑞士 WILD 厂生产的一种精密光学经纬仪,适用于天文测量和一般的三角、导线测量,其结构参数如下:

(1)望远镜长度:260mm。

(2)物镜有效孔距:60mm。

(3)放大倍数:24 倍,30 倍,40 倍。

(4)焦距:250~300mm。

(5)度盘刻度:360°。

(6)水平度盘直径:144mm。

(7)垂直度盘直径:95mm。

(8)度盘最小分格:4′。

(9)测微器最小分格:0.2″。

(10)照准部水准器:7″/2mm。

(11)垂直度盘水准器:12″/2mm。

(12)主要附件有 60°棱镜、水银盘、自准直目镜、电池盒、三脚架和基座等。

T₃ 光学经纬仪的主要结构及名称如图 8.1 所示。

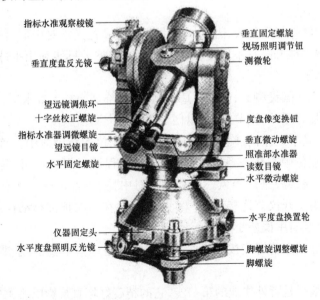

图 8.1 T₃ 光学经纬仪

107

大地天文测量中使用 T_3 光学经纬仪与 60° 棱镜组合而成的小型 60° 棱镜等高仪,它的结构原理将在后面叙述。如果用光学经纬仪进行天文定位和定向,一般采用 60° 棱镜多星等高法同时测定天文经纬度,观测仪器即为 60° 棱镜等高仪;天文定向通常采用北极星任意时角法,观测仪器是 T_3 光学经纬仪。用于天文测量的 T_3 光学经纬仪和一般普通大地测量的经纬仪是有区别的,主要差异如下:

(1) 天文经纬仪的望远镜,由于天文观测的目标很远,一般要观测到 6 等星,故望远镜的放大倍率较大,一般在 30～60 倍,在望远镜视场和各度盘均设有照明装置,以便适应夜间观测。

(2) 由于观测目标的位置是不断变化的,故照准移动的目标后,要连续不断地测定这个目标,较方便快捷的办法是"多丝法"。所以专用 T_3 望远镜内的十字丝是多丝分划板。

(3) 望远镜常常使用转折目镜。这是因为在天文测量中,经常要观测天顶距比较小或者位于天顶附近的天体,如果用直轴式望远镜观测这些天体,显然比较困难,甚至不能观测,所以用于天文观测的经纬仪的望远镜配备转折目镜。

(4) 度盘及读数设备,在精密天文观测中,对水平度盘读数的精度要求较高,故其直径较大,一般在 100～250mm。

(5) 水准器,为了严格控制和调整各轴系之间的正确关系,并改正它们的误差对观测结果的影响,故在水平轴上有一挂(跨)水准器,以测定水平轴倾斜的变化。有时在水平轴目镜端还装有一个太尔格特水准器,以测定望远镜的倾斜变化。它们的精度较高,格值为 $1''/22mm$。

8.1.2　T_3 光学经纬仪的使用

经纬仪的使用通常应掌握三个环节:对中整平、精确照准和读数。下面分别进行简单介绍。

1. 仪器的对中整平

由于 T_3 光学经纬仪质量大,因此仪器没有安装设置光学对中器,仪器脚架也和普通脚架不同,脚架腿不能升降且不通用,因此,它的对中整平只能利用垂球对中整平的方法进行,具体步骤如下:

(1) 在测站点上架设脚架,高度要适中,脚架顶部基面需大致水平,踩紧脚架腿底部,在连接螺旋下方挂好垂球,调节线长,以便于垂球对准测站点位。

(2) 安装 T_3 光学经纬仪,旋上连接螺旋,进行点位的精确对中。首先利用移动脚架腿使垂球尖部和点位中心在一条铅垂线上,这一过程需反复进行,且需两人以上配合完成,有风时还需用测绘服进行挡风。反复检查对中情况,若垂球尖和点位中心相差不大(1～2cm)时,可稍松开仪器连接螺旋,双手扶基座,在脚架顶部移动仪器,使垂球尖精确对准测站点位,直至对中误差小于 1mm。

(3) 利用仪器基座脚螺旋按照仪器的整平步骤进行精密整平,水准器气泡格值不超过 0.2 格。

仪器的对中整平是野外作业的第一步,它的精度好坏直接影响观测的精度,因此必须按要求认真做好此项工作。

2. 照准

照准就是利用望远镜精确地照准目标。望远镜十字丝网的中心与望远镜中心的连线称为视准轴。十字丝网的形式如图8.2(a)所示。照准就是视准轴指向目标，与目标在一条直线上。实践中对某一目标观测水平角时，是最后用水平微动装置转动照准部，以十字丝网竖双丝夹准目标像如图8.2(b)即为照准目标；观测垂直角时，是最后用垂直微动装置俯仰望远镜，以十字丝网水平丝切准目标像如图8.2(b)即为照准目标。

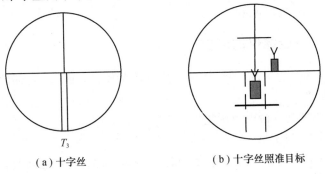

（a）十字丝   （b）十字丝照准目标

图8.2 T_3 光学经纬仪十字丝

3. 读数

光学经纬仪的度盘一般是玻璃制成的，边缘上刻有分格。水平度盘全周刻画为360°，T_3 光学经纬仪每度间分为15格，其格值为4′。由于度盘直径较短，度盘周长有限，所以度盘分格宽度很小，如 T_3 光学经纬仪的分格宽度约为0.078mm，用肉眼是很难分辨的，为此必须使度盘分划经过一系列光学棱镜，借助于放大镜或显微镜才能看清楚度盘分划像，且看清楚后也只能估读到1/10格，这是远远不能满足测角精度要求的。因此，在仪器上需要安置测微装置（测微器）。光学经纬仪的测微器，就是以度盘分划像移动来精确量取不足一个分划间隔的微小角值的。

图8.3是 T_3 光学经纬仪视准部转到某一方向时读数目镜内的情况，其重合读数法的程序如下：

（1）转动测微螺旋，使靠近指标线的上、下两分划像精确重合，如图8.3所示。

（2）读出靠近指标线左侧的正像的读数，图8.3为73°。

（3）数出73°分划像与对径（相差180°）253°分划像间的分格数13，乘以2′即为分

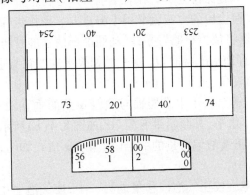

图8.3 T_3 光学经纬仪读数窗口

数 26'。

（4）微盘上读出 2′以下的小数（格数），具体读法是：秒整数可直接读取（靠近指标线左侧的第一个数），然后读取整数至指标线之间的格数，图 8.3 中秒整数为 58,58 至指标线之间有 8 格，故读数为 58.8。计算方法是秒整数取中及小数部分取和，而后取二者的和为读数的秒值。

综上所述：在度盘上读数 73°26′，测微盘上第一次读数 58.8 格，测微盘上第二次读数 58.8 格，最后中数为 73°27′59.6″。

8.1.3　T_3 光学经纬仪的调校

在观测前及观测过程中，需要经常对仪器进行调校，以使其主要部件保持正确关系，确保观测结果的精度。

1. 仪器各主要螺旋的检视与调整

1）脚螺旋的检视与调整

脚螺旋的松紧应当适度：过松，螺旋与螺母的间隙过大，仪器运转时，容易引起机座的位移，从而给观测结果带来系统误差；过紧，则转动困难。三个脚螺旋的松紧还应一致，如果发现松紧不理想时，应用基座上脚螺旋的调整螺旋加以调整。

同时三个脚螺旋的高低应大体一致，如某一螺旋过高（或过低）将使基座倾斜，脚螺旋与螺母间轴线的方向不一致，容易使螺旋受损。高低不一致主要是由脚架支得不平，或基板倾斜引起的。所以工作前应使脚架尽量支平和对基板进行检查修整。

附带指出：脚架上的螺丝也应进行检查，它们应是固紧的不可稍有松动。否则会引起脚架松动，给观测结果带来误差。

2）微动螺旋的检视与调整

微动螺旋通常都是同时起作用的。如果螺旋旋入太大，弹簧经常被强力压缩，则弹簧将逐渐减小弹力。如果螺旋旋入过少，弹力太弱，不能顶紧，则会致使所压部件有变动的余地而带来误差。所以，在使用时应随时注意将螺旋调到中部，同时注意调整其松紧。另外，固定螺旋，使用时也不应拧过紧，如旋拧过紧则可能会引起受压部件的变形。

2. 水准器轴与垂直轴正交的检校

水准器起到安平作用的必要条件是水准器轴必须与垂直轴正交。由于外界温度变化及受到振动，这个条件常不能保持，所以，在观测前必须进行检查和校正，以使其正交。这项检校是经常用到的，掌握检校的方法就显得十分重要。操作步骤如下：

（1）借助于圆水准器将仪器概略置平，转动照准部使水准管与两个脚螺旋连线平行。调节脚螺旋使气泡居中，即使水准器轴 LL_1 水平。如果水准器轴与垂直轴相交为 $(90° - \alpha)$ 角，则此时垂直轴将倾斜 α 角，见图 8.4（a）。

（2）将照准部旋转 180°，由于水准器轴与倾斜 α 角的垂直轴的关系没有改变，所以这时水准器轴 L_1L 必然不水平，其倾斜量变为 2α，如图 8.4（b）所示。

（3）调节脚螺旋，改正气泡偏移量的一半（相当于 α 角），如图 8.4（c）所示，垂直轴垂直了，但此时气泡仍未居中。

（4）用水准器改正螺旋校正气泡偏移量的另一半，使气泡居中，见图 8.4（d）。此时水准器轴水平，并与垂直轴正交。

110

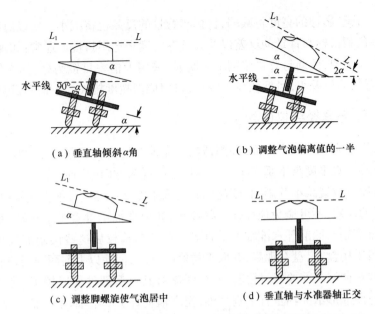

（a）垂直轴倾斜α角　　　　　　　　　　　（b）调整气泡偏离值的一半

（c）调整脚螺旋使气泡居中　　　　　　　　（d）垂直轴与水准器轴正交

图 8.4　水准器轴与垂直轴正交的校正示意图

通过上述步骤，不但检查、校正了水准器轴与垂直轴的正交，而且仪器在水准器轴方向上也水平了。但是，在其他方向上仪器还未水平。为此，须将照准部旋转 90°，用第三个脚螺旋使气泡居中，以达到仪器整平的目的。

最后须再检查一次，如该二轴仍不正交，应重复上述步骤进行校正，直至照准部转到任何方位气泡均居中为止。

3. 望远镜的调整

1）望远镜调焦及视差的消除

为使望远镜能看清目标以进行精确照准，须进行目镜调焦（对光），使丝网在明视距离上成虚像；并进行物镜调焦，使目标影像与丝网平面重合。如果目标影像与丝网平面不重合，而在其前或其后，则当观测者的眼睛左右、上下移动时，目标影像会对十字丝产生相对移动，这种现象称为视差。这样，照准目标时，由于眼睛的位置不同，照准的方向也会不同，从而会给观测结果带来误差。如果目镜调焦不完善，十字丝就模糊不清，也会影响照准精度。总之，从目镜中看去，十字丝要清晰，目标影像既要清晰又要与十字丝面重合。

具体调整方法如下：

第一步，将望远镜指向天空，旋转目镜，使丝网颜色深黑而清晰（BL 丝网在明视距离上）。观测者可反复进行两三次，记下目镜调焦环上的平均读数，在以后的一定时期内，都可定在此位置上。

第二步，将望远镜指向目标，进行物镜调焦，使目标影像与丝网同样清晰。由于眼睛分辨力的局限性，实际上目标像仍可能不与十字丝面重合，而存在视差。此时，使眼睛上下、左右慢慢移动，仔细观察目标影像与丝网有无相对移动的现象。如有，应轻微转动物镜调焦环使之消除。有时此项操作需要重复多次才能达到自的。

2）目镜的选择

高精度经纬仪通常有几个目镜可供选用，更换目镜后望远镜放大倍率也就改变了。

采用大倍率的目镜,影像的亮度将减弱,目标与背景的反差也将减小。所以应根据目标的大小、亮度、颜色和目标与背景的反差以及大气透明度来选用目镜。通常:如观测光标,由于光标亮度大且集中,色调与背景差别十分明显,采用大倍率目镜为好;如大气透明度不好,目标与其背景的反差小,目标颜色不明显,采用成像亮度较大的小倍率目镜为好。

8.1.4 T₃光学经纬仪的检验

仪器误差主要来源于两个方面,即制造的不完善及检校的不完善,诸如水平度盘的分划误差、偏心误差、水平度盘不垂直于竖轴等均是由这两方面原因造成的。其中度盘分划误差可用变换度盘位置减小其影响,度盘偏心可采用度盘对径读数的方法解决。

经检校后的仪器,不可避免地存在一些残差,如视准轴不垂直于水平轴,水平轴不垂直于垂直轴,垂直轴与照准部水准轴不垂直等。在仪器检校后这些误差都应在限差范围之内,另外还可采用盘左、盘右观测,并取平均值的方法,消除以上前两项误差的影响。因此,光学经纬仪在使用之前要经过检验,必要时需对其可调部件加以校正,使之满足下列三个主要条件:照准部水准轴垂直于垂直轴;视准轴垂直于水平轴;水平轴垂直于垂直轴。另外还要测定相应仪器的常数,例如60°棱镜等高仪的丝距、光学测微器的行差等。

使用T₃光学经纬仪及计时装备进行阵地天文定位、定向测量前,共需要完成14项仪器检验项目。根据检验时间,分为每年出测前需检验项目8项,每两三年需要检验的项目3项,新参加作业或长期未使用的仪器需要检验的项目3项,与T₃经纬仪配套的仪器检验和常数测定的项目见表8.2。

表 8.2 T₃仪器检验和常数测定

序号	检验目的	检验项目	限　差	检验时间
1	定位/定向	光学测微器分划误差的检验	分划误差≤1.0″	新参加作业或长期未使用重新启用的仪器检验
2	定位/定向	光学测微器隙动差的测定	隙动差≤1.0″	
3	定向	水平度盘对径分划线重合一次中误差的测定	重合一次中误差≤0.20″	
4	定位/定向	照准部偏心差的检验	V″容许值≤60″; V″对正弦曲线限差≤10″	2～3年检验一次
5	定向	水平度盘偏心差的检验	V″容许值≤60″; V″对正弦曲线限差≤10″	
6	定向	水准器的格值测定和质量检验	格值中误差≤0.40格	
7	定位/定向	望远镜光学性能的检验	性能正常	每年出测前检验一次
8	定位/定向	照准部旋转是否正确的检验	变动值≤3格	
9	定位/定向	照准部旋转时因底座位移而产生的系统误差的检验	照准部顺、逆转一周系统差绝对值≤±1.5″	
10	定位/定向	垂直微动螺旋使用正确性的检验	性能正常	
11	定位/定向	水平轴不垂直于垂直轴之差的测定	2C互差≤6″;水平角角度值互差≤3″;垂直角角度值互差≤10″;指标差互差≤10″	

序号	检验目的	检验项目	限　差	检验时间
12	定位	60°棱镜等高仪的丝距测定	—	
13	定向	光学测微器行差的测定	行差 $\gamma \leqslant \pm 0.5''$	
14	定位/定向	钟的检验	隔 1 ~ 5h 收录 1 次时号,11 次钟速互差≤10ms	

8.1.5　T₃ 光学经纬仪的维护和保养

1. 仪器的检视

领取仪器后,对外部进行检视:仪器各部件是否完善;装置是否稳固;转动是否灵活;各种螺旋作用是否正确。发现有不正常的现象,应及时进行调整或修理。

查看光学零(部)件的表面质量及清洁情况,如:望远镜视场是否明亮、均匀;度盘和测微盘(尺)的分划线、注记是否粗细均匀、明显清晰;等等。

2. 仪器的使用

(1) 仪器的各固定螺旋不可旋得过紧;微动螺旋应使用其中间的部分;旋动改正螺旋要轻、慢,用力均匀适当,不得强行扭转;改正螺旋为对抗螺旋时,如要旋进一个螺旋,则应先放松与其对抗的另一螺旋。

(2) 操作时,不得握着望远镜或测微仪来转动照准部,须用手扶着支架进行转动。

(3) 必须防止仪器受阳光的直接照射和大气中水蒸气的侵蚀。

(4) 工作间隙中,仪器放在支架上时,应罩上布套,专人看守。

(5) 使用电池时,要连接好电源,注意电源的正负极。检查电池电压的高低,不能在电压不足的情况下作业。使用完毕后,将内装电池取出,防止腐蚀仪器,并及时充电。

(6) 每天工作结束后,应用软毛刷拂去灰尘,擦拭仪器。油漆部分有油污时,不得使用酒精,而应用软布擦拭;仪器上的水蒸气待阴干后,再轻轻地擦去灰尘;物镜和目镜上的尘土可用软毛刷轻轻地刷掉;透镜面有油污时,可先呵气,然后用镜头纸轻擦,不可用手指去擦。

(7) 不准擅自拆卸仪器的任何部分(允许校正的部分除外),如发现故障,应及时通知专门修理人员处理。更换目镜时,动作应谨慎迅速,防止摔坏或损坏螺纹,防止灰尘侵入目镜筒内。

8.2　全站仪

全站仪(Total Station)是全站型电子速测仪(Electronic Total Station)的简称。它是由电子测角、电子测距等系统组成,测量结果能自动显示、计算和存储,并能与外围设备自动交换信息的多功能大地测量仪器。与以往导弹阵地大地测量使用的仪器相比较,全站仪具有测量精度高、体积小、质量小、电子化和自动化程度高等优点,因而成为目前导弹阵地导线测量及高程测量的主要装备。由于全站仪的结构比较复杂,其测量精度又容易受到各种外界和人为因素的影响,因此,为了更好地使用全站仪,发挥全站仪的效益,使用者不仅需要对全站仪的系统构成、测量原理、误差来源等进行系统深入地了解,而且还需要掌握全站仪检验的有关内容。

8.2.1 全站仪概述

兼有光电测距、电子测角和数据记录的全站仪用于阵地天文测量,不但能够完成天文定位和定向,而且还可同时完成归心元素的测定和地理子午线的标定等。全站仪体积小、质量小,能对仪器的系统误差进行修正和对测量操作进行控制,能够与主控计算机实现双向通信,测量机器人式的全站仪还能自动瞄准测量目标。电子测角与光学经纬仪的主要不同之处在于度盘的读数系统和显示系统。全站仪/电子经纬仪采用了光电扫描、自动计数及电子显示系统。另外,电子经纬仪的竖轴补偿器也采用了电子纠正方法,与光学经纬仪的补偿器有所区别。

大地天文测量使用的主要电子仪器是 TCA2003、TS30 全站仪,又称测量机器人。它具有电动机驱动和自动目标识别装置与照准功能;测角精度 0.5″,最小读数 0.1″;测距精度 $(1 + 1 \times 10^{-6} \times D)$ mm,单次测量时间 3 s,搜索精度 1mm,范围 200m;有光学对中器和激光对中器;仪器质量为 6.9kg。

TCA2003/TS30 仪器采用液态双轴补偿器,以抵消竖轴倾斜对水平角和垂直角观测的影响。液体双轴补偿器的补偿范围为 ±4′,补偿精度为 0.1″。所谓双轴补偿是指自动补偿垂直纵轴(望远镜方向)倾斜分量对垂直度盘读数的影响和垂直轴横向(水平方向)倾斜分量对水平度盘读数的影响。双轴补偿利用 CCD 技术获取垂直轴倾斜在纵轴(望远镜方向)、横轴(水平轴方向)两个方向的倾斜分量,然后分别计算对垂直读数和对水平读数的影响,并将变化信息传输给微处理器,仪器对所测角度进行自动补偿。仪器中用计算改正(Correction)和补偿(Compensation)的开/关(ON/OFF)来选择对全站仪测角的影响,具体见表 8.3。

表 8.3　补偿及改正对全站仪测角的影响表

开关组合方式	补偿器		改正数		水平角(Hz_0)	垂直角(V_0)	参考基准
	ON	OFF	ON	OFF			
1	√		√		$Hz_0 - C/\cos\alpha - i\tan\alpha - v\cos\beta\tan\alpha$	$V - I + v_L$	铅垂线
2	√			√	Hz	$V - I + v_L$	铅垂线
3		√	√		$Hz - C/\cos\alpha - i\tan\alpha$	$V - I$	垂直轴
4		√		√	Hz	$V - I$	垂直轴

表 8.3 中:C 为视准轴误差;i 为水平轴倾斜误差;α 为仪器照准某一目标的垂直角;v 为垂直轴倾斜误差;β 为垂直轴最大倾斜方向与当前水平方向之间的水平夹角;I 为垂直度盘指标差;v_L 为垂直轴倾斜误差视准轴方向的分量。

在表 8.3 中,改正和补偿仪器所有的轴系误差对水平方向和垂直方向残差的影响:方式 1 适合视准差、水平轴倾斜误差、垂直度盘指标差、补偿器指标差等参数已正确预置的情况,特别在单面(盘左或盘右)测量工作中,应用效果明显;方式 2 适合测量天顶附近的目标,垂直角趋于 90°,其余弦值趋于 0,正切值趋于无穷大,此时计算出的改正结果将严重失真,故当目标的垂直角大于 72°,须关闭水平改正开关;方式 3、方式 4,垂直角测量以全站仪的垂直轴为参考基准,而不是以铅垂线为参考基准,适合在不稳定的载体(车、船、海上平台等)上测量。

TCA2003/TS30 仪器可自动消除视准差、垂直度盘指标差、水平轴误差、垂直轴误差、地球弯曲差、折光差、度盘刻画误差和度盘偏心误差的影响。

TM5100A/TC1800/ TCA1800 仪器都可较方便地用于大地天文测量,TC1800/TCA1800 仪器的操作和性能基本与 TCA2003 相同,只是测量精度低一些,测角精度为 1″,测距精度为 $(1+2\times10^{-6}\times D)$ mm。可测量二等以下的天文点。

8.2.2 全站仪的检验

1. 检验方法和检验内容

全站仪检验方法一般可分为整体检验法和分项检验法。整体检验法是将被检仪器直接与标准器具进行比较测量。如在全站仪及电子经纬仪测角标准偏差的检验中,将仪器架在多齿分度台上,借助平行光管,对多齿分度台转动的每个标准角进行测量并与之比较,以确定受检仪器的测角标准偏差。分项检验法是用误差分析的方法判断被检仪器的符合性。如在全站仪测距部分及红外测距仪的检验中,要对其周期误差,加、乘常数等项目进行检测,并判断仪器相应的结果是否满足导弹阵地大地测量仪器检验规范的要求。依据全站仪的构成,全站仪检验的主要内容可分为电子经纬仪检验、电子测距仪检验和其他项目检验三大部分。参照有关规范:电子经纬仪的检验内容可归纳为望远镜、机械轴系、补偿器、对点器的性能检验和一测回水平方向标准偏差及一测回垂直角标准偏差的综合精度评定等;电子测距仪的检验内容可归纳为发光管性能、电气性能、测距频率、测距改正常数、测距误差综合评定等;全站仪其他项目的检验内容可归纳为全站仪数据记录是否正确、与计算机通信是否正确、应用软件是否正确等。

2. 全站仪检验的分类

全站仪检验的分类,不同单位、不同文献的分类方法不尽相同。本书根据全站仪在生产、使用过程中的不同阶段,将导弹阵地导线测量及高程测量使用的全站仪的检验分为如图 8.5 所示的三类。其中:一类检验是指对新购置(无检验或检定资料)或经过大修的全站仪的检验;二类检验是指对作业使用中的全站仪的定期检验;三类检验

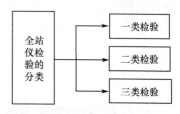

图 8.5　全站仪检验的分类

是指在紧急情况下,不能按照国家军用标准的规定对全站仪进行全面检验时,业务领导部门根据仪器平时定期检验的情况,结合二类检验项目确定仪器用于作业的必检项目的全站仪检验。

全站仪及电子经纬仪应进行检验和常数测定的主要项目,如表 8.4 所列,具体的检验方法按 JJG 100—2003《全站型电子速测仪检定规程》规定执行。

表 8.4　全站仪及电子经纬仪检验项目和常数测定

序号	检验目的	检验部位	检验项目	检验时间
1	定位/定向	测角部分	望远镜视轴与横轴垂直度的检验	每年出测前检验一次
2			望远镜调焦运行误差的检验	每年出测前检验一次

序号	检验目的	检验部位	检 验 项 目	检 验 时 间
3			望远镜水平丝水平度的检验	每年出测前检验一次
4			望远镜竖丝铅垂度的检验	每年出测前检验一次
5			照准部旋转正确性的检验	每年出测前检验一次
6			照准误差 C 的检验	每年出测前检验一次
7			横轴误差 i 的检验	每年出测前检验一次
8	定位/定向	测角部分	竖盘指标差 I 的检验	每年出测前检验一次
9			补偿器补偿范围的检验	每次使用均须做检查
10			补偿器零位误差的检验	每次使用均须做检查
11			补偿器补偿误差的检验	每次使用均须做检查
12			一测回水平方向标准偏差的检验	每年出测前检验一次
13			一测回垂直角测角标准偏差的检验	每年出测前检验一次
14			加、乘常数及标准差	每年出测前检验一次
16	归心	测距部分	光学对中器	每年出测前检验一次
17			发射、接收、照准三轴关系的正确性	每年出测前检验一次
18	定位/定向	其他	数据记录功能的检验	每次使用均须做检查
19			数据通信是否正确	

8.2.3　仪器的维护与保养

运输时,必须由专人负责,根据运输方式采取适当的减振措施,搬抬仪器要平拿轻放;操作仪器时,动作要轻缓适度,不可强行旋转,并注意保持仪器的清洁;仪器平时存放要注意防潮、防尘、防晒等。

8.3　时 间 测 量

8.3.1　时间测量设备

天文观测时,必须用计时器(或钟表)记下照准天体的时间,观测前后要收录时号,求出表差,以得到观测时的准确瞬间,用此方法校正时间,简称校时,也称为时间比对,简称比时。具体观测时由于某些物理和人为因素的影响,而会使观测量产生差异,则还需进行相应的改正。

时间测量设备分为天文守时仪器、计时仪器和收时仪器。完成天文守时的仪器是天文钟,它的作用和平常生活中用的手表(摆钟)的作用相同,都是用来守时的。只不过天文钟的精度要高一些。传统天文测量中的守时仪器主要有机械钟和石英钟,普遍使用的为小型(SY2)石英钟。SY2 型石英钟的工作温度为 $-15 \sim +45℃$,使用 2.2 $\sim$ 3.2V 电源。频率及钟差都可以调整。

天文计时仪器为天文测量中用来记录时刻的仪器,主要是用平均时刻计时器。平均时刻计时器是配合天文经纬仪的手动接触测微器或光电测微器进行天文观测的一种电子计时器。它可以自动记录并直接显示出恒星通过丝网时的十个接触时刻(或出没光电视栅缝隙的时刻)的平均值。此外,它还可以按收录时号进行时间比对,直接显示出观测所用的石英钟秒数与时号秒数之差。其工作环境温度为 $-15 \sim +35℃$,工作电压为 $9 \sim 12V$。

天文收时仪器是利用短波时号进行远距离时频校准,其主要设备是短波接收机,理论上讲,市场上出售的短波接收机都可以用于接收短波时号。短波授时的基本方法是由无线电台发播时间信号(简称时号),用户用无线电接收机接收时号,然后进行本地对时。通常是接收我国发射的无线电时号,由于野外测量一般离短波发射台较远,接收信号较弱,故须使用高性能的短波接收机,并且要正确地架设接收天线。

综上所述,传统的测定时间的方法是用天文钟进行守时,用计时器完成时刻记录,用收信机解决时间的精确校准,而且各工序是分体的,其工作各自独立的。高精度守时设备如石英钟、电子钟,其只是完成高精度守时,如何将某一瞬间的精确时刻记录下来,则还需要专门的计时设备,最终获得的时间是否为标准时间则需要通过收时进行精确校准。

随着计算机技术的发展,通过计算机的通信功能,集守时、计时和收时功能于一体的测定时间的设备,称为测时仪。如 AT – 2 全自动天文测时仪就是守时、计时、短波/ GPS 收时的组合。甚至可将守时、计时和收时功能集成到计算机内,如 ASCA – 1 天文测控仪就是集守时、计时、收时及数据处理于一体的综合设备。

8.3.2 测定时间的方法

精密时间作为科学实验和工程技术中的一个基本参量,为一切动力学系统和时序过程的测量及研究提供了必不可少的时间坐标。测量大地上某点的天文经度、天文纬度及天文方位角时必须要知道观测天体时的时刻,所以测定时间是大地天文测量要完成的重要任务。

不同的测量时间的设备有不同的测定时间的方法。对于守时、计时和收时可以用专门的石英晶体振荡器的时间守时,也可以用计算机内部石英晶体振荡器的时间来守时。

1. 使用计算机内部石英晶体振荡器守时

使用计算机内部石英晶体振荡器作为天文测量的守时设备,则测量中不再需要专门的天文钟,故此类应用方式变得越来越普遍。

计算机内部并存着软时钟和硬时钟两个时钟。软时钟在计算机打开到关闭这一段时间运行;而在计算机关闭后,则由硬时钟依靠电池继续运行。

软时钟通常由 8254 时间计数器或相同功能的芯片构成(早期计算机和 IBM – XT 型均由 8253 时间计数器构成),每 54.936ms(或 1/18.2s)产生一次中断。在计算机的基本输入/输出系统(Basic Input Output System,BIOS)里含有软件程序库对中断请求进行计数,并进而形成时、分、秒和年、月、日,同时允许外部程序读取和进行时钟设置。

硬时钟由 MC146818 实时时钟芯片(Real Time Clock Chip,RTC)构成,当计算机电源打开时,软时钟再次运行并根据硬时钟进行设置和同步,此项操作在 1s 内完成。这之后随计算机的运行情况而以不同的速率超前或滞后。硬时钟所依靠的石英晶振(典型值为 32.769kHz),由于会受到校准误差、环境温度、老化因素的影响,其频率稳定度优于 1×10^{-5},但是如果直接读硬时钟,精度只能达到 1s。

计算机是软时钟和硬时钟交替运行的。在软时钟运行过程中,会由于用户运行系统应用程序、反病毒程序和屏幕保护程序等,频繁访问日志文件,而引入较大误差(每次访问日志文件均会带来 54.936ms 的误差），累计后计算机的软时钟的稳定度会远远大于硬时钟。计算机时钟的综合运行情况，通常每天会在 1～15s 起伏，如果直接使用计算机的时钟其综合性能还不如手表。VB、VC 等高级语言中的时间函数是基于 BIOS 中断的，所以通过计算机高级语言所能取得的时间只能精确到 54.936ms，这个精度是不能满足天文测量的要求的。因此，只有能够提取不受计算机 CPU 运行速度及其任务等影响的计算机内部时间才能够利用计算机内部石英晶体振荡器进行天文测量守时。

目前提取计算机内部时间的方法之一是用底层语言读取计时芯片的通道计数值，再求出时间。方法之二是读取 64 位高分辨率性能计数器的计数值及计数频率，求定精确时间段。这些方法一般要求在 1h 左右时间中，因此能够保证使用精度。故测量中，使用计算机内部时钟来守时的天文测量设备在 1～2h 时通常需要做计算机内部时钟稳定性检验。

使用计算机内部石英晶体振荡器的时间守时：其优点是无须另加专用的石英晶体振荡器，节省了开支，减小了质量；其缺点是每个观测点上均必须对于计算机内部时钟守时稳定性进行检验，因而浪费作业时间。

2. 使用专用石英晶体振荡器守时

所谓专用石英晶体振荡器是指不借用计算机内部的石英晶体振荡器守时，而是使用专门用于天文测量的石英晶体振荡器。通常石英晶体振荡器由单片机管理和控制，以 HCMOS 电路温度补偿晶体振荡器为例说明计时的方法，它的输出为 4194304Hz 的正弦波，首先用斯密特触发器分频成 2097152Hz 的方波，作为 14 位计数器的计数脉冲（图 8.6）。14 位计数器的高 8 位读入 CPU 作为时间的毫秒数。同时，CPU 内部的计数器继续计高位的时间。

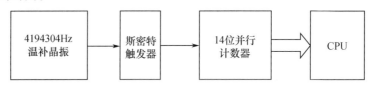

图 8.6　计时电路

14 位计数器的低 6 位计数值省略，高 8 位的计数的频率就是 2097152Hz/64 = 32768Hz；CPU 内部的计数器的低 7 位和 14 位计数器的高 8 位共同构成 15 位计数器，它们的计数频率就是 32768Hz。那么它们的计数精度就是 1/32768s = 0.0000305s = 0.0305ms。CPU 内部的计数器的高 8 位以上计秒、分、时。

系统读取时间时，CPU 内部的秒、分、时可以直接读取，秒以下时间的求法是先读出低 15 位计数器的计数值，乘以 10000，再除以 32768，结果为以"十分之一毫秒"为单位的时间。所以系统提供的最小时间单位就是万分之一秒即十分之一毫秒。

时间数据通过标准 RS－232 串行接口传输给计算机。计算机对测量时间设备的管理控制是通过串行口发出指令完成的。通过编程在计算机实现各种功能。例如在 AT－2 全自动天文测时仪中，采用一分二的方法将 CPU 的串行接口扩展为两个串行口：一个为内部串行口，用来与 GPS 通信，为 TTL 电平，通信的波特率为 4800b/s；另一个串行口为外部串行口，用来与外部计算机通信，为 RS－232 电平，通信的波特率为 19200b/s，如图 8.7 所示。

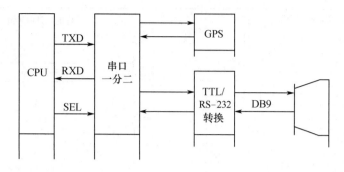

图 8.7　RS - 232 接口

与直接使用计算机内部石英晶体振荡器的时间守时相比较,天文测量系统的前期设计会增加工作量,但是使用过程中不受计算机型号和用户运行情况的影响,也无须在每个观测点上对于计算机内部时钟守时稳定性进行检验,且时钟的频率也更为稳定。

8.3.3　常用时间比对方法

世界上一些天文台,如我国的陕西天文台(现改为中国科学院国家授时中心)专门从事时间服务。利用天文观测手段确定和保持某种标准时刻,并用无线电把代表这种标准时刻的信息发播出去,称为无线电时号,简称时号。发播时号是给用户提供一个代表标准时间的标志,收录时号则是为了校准本地时钟而进行的时间比对工作,也就是通常说的"对表",以便获得时号标准时刻对应的本地钟面时,为天文测量提供本地时间基准。

传统天文测量中时间测定工作是采取用收信机加计时器的方法完成的。对精确时刻采用收信机按规定的频率和形式进行无线电时号的收录,再用计时比对器把时号的时刻信号所对应的钟面时刻记录下来(即对表)。这样,通过收录时号对比,便可求得时号的精确时刻与钟面时刻之差,从而得到相应此瞬间的正确钟面时刻。这种方法主要存在以下几个缺点:设备种类繁多,操作复杂,且误差较大;无线电短波时号受天气、地点、时间的约束较大;另外如果使用单一的无线电短波时号,没有检核手段,一旦无线电短波时号出现故障,就会导致整个测量失败。随着科学技术与国民经济的发展,不仅是天文测量,各行各业对标准时间与标准频率的需求也日益增长。因此,我国的授时手段和方法,以及相应的终端接收、同步技术与设备和标准时间服务正在朝着多手段、全方位方向发展。常用的时间传递手段有短波授时系统、低频时码授时系统(BPC)、计算机电话时间服务系统和计算机互联网络时间服务及卫星授时等。因此,利用我国目前的授时手段,可开发出体积小、全天候、干扰小、精度高、多途径的天文测量的时间比对设备。图 8.8 是大地天文测量使用的时间测定和比对设备设计的示意图。

在天文测量前和测量后应分别对本地时钟进行时间比对,以测定该观测时间段的钟速。

1. 无线电短波时号

BPM 是短波授时台的意思,其(中国科学院国家授时中心)位于蒲城,每天 24h 以2.5MHz、5.0MHz、10MHz、15MHz 四种载频交替发播标准时间频率信号,覆盖全国,授时精度为毫秒量级。BPM 从 1981 年 7 月 1 日开始发播时号,1983 年 3 月 1 日以后的发播

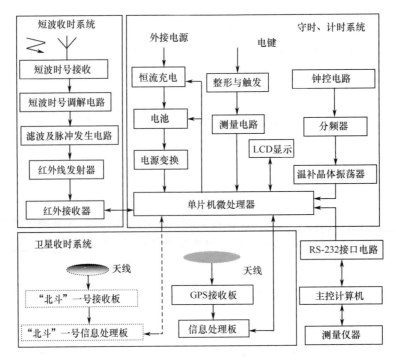

图 8.8　AT - 2 型全自动天文测时仪框图

程序是:0 ~ 10min、15 ~ 25min、30 ~ 40min、45 ~ 55min 发播 UTC(记为 BPMC)时号。秒信号为正弦波 1kHz 调制的 10 个周波,即秒信号长 10ms;整分信号为 1kHz 调制的 300 个周波,即分信号长 300ms。25 ~ 29min、55 ~ 59min 发播 UT1(记为 BPM1)时号。秒信号为正弦波 1kHz 调制的 100 个周波,即秒信号长 100ms;整分信号为 1kHz 调制的 300 个周波,即分信号长 300ms。10 ~ 15min、40 ~ 45min 发播无调制载波。29 ~ 30min、59 ~ 60min 发播 BPM 台站呼号。呼号前 40s 为摩尔斯电码,后 20s 为女声汉语语音通告。

BPM 发播 UT1 和 UTC,但是国外很多发播台在每小时的前 5min 内的每个整分标志之后,发送 DUT1(DUT1 = UT1 - UTC)值编码信息。通过该方法获取 0.1s 整数倍 DUT1 的数值,DUT1 的发布程序如下:

(1) DUT1 为正值时,用整分标志后的第 1 秒到第 n 秒连续加重 n 个秒标志来指示,n 是 1 ~ 8(包括 8)的整数;DUT1 = $(n \times 0.1)$s。

(2) DUT1 为负值时,用整分标志后的第 9 秒到第 $(8 + m)$ 秒连续加重 m 个秒标志来指示,m 是 1 ~ 8(包括 8)的整数;DUT1 = $-(m \times 0.1)$s。

(3) DUT1 为零时,用不产生加重的秒标志来指示。

(4) 可以用正常秒标志拖长、成双、撕裂或音频调制等方式实现秒标志的加重;加重秒的位置与 DUT1 的关系如图 8.9 所示。

耳目手工法收录无线电短波时号是靠耳朵听到信号后,按动触发装置记录所接收的时号的。这种手工操作的精度受人为因素的影响,收时精度一般在几十毫秒,由于此方法效率低,精度难以保障,因此现在基本不使用耳目手工法收时。

为了保证收时精度,可以使用专业的短波时号接收机自动收时,也可以通过改造数字调谐收音机自动收时。自动收录无线电短波时号,最易出现的问题是"掉秒"。为彻底解

120

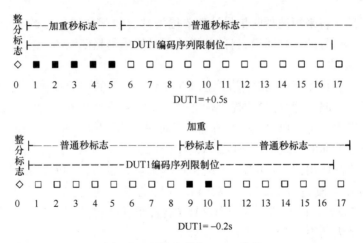

图 8.9　无线电确定 DUT1 信号

决电磁干扰引起的"掉秒",可以将模拟带通滤波器(中心频率 1000Hz,带宽 100Hz)内置于数字调谐收音机之内,其功能或作用如下:

(1) 将报时音频信号以外的杂音信号全都滤掉(报时音频信号的频率为 1000Hz);

(2) 将报时音频信号(正弦波)转换为方波脉冲;

(3) 将方波脉冲转换为光脉冲并输出;

(4) 测时仪本体和收音机之间用光导纤维相连;

(5) 测时仪本体上安装一个光敏管,能将光脉冲还原成方波脉冲。

经过以上步骤后,测时仪得到的信号就是比较正常的报时脉冲信号了(图 8.10),但是,每秒一次的报时音频信号产生的脉冲的宽度和个数也是不定的。测时仪本体内的单片机能对这些脉冲进行测量,求出脉冲的个数、第一个脉冲的上升沿时刻、最后一个脉冲的下降沿时刻。这样就可以判断出是干扰,还是整分信号了。

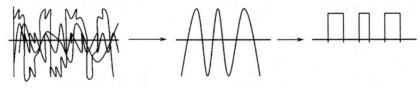

图 8.10　滤波及整形

这个过程就相当于数字滤波。经过上述过程之后,最后得到的自动收时信号就不受电磁干扰的影响了,这是智能天文测量系统采用的短波收时方法。

短波授时信号作为经典的授时手段和唯一发布 UT1 时间信号的定时手段,对保持阵地天文测量的独立自主性有着重要的意义,因此为了更好地利用这一定时手段,目前对短波定时手段进行了以下三个方面的改进:

(1) 收信机的噪声灵敏度由原来的 $30\mu\nu$ 提升为 $15\mu\nu$,这样就增强了收信机自动收录短波信号的抗噪声能力;

(2) 为了提高收信机的接收能力,增加了短波天线适配器,由于阵地天文测量的绝大多数地区适合接收 10MHz 载频发播的标准时间频率信号,故适配原则主要以 10MHz 为主,以 5MHz 为辅,即可满足使用要求;

（3）为了适应将来短波授时信号计划要增发部分数字载波信号的需求，在短波收信机中预留了此类信号的接收通道，目前的短波授时信号仍是模拟信号。

2. 低频时码的应用

低频时码授时技术是国际电信联盟（ITU）一直推荐的一项技术。它在低频频段工作，可同时以模拟和数字两种模式提供标准时间及频率信号。由于充分利用微电子技术，用户设备可以做得非常简单、价廉，故在多个领域得到了广泛的应用。在国防建设、国家安全范畴也有多方面的可能应用，如我军某综合信息系统、指挥系统等。在国际上，继德国成功开发和广泛应用该技术以后，美国和日本也重新重视低频时码技术。美国政府制订了三阶段的升级改造计划，将原 WWVB 电台的设备更新，辐射功率从 13kW 增至25kW，又增至 50kW。日本则废掉原 JG2AS 电台，重新购置美国设备在东京东北和九州地区新建了两个大功率台。

我国在授时中心建成了可实用的实验台，已成功发播，发播呼号"BPC"，使用频率为68.5kHz。2006 年国家授时中心在河南商丘建设"国家授时中心低频时码连续发播台"（图 8.11），信号主要覆盖环渤海和长江三角主要经济区，河南商丘台的主要技术设计参数如下：

（1）台址：河南商丘（天线坐标：北纬 34.457°，东经 115.837°）。

（2）频率：（68.5 ±1）kHz。

（3）发射机：全固态。

（4）发射天线：伞状单塔。

（5）发射功率：100kW。

（6）覆盖半径：天波 3000km，地波 1000km。

（7）调制方式：由编码调制单元提供已调波的脉冲负极性键控。

（8）发播时间：连续 24h。

（9）授时精度：±0.1ms。

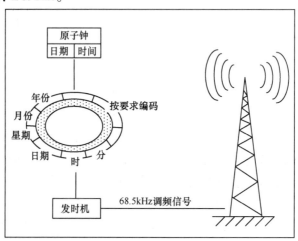

图 8.11　低频时码授时系统

目前，低频时码的发播时间尚未实现 24h 连续发播，发播时间是 08:00～05:00（次日），停播时间是 05:00～08:00，通常 10:00～14:00、18:00 以后接收效果较佳。

3. GPS 时间应用

单片机与 GPS OEM 板组合,把 OEM 板的 1pps 输出进行整形,用其来控制单片机的中断和软件计数脉冲,再把 OEM 板 RS-232 口输出的数据送到单片机的串口输入端,为单片机提供 1pps 对应的 UTC 时刻值,其守时精度可达 10^{-6} s 以上。如用计算机与 GPS OEM 板组合,把 OEM 板的 1pps 输出通过相应功能芯片接计算机,用计算机判断秒脉冲上升沿,记下此时机内时钟的时刻;再把 OEM 板 RS-232 口输出的数据送到计算机,就能为计算机提供 1pps 对应的 UTC 时刻值。

只有进行下面的时间转换后,GPS 时间才可用于天文测量。首先在 OEM 板内 GPS 时刻化为 UTC 时刻;然后 UTC 时刻化为 UT1 时刻,其改正数在《时间频率公报》中给出;最后 UT1 时刻化为恒星时时刻。

目前使用的 GPS OEM 板定时的主要技术指标如下:

(1)接收频率:1575MHz。

(2)天线射频灵敏度:-166dBw。

(3)捕获时间:20s~2min(热启动)。

(4)1pps 输出:定时准确度为 0.4μs,脉宽为 100ms。

(5)1ppm 输出:定时准确度为 1μs,脉宽为 100ms。

(6)显示:14 位 LCD,翻页显示时间信息(年、月、日、时、分、秒,可选择北京时或世界时),接收天线处的经度、纬度、高度、估计水平误差、估计垂直误差、磁偏角、航速航向以及定位有效性。

(7)时码输出:年、月、日、时、分、秒,串行 ASCII 码(RS-232 标准)。可选择北京时或者世界时,起始位与 1pps 前沿的偏差小于 0.2ms。GPS 信息输出:RS-232 口,可与 PC 机联机,显示位置、速度、时间、卫星状态、几何因子和位置估计误差。

4. "北斗"时间系统

"北斗"卫星分"北斗"一号系统和"北斗"二号系统,"北斗"一号系统具备单向和双向的授时功能,"北斗"一号单向授时精度为 100ns,双向授时精度为 20ns,"北斗"二号的授时精度提高 1 倍。

"北斗"时间采用我国自主建立的"军用时间标准",时间零点为 2006 年 1 月 1 日与 UTC 重合。

"北斗"时间的应用方式与 GPS 时间基本相同,即单片机与"北斗"OEM 板组合模式,由定时型"北斗"OEM 板为单片机提供 1pps 对应的 UTC 时刻值。

5. 计算机电话时间服务

计算机电话时间服务,在国外也被称为 Automated Computer Time Service(ACTS)。使用这一服务,用户只需要一个调制解调器、电话线和简单的软件,就可以使计算机的时钟与时间服务器的时钟同步。我国采用的方法是服务器在收到用户计算机的时间请求后,才向用户发送时间编码,由用户计算机计算时延。这种方法速度快,用户可在 1s 内多次得到服务器时间并测量服务器到本机的时延,便于采用一些数学方法进行滤波,缺点是时延的测定依赖用户计算机的时钟,不同的操作系统可能得到不同的精度。服务器向用户发送的时间编码所显示的时刻是用户请求到达服务器的时刻值加上服务器向用户发送时间编码时的时刻值除以 2,即服务器在一次时间服务中所耗费时间的中点的时刻值,称为虚时刻。这样用户在使用当中,只需要做一些简单的计算,并且服务器所需发出的数据量也会相应的减小。

时间编码格式如下:

< DDDDD SSSSS MMM L UTC − NTSC XXXXX

其中:ASCII 字符"<"是时间标记码;"DDDDD"是从 1899 年 12 月 31 日到服务器本次时间服务虚时刻的天数,由 VB 语言的 DATESERIAL(YY,MM,DD)语句产生;"SSSSS"是从午夜零点到服务器本次时间服务虚时刻的秒数;"MMM"是从"SSSSS"这一秒到服务器本次时间服务虚时刻的毫秒数;"L"为 1,表示一个正闰秒将会在本月末被加上,即这一月最后 1s 是第 60s,"L"为 2,表示本月末将会有一个负闰秒,"L"为 0 表示本月没有闰秒;"UTC − NTSC"表示服务器所发出的时间编码为国家授时中心所保持的 UTC 时间;"XXXXX"为保留位;最后加上回车换行符。

用户向服务器要求时间编码时,可首先记下本机时间 T_1,向服务器发送 ASCII 码"＞";服务器收到后,做出必要的处理,在发送前计算出虚时刻编码,并发送给用户;用户收到服务器发来的时间标记码"<"后,记下时刻 T_2,随后解出服务器虚时刻编码 T_3,服务器与用户计算机的时差为 $T_3 − (T_1 + T_2)/2$,用户调整计算机时间,用户挂机,时间服务完成。

6. 计算机网络时间服务

计算机网络时间服务使用户能通过 Internet 将计算机进行同步和校准。设在国家授时中心的时间服务器响应网络用户的请求,将守时中心的标准时间信息以时码的形式发给用户,使用户计算机与授时中心的标准时间尺度 UTC 保持同步。

8.3.4 钟速、钟差和任意时刻的钟差

在测量中所用的钟,无论是什么钟,总是存在着误差的,这就使得在任一瞬间与标准时刻都存在着一个相应的时刻差。在某一瞬间,时钟的钟面时刻与正确时刻之差,称为这一时钟在这一瞬间的钟差,通常用 u 表示。设某钟的钟面时刻为 t',相应这瞬间的正确时刻为 t,则此钟的钟差为

$$u = t - t' \tag{8.1}$$

如 u 为正,则表示时钟的钟面时慢了 u 值;如 u 为负,则表示时钟的钟面时快了 u 值。

钟差不是固定不变的常数,而是不断处于不均匀变化之中的。钟差在单位时间内的变化称为钟速,用 ω 表示。设标准世界时 T_1 相应的钟面时为 X_1,标准世界时 T_2 相应的钟面时为 X_2,实际测量中标准世界时是通过收录时号获得的,即 X_1、X_2 为两次收录时号的钟面时,T_1、T_2 为 X_1、X_2 相应的世界时。设 u_1、u_2 分别为时钟在钟面时 X_1、X_2 瞬间的钟差,于是有

$$\begin{cases} u_1 = T_1 - X_1 \\ u_2 = T_2 + X_2 \end{cases} \tag{8.2}$$

则在 $\Delta X = X_2 - X_1$ 时间段内的钟速为

$$\omega = \frac{u_2 - u_1}{X_2 - X_1} = \frac{u_2 - u_1}{\Delta X} \tag{8.3}$$

若 ΔX 以日、小时、分钟为单位，则按上式算得的钟速分别称为周日钟速、小时钟速、每分钟速。ω 有正有负，表示钟运行的快慢。ω 为正表示钟的运行速度比正确的速度慢；ω 为负表示钟的运行速度比正确的速度快；ω 为 0 表示钟的运行速度与正确的速度一致。判断时钟质量优劣的标准，不是钟差 u 和钟速 ω 的大小，而是 ω 的稳定性。如：军用一等天文测量对钟速的要求为 10h 钟速的最大互差不超过 5ms；军用二等天文测量对钟速的要求为 10h 钟速的最大互差不超过 10ms。

若已知某一时间段内的钟速 ω 和某一瞬间的钟面时 x_0 的钟差 u_0，则可以按下式计算任一瞬间钟面时 x_i 的钟差 u，即

$$u = u_0 + \omega(x_i - x_0) \tag{8.4}$$

如果需要求测瞬精确时刻，设钟速为 ω，计算机记录某次测量数据到达的钟面时刻为 x_i，对应的钟差为 u，则测量瞬间的精确时刻为

$$T_i = x_i + u = x_i + u_0 + \omega(x_i - x_0) \tag{8.5}$$

天文解算时使用的时间为恒星时，欲将 UTC 化算为恒星时，则需先化为 UT1。UTC（T_i）与 UT1 的差值可按日期在网上预先查得。网上有预推 1～2 年的 UTC 与 UT1 的差值 ΔUTC，UT1 = T_i + ΔUTC。UTC 化算为 UT1 后，即可按平时化恒星时公式化为恒星时，这时的恒星时为测瞬平恒星时，测瞬真恒星时需要在平恒星时上加赤经章动改正。

8.3.5 时号的收录要求

时号收录本来是特指无线电时号的，目前对于使用卫星时标的校时方式也习惯称为收时。目前可采用卫星、短波、低频时码等时标进行时间比对。天文定位，每晚至少收录两个时号，两时号间隔不超过 6h；天文定向，每个时间段的观测至少应收录两次时号，两时号间隔不得超过 8h。

第 9 章

天文定位测量

　　本书前面章节讲述的内容都属于球面天文理论部分,从本章开始将讨论实用天文测量部分,该部分的主要内容包括大地天文定位和定向的基本原理与最佳选星条件、观测方法与实施纲要,数据解算模型和计算处理方法以及各种天文定位与定向方法的应用。

　　本章中所说的天文定位是指通过天文观测方法,确定地面点的天文经纬度的测量。主要讲述天文测量与天文定位的基本原理和最佳选星条件、观测时间的测定与比对及天文作业中所用的两种方法:一种是具有大地天文测量应用特点的 $60°$ 棱镜等高仪(T_3 加上 $60°$ 棱镜)"多丝法"同时测定天文经纬度的经典天文定位方法;另一种是以 TCA2003、TS30 全站仪与 ASCA – 1 天文测控仪组合模式完成多星测高法同时测定天文经纬度(也称为多星近似等高法同时测定天文经纬度)的新型天文定位方法。

　　由《椭球大地测量学》一书可知,测站点的天文经纬度(λ,φ)和天文方位角(α)与大地经纬度(L、B)和大地方位角(A)有如下关系,即

$$\begin{cases} B = \varphi - \zeta \\ L = \lambda - \eta\sec\varphi \\ A = \alpha - (\lambda - L)\sin\varphi \end{cases} \tag{9.1}$$

　　在式(9.1)中,前两式为垂线偏差方程式,第三式是拉普拉斯方程式。该式说明天文测量与大地测量相结合可求得垂线偏差,用拉普拉斯方程式可控制三角锁网和导线网的测量误差,保证大地控制网的准确定向,提高点位精度。

9.1　天文定位的基本原理和选星条件

9.1.1　天文测量原理

　　在北半球 $0° \leqslant \varphi \leqslant 90°$ 地区,天体的天球坐标(α,δ)、(A,h)与测站的天文坐标(λ,φ)之间应用球面三角公式可获得确定的数学关系,即

$$\begin{cases} \sin h = \sin\varphi\sin\delta + \cos\varphi\cos\delta\cos t \\ \cos h\cos A = \cos\delta\cos\varphi - \cos\delta\sin\varphi\sin t \\ \cos h\sin A = -\cos\delta\sin t \end{cases} \tag{9.2}$$

由式(9.2)可看出,若观测了天体某一瞬间的 h(或 $z,z = 90° - h$)和 t,而 δ 已知,用式(9.2)第一式则可算出测站的天文纬度 φ。若已知测站的近似纬度 φ,观测了天体某一瞬间的天顶距 z,则由第一式可算出其时角 t。若同时测出该天体对格林尼治时 S,则该测站的天文经度 λ 可用 $\lambda = \alpha + t - S$ 算出。在天文定位三角形中,通过观测恒星在地平坐标系中的坐标量,利用已知的恒星在赤道坐标系中的坐标值,就可以直接解算出该地面点的天文经度、天文纬度和地面目标方向天文方位角,这就是天文测量的基本原理和基本计算公式。

测量中,一般都假定恒星星表给出的天体的天球坐标 (α,δ) 是无误差的,而测站的天文坐标存在着测量误差,天顶距和方位角 (A,h) 以及测站的地方时是直接观测量,微分式(9.2)的第一式并利用第二式、第三式,可导出

$$dh = \cos A(d\varphi) + \sin A\cos\varphi(dt) \tag{9.3}$$

上式就是高度角误差、天文纬度误差和时角误差的数学关系式。欲使所测量的误差受观测量的影响最小,就要考虑各观测量在该测站的最有利条件,也就是选星条件。由于观测量和解算方法的不同,形成了各种不同的天文定位测量方法。较常用的有南北星中天等高法(太尔格特法)测纬度、东西星等高法(金格尔法)测经度、多星等高法同时测定经纬度等。

9.1.2 测经度的原理和选星条件

1. 测定经度的基本原理

测站的天文经度是测站子午面与格林尼治天文台子午面之间的夹角。测站的经度等于测站与格林尼治天文台在同一瞬间同类正确时刻之差,这就是测定经度的理论依据。其基本公式为

$$\lambda = s - S \tag{9.4}$$

由于测定两地同一瞬间时刻之差的方法不同,故测定经度有各种不同的方法。传统测量中多采用无线电法。无线电法测定经度就是通过收录时号的方法解决两地同一瞬间的时刻问题。设 s' 为用恒星时钟观测恒星 σ 钟面时,s' 瞬间的精确地方恒星时为 s,即钟差为

$$u = s - s' \tag{9.5}$$

又由恒星时与星的时角和赤经的关系,则相应观测瞬间 s' 的正确恒星时 s 为

$$s = s' + u = \alpha + t \tag{9.6}$$

设测站纬度已知,由观测恒星用式(9.2)的第一式算得时角 t,并按下式算出其钟差 u,即

$$u = \alpha + t - s' \tag{9.7}$$

设 X_0 是时号 T_0(世界时)时刻的钟面时,由此得与 T_0 相应的格林尼治恒星时 S,用时

刻换算的方法把它化为相应的格林尼治恒星时，即

$$S = S_0 + T_0 + T_0 u$$

便得出

$$\lambda = s - S = s' + u - (S_0 + T_0 + T_0 u) \tag{9.8}$$

由上式可知，无线电法测经度主要包含收录时号确定的世界时 T_0 和钟面时 X_0，观测恒星测定钟差两项工作。其主要包含两项误差，即收时（接收标准时间信号）误差和测钟差的误差，因此，其精度取决于收时和测钟差的精度。

2. 测定钟差的基本原理及选星条件

1）恒星高度法

设观测瞬间的钟面时为 s'，s' 相应观测瞬间的正确恒星时 s 及相应 u 的钟差则按式（9.6）及式（9.7）算得。

天文定位三角形中，如果已知观测者纬度 φ，天体的赤纬 δ，再观测天体的高度 h，即可计算出天体的时角 t，只要求得 t，即可求得钟差 u。

由

$$\cos t = \frac{\sin h - \sin\delta\sin\varphi}{\cos\delta\cos\varphi} \tag{9.9}$$

可知，只要知道测站的纬度 φ，观测到恒星的高度 h，即可求得时角 t，从而求得钟差 u，这就是恒星天顶距法测定钟差的基本原理。

可由原理中的公式导出其钟差 u 的误差传播公式，即

$$\mathrm{d}u = \frac{1}{\cos\varphi\sin A}\mathrm{d}h - \frac{1}{\cos\varphi\tan A}\mathrm{d}\varphi - \mathrm{d}s' \tag{9.10}$$

由此可说明恒星方位角 $A = 90°$ 或 $A = 270°$ 时，即所观测的恒星宜在卯酉圈上或极近于卯酉圈时观测其高度定钟差，可以得到误差最小的钟差结果。这就是恒星天顶距法测定钟差的最佳选星条件。在实际观测中往往较难找到卯酉圈上的恒星进行观测，为了加快观测速度，一般可以观测在卯酉圈两侧各 $25°$ 范围以内的恒星。

2）恒星中天法

前面已经给出了测定时刻的基本公式（$s = \alpha + t$），若在子午圈上观测一恒星，则其时角 $t = 0$，于是有

$$\begin{cases} 上中天：s = \alpha \\ 下中天：s = \alpha + t \pm 12^{\mathrm{h}} \end{cases}$$

设读记恒星中天瞬间的钟面时为 s'，相应钟差为 u，则 $s = s' + u$，可得相应中天瞬间钟面时 s' 的钟差为

$$\begin{cases} 上中天：u = \alpha - s' \\ 下中天：u = \alpha - s' \pm 12^{\mathrm{h}} \end{cases} \tag{9.11}$$

只要测出恒星中天瞬间的钟面时 s'，即可算出 s' 的钟差 u。这就是恒星中天法测定钟差的基本原理。因为 $\Delta u = \Delta s'$，故读取钟面时的误差 $\Delta s'$ 直接影响钟差误差 Δu，故必须精确测定恒星中天的钟面时 s'，这样对观测及仪器的精度要求就较高，需考虑多种仪器误差

的影响。如仪器定向误差、视准轴倾斜误差、水平轴倾斜误差等。在精密天文测量中,一般用中星仪(或称子午仪)进行中天法测定钟差。

3)双星等高法

通过观测 2 颗高度相等的恒星,只须读记它们经过望远镜丝网水平丝的钟面时 s_1' 和 s_2',并设已知测站纬度 φ,则无须测其高度便可以求出天文钟的钟差 u。这种测定钟差的方法,称为双星等高法定钟差。

设在很短的时间内观测 2 颗等高的恒星 $\sigma_1(\alpha_1、\delta_1)$ 和 $\sigma_2(\alpha_2、\delta_2)$,其钟面时为 s_1' 和 s_2',相应钟差为 u_1 和 u_2,则可列出下面两个方程式,即

$$\sin h = \sin\varphi\sin\delta_1 + \cos\varphi\cos\delta_1\cos(s_1' + u_1 - \alpha_1)$$
$$\sin h = \sin\varphi\sin\delta_2 + \cos\varphi\cos\delta_2\cos(s_2' + u_2 - \alpha_2)$$

因为观测 2 颗星相隔的时间很短,可认为 $u_1 = u_2 = u$,即

$$\sin\varphi\sin\delta_1 + \cos\varphi\cos\delta_1\cos(s_1' + u_1 - \alpha_1) = \sin\varphi\sin\delta_2 + \cos\varphi\cos\delta_2\cos(s_2' + u_2 - \alpha_2)$$

按上面两式可解得唯一的未知数钟差 u,这就是双星等高法测定钟差的基本原理。

钟差的误差公式为

$$du = \frac{\sin A_2}{\sin A_1 - \sin A_2}ds_2' - \frac{\sin A_1}{\sin A_1 - \sin A_2}ds_1' - \frac{\cos A_1 - \cos A_2}{(\sin A_1 - \sin A_2)\cos\varphi}d\varphi \qquad (9.12)$$

由误差传播公式可以知道:在东西卯酉圈上($A_1 = 90°$, $A_2 = 270°$)观测一对等高的恒星,此时纬度误差对钟差无影响,而读钟误差对钟差的影响为最小。这时的读钟误差对钟差影响的表达式为

$$du = -\frac{1}{2}ds_1' - \frac{1}{2}ds_2' \qquad (9.13)$$

由于读钟误差直接以其半值影响钟差,因而减少了影响的程度。

9.1.3 测纬度的原理和选星条件

1. 恒星高度法测定纬度的基本原理及选星条件

恒星高度法测定纬度的基本理论为式(9.2)第一式,即

$$\sin h = \sin\varphi\sin\delta + \cos\varphi\cos\delta\cos t$$

式中:$t = s - \alpha = s' + u - \alpha$,$s'$ 为观测瞬间的钟面时,u 为钟差。其中 α,δ 从星表中得到,u 可通过观测恒星得到,故只要测得 h 即可求得测站纬度。这就是恒星高度法(单高法)测定纬度的基本原理。

根据高度、天文纬度和时角的误差数学关系式(9.2)和式(9.3),整理后可以得到高度误差 dh、读表误差 ds 和钟差误差 du 对纬度的影响为

$$d\varphi = \sec A(dh) + \tan A\cos\varphi(ds' + du) \qquad (9.14)$$

由上式可知,要使纬度误差 $d\varphi$ 最小,必须使 $A = 0°$ 或 $A = 180°$,即所观测的天体在子午圈上(中天时)或子午圈附近,方位角 A 接近 $0°$ 或 $180°$ 时,可得到误差较小的纬度值,这就是恒星高度法测定纬度的最佳选星条件。

2. 南北星中天高差法测定纬度的基本原理

恒星中天时有下面的关系:

南星 σ_S 有

$$\varphi = \delta_S + z_S \tag{9.15}$$

北星 σ_N 有

$$\begin{cases} \varphi = \delta_N - z_N & \sigma_N \ \text{上中天} \\ \varphi = 180° - \delta_N - z_N & \sigma_N \ \text{下中天} \end{cases} \tag{9.16}$$

根据上式可知,若观测一对南北星(σ_S、σ_N)的子午天顶距(z_S、z_N)或子午高度(h_S、h_N),则可以算得两个纬度值(φ_S、φ_N),取其平均值 φ,则有

$$\begin{cases} \varphi = \dfrac{1}{2}(\delta_S + \delta_N) + \dfrac{1}{2}(h_N - h_S) & \sigma_N \ \text{上中天} \\ \varphi = 90° + \dfrac{1}{2}(\delta_S + \delta_N) + \dfrac{1}{2}(h_N - h_S) & \sigma_N \ \text{下中天} \end{cases} \tag{9.17}$$

由上式可知,只要在子午圈上测出南星和北星的高度之差,就可以算得纬度值,这就是南北星中天高差法测定纬度的基本原理。此方法可消除指标差误差,减小大气折射的影响,故此法的观测精度较高。

3. 双星等高法测定纬度的基本原理及选星条件

先后观测高度相等的 2 颗恒星,只须读记它们经过望远镜丝网的表面时 s_1' 和 s_2',并设其相应的钟差为 u_1 和 u_2 则无须测出其天顶距便可求出测站的纬度。这种测纬度的方法称为双星等高法。

设观测 2 颗等高的恒星 $\sigma_1(\alpha_1$、$\delta_1)$ 和 $\sigma_2(\alpha_2$、$\delta_2)$,则可列出下面两个方程式,即

$$\sin h_1 = \sin\varphi\sin\delta_1 + \cos\varphi\cos\delta_1\cos(s_1' + u_1 - \alpha_1)$$
$$\sin h_2 = \sin\varphi\sin\delta_2 + \cos\varphi\cos\delta_2\cos(s_2' + u_2 - \alpha_2)$$

因为 $h_1 = h_2$,将上面两式相减,则可以消去 h,得到

$$\tan\varphi = \frac{\cos\delta_1\cos(s_1' + u_1 - \alpha_1) - \cos\delta_2\cos(s_2' + u_2 - \alpha_2)}{\sin\delta_2 - \sin\delta_1} \tag{9.18}$$

上式可以计算出测站纬度,也即双星等高法测定纬度的基本原理。

由误差公式可写出

$$dh = \cos A_1 d\varphi + \sin A_1\cos\varphi(ds_1' + \Delta u_1) \tag{9.19a}$$

$$dh = \cos A_2 d\varphi + \sin A_2\cos\varphi(ds_2' + \Delta u_2) \tag{9.19b}$$

将式(9.19b)减式(9.19a),消去 dh,则得到

$$d\varphi = \frac{\sin A_2 \cdot \cos\varphi}{\cos A_1 - \cos A_2}(ds_2' + du_2) - \frac{\sin A_1 \cdot \cos\varphi}{\cos A_1 - \cos A_2}(ds_2' + du_1) \tag{9.19c}$$

由上式看出:选取子午圈上南北等高的 2 颗星进行双星等高法测定纬度,可以得到最好的结果。由于适合于子午圈上等高条件的南北星很少,因此在选星时常采用 $A_1 = 180° - A_2$ 的条件,即选取同在子午圈之东(西)一边,而且距子午圈等距离的 2 颗南北星进行观测。由于此方法不需要观测 2 颗星的高度,因此避免了测高度所带来的误差的影响。

9.1.4 多星等高法同时测定经纬度的基本原理

多星等高法同时测定经纬度,是在双星等高法的基础上提出来的。这一方法是利用

130

收时号和测定若干个恒星通过同一等高圈的钟面时的时刻同时求得测站经纬度的。由于这种方法不需要测定恒星的天顶距仅靠使用特制的棱镜等高仪进行观测,故观测结果没有垂直度盘的刻画误差和读数误差等因素的影响,大气折射改正误差也很小,因此,此方法可以得到较高精度的观测结果,是大地测绘保障应用最为广泛的天文测量方法之一。

设在测站观测某一恒星 σ_1 经过某一地平纬度为 h 的等高圈的钟面时为 $T_{观}$,测站的经度 λ,如图 9.1 所示,通过收录时号可以算得相应时号世界时 T_0 的钟面时 X_0 的钟差,即

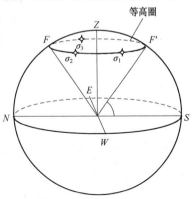

图 9.1　多星等高法定位

$$u_0 = S_0 + T_0 + T_0\mu + \lambda - X_0 \qquad (9.20)$$

从而得到观测钟面时 $T_{观}$ 的钟差为

$$u = u_0 + \omega(T_{观} - X_0) \qquad (9.21)$$

式中:ω 为钟速(有关钟差、钟速的内容详见 8.3 节)。根据恒星时、钟差、时角和赤经的关系 $t = s - \alpha, s = T + u$,观测恒星 σ_1 时的时角 t_1 为

$$t_1 = T_{观} + u - \alpha \qquad (9.22)$$

如果在测站又分别观测恒星 σ_2、σ_3,于是由定位三角形可以写出

$$\begin{cases} \sin h = \sin\varphi\sin\delta_1 + \cos\varphi\cos\delta_1\cos t_1 \\ \sin h = \sin\varphi\sin\delta_2 + \cos\varphi\cos\delta_2\cos t_2 \\ \sin h = \sin\varphi\sin\delta_3 + \cos\varphi\cos\delta_3\cos t_3 \end{cases} \qquad (9.23)$$

式(9.20)、式(9.23)中有三个未知数 h、λ、φ,故测 3 颗星即可以解上式。

为了保证观测精度,实际观测中,一般会根据测量等级的不同,测量不同数量的星数,如军用二等天文测量需要每点测 4~6 组(12~24 颗星为一组),且要求所选测的星应该对称而且均匀分布在等高圈上。

9.2　多星等高法同时测定经纬度

9.1 节介绍了测定经纬度和钟差的基本原理和多星等高法同时测定天文经纬度的基本原理。多星等高法定位测量使用由 T_3 经纬仪和 60°等高棱镜构成的等高仪,它能同时测定经度和纬度。该测量方法的实质是通过记录一组(3 颗星以上)已知的恒星位置在不同方位相继通过一个固定等高圈的时刻,解算出仪器所在点的经度和纬度。常用的等高仪有 45°和 60°棱镜等高仪,多星等高观测方法又分为"重合法"和"多丝法"两种。大地天文定位运用"多丝法"进行观测。

9.2.1　60°棱镜等高仪的结构及观测原理

将一种特制的 60°棱镜等高作为经纬仪的附件装在物镜上即可构成 60°棱镜等高仪,如图 9.2 所示。60°棱镜等高由两部分组成:一是主截面为等边三角形的棱镜,镶在一个金属框内,并用三个螺旋连接在套环上;二是与套环连接在一起的水银盘,盘内注入水银

作为自动安平的反射面。

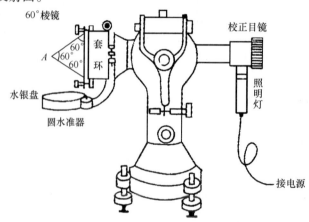

图 9.2　60°棱镜等高仪

　　假设 60°棱镜等高仪处于以下状态：经纬仪按照常规要求整置完善，棱镜前棱角 $\angle A = 60°$，棱镜前棱(A 棱)水平，棱镜底面(BC 面)垂直于望远镜照准轴。如图 9.3 所示，当恒星的光线射向棱镜时，其中：一部分星光(b)摄入 AB 面，经 AC 面反射后从物镜的下半光瞳进入视场，称为直接星光；另一部分星光(a)由水银面反射至棱镜 AC 面，又经 AB 面反射后从物镜的上半光瞳进入视场，称为间接星光。直接星光和间接星光在物镜焦平面上产生 2 个星像，前者称为直接星像，后者称为间接星像。由几何光学可知，来自 $h = 60°$ 的星光，经棱镜的 AB 和 AC 面反射的光线 F_1F_2、E_1E_2 平行于望远镜主轴(照准轴)，故直接星像和间接星像在望远镜主焦点上重合为一。记录二星像重合瞬间的时刻，即为星过 60°等高圈的时刻。称这种记录观测时刻的方法为一次"重合法"。如果观测 3 颗以上的恒星过 60°等高圈的时刻，则可按式(9.23)计算出测站经纬度。

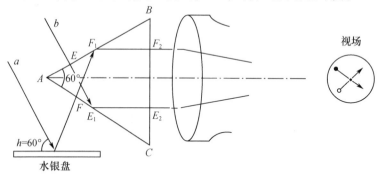

图 9.3　60°棱镜等高仪

　　60°棱镜等高仪的优点是棱镜的棱角比较稳定，如果棱镜角存在一定误差不等于 60°，只是改变了等高圈的高度，对观测结果无影响，而且不需要精密的轴系、度盘和水准器。

　　60°棱镜等高仪的缺点是 1 颗星只能观测一次重合时刻，经纬度的偶然误差比较大，即目视单次记录的偶然误差和人差都比较大；观测一组星的过程，如果望远镜焦距有变化，星的高度也随之变化，将破坏各星在同一等高圈上观测的条件，给观测带来误差，即调

132

焦会引入等高圈记录时刻的误差。

9.2.2 60°棱镜等高仪多丝法的原理

为了提高作业精度,针对60°棱镜等高仪的缺点,从提高仪器的稳定性和增加观测次数入手,将单丝(指水平丝)改进为多丝,称为多丝法。该方法是在许多根水平丝上观测恒星的时刻。在多星等高法中,多丝法就是利用60°棱镜等高仪对1颗星在望远镜焦平面上呈现2个星像的特点,分别观测2个星像过5根丝的时刻,以达到60°等高观测的目的。如图9.4所示,以十字丝平面表示望远镜的焦平面,O为主焦点,竖丝F为照准面,H为中央水平丝(模拟60°等高圈),A和B是对称于H的2根水平丝,直接星像和间接星像在重合前后始终与重合点O对称。以东星为例:在星的高度$h = 60° - \Delta h$时,间接星像通过A丝(直接星像必过B丝),其观测时刻为T_1,如图9.4(a)所示;当$h = 60°$时,二星像在O点重合,观测时刻为T_0,如图9.4(b)所示;当$h = 60° + \Delta h$时,直接星像过A丝(间接星像必过B丝),观测时刻为T_2,如图9.4(c)所示。设星像过A和B的时刻与过H的时刻之差为ΔT,则有

$$T_{01} = T_1 + \Delta T$$
$$T_{02} = T_2 - \Delta T$$

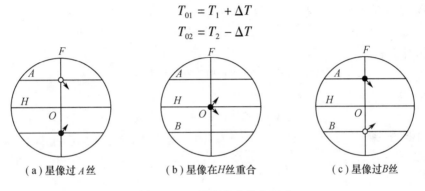

(a)星像过A丝　　　　(b)星像在H丝重合　　　　(c)星像过B丝

图9.4　60°棱镜等高仪多丝法

星过60°等高圈的时刻为

$$T_0 = (T_{01} + T_{02})/2 = (T_1 + T_2)/2$$

这样观测,等于是在对称于60°等高圈H的2根水平丝(A和B)上对这颗星(不是2个星像)各观测1次。如果在n根水平丝上对二星像各观测一次,则星过60°等高圈的时刻为

$$T = (T_1 + T_2 + \cdots + T_{2n})/(2n)$$

可以证明当棱镜底面不垂直于望远镜照准轴时,只改变二星像在焦平面上重合的位置,重合时恒星的高度仍然是60°,不破坏等高观测条件。如图9.5所示,棱镜底面后仰一个小角时,星像重合点从主焦点O移至E点,间接星像落于B丝下方,它至E点的距离与直接星像至E点的距离相等,分别观测2个星像通过A丝(或B丝)的时刻,其效果与按图9.4的观测是一样的。要求仪器各部分严格几何关系,以及设置对称于60°等高圈的水平丝是很困难的,但是对称重合点的水平丝却较容易设置。多丝法观测,就是在仪器整置和校正完善之后,人为地将棱镜底面变动一个小角度,使二星像在E点重合,分别在E点一侧的5根水

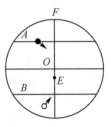

图9.5　多丝法

平丝上观测二星像的时刻,取 10 次观测中数,即为星过 60°等高圈的时刻。

9.2.3 60°棱镜等高仪的误差影响

重合法和多丝法两种方法只是记时方法不同,原理上并无差异,为了说明问题方便,下面均以重合法为例讨论仪器的各项误差影响。

1. 棱镜底面不垂直于照准轴的影响

60°棱镜装在物镜上,按理论要求,棱镜底面(BC)应垂直于望远镜照准轴,但是在作业中难以经常保持这一垂直关系。下面先讲述当底面不垂直于照准轴,二星像在视场重合时,恒星的高度和观测时刻的变化。

棱镜底面不垂直于照准轴有两种情况:一种是纵向不垂直,即棱镜前仰或后仰,此时将改变 AB 和 AC 面的星光的入射角 i_1 和 i_2;另一种是横向不垂直,即棱镜有左右偏离,此时星光将偏离中央竖丝成像,造成偏离棱镜主截面观测恒星。

图 9.6 是 60°棱镜和望远镜的断面图,棱镜底面前倾了一个 ω 角,$\angle A$、$\angle B$、$\angle C$ 表示棱镜的三个角,i 和 r 表示星光射向棱镜面的入射角和折射角,假定二星像在焦平面上重合,其必要条件是 $E_1 E_2 /\!/ F_1 F_2$。作 $AT /\!/ E_1 E_2 /\!/ F_1 F_2$,则

$$\angle A = \angle 1 + \angle 2$$

在 $\Delta F_1 AE$ 中,有

$$\angle A + \angle 1 + (90° - r_1) = 180°$$

在 $\Delta F_1 AF$ 中,有

$$\angle A + \angle 2 + (90° - r_2) = 180°$$

两式相加得

$$\angle A = 60° + \frac{1}{3}(r_1 - r_2) \tag{9.24}$$

在四边形 $AEOF$ 中,有

$$\angle A + \angle D + (90° - i_1) + (90° + i_2) = 360°$$

或

$$\angle D = 180° - \angle A + (i_1 + i_2) \tag{9.25}$$

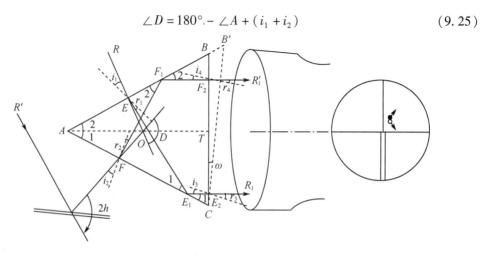

图 9.6 棱镜底面不垂直于照准轴

134

当∠$A = 60°$时，由式(9.24)得$r_1 = r_2$，故$i_1 = i_2$，由折射定理可知

$$\frac{\sin i_1}{\sin r_1} = \frac{\sin i_2}{\sin r_2} = \mu$$

μ为折射率，由式(9.25)可知∠$D = 120°$。因$R /\!/ R'$，故∠$D = 2h = 120°$，$h = 60°$。

由此可见，当棱镜纵向不垂直时，尽管射向棱镜的星光不垂直于棱镜面，即入射角$i \neq 0°$，若棱镜的∠$A = 60°$，只是二星像重合的位置不在主焦点上，而偏上(前仰)或偏下(后仰)，星的高度$h = 60°$对观测时刻无影响。同理，当棱镜底面向左(或右)偏离时，也只是造成星像重合的位置在主焦点的左方(或右方)，不影响高度和观测时刻。若棱镜底面左(右)偏离或前仰(后仰)过大时，则星像不能在视场中重合，无法观测。故在观测前必须对棱镜底面与照准轴调整垂直。

2. 前棱角不等于60°的影响

理论上，60°棱镜应为等边三角棱镜，即∠A、∠B、∠C角均为60°，实际制造出的棱镜的角一般含有误差dA、dB、dC。由图9.6可知，如AB边和AC边致使∠B、C含有dB和dC，导致BC边移至$B'C'$，此时对观测的影响与棱镜底面不垂直于照准轴的情况一样，下面仅讲述∠A的误差(dA)的影响，微分式(9.24)和式(9.25)得

$$dA = \frac{1}{3}(dr_1 - dr_2)$$

$$dD = 2dh = -dA + (di_1 - di_2)$$

$$\begin{cases} di_1 = \dfrac{\cos r_1}{\cos i_1} = \mu dr_1 \\ di_2 = \dfrac{\cos r_2}{\cos i_2} = \mu dr_2 \end{cases}$$

式中，因i和r为小值，视

$$\frac{\cos r_1}{\cos i_1} = \frac{\cos r_2}{\cos i_2} = \frac{\cos r}{\cos i}$$

则

$$di_1 - di_2 = \mu \frac{\cos r_1}{\cos i_1}(dr_1 - dr_2) = 3\mu \frac{\cos r}{\cos i} dA$$

略去推导过程，设

$$m = \frac{\mu^2 - 1}{\mu^2}$$

得

$$\begin{cases} dh = \dfrac{3\mu - 1}{2} dA + \dfrac{3}{4}\mu dA \left(m^2 \tan^2 i - \dfrac{1}{4} m^4 \tan^4 i + \dfrac{1}{8} m^6 \tan^6 i + \cdots \right) \\ h = 60° + dh \end{cases} \tag{9.26}$$

上式中，当入射角$i = 0°$时，棱镜有误差，对高度的影响是一个定值，即

$$dh = \frac{3\mu - 1}{2} dA$$

当∠$A = 60° + dA$，二星像重合时的高度不是60°，而是$h = 60° + dh$。若dA和i为常

数,则 h 为常数,各星仍在同一等高圈上观测,不破坏等高观测的条件。

3. 垂直轴不垂直的影响

假定等高仪的垂直轴不垂直,垂直轴在某一方向与铅垂线的夹角为 ψ,当照准部绕垂直轴旋转时,照准部高度的变化或者说星光对棱镜 AB 面(AC 面)的入射角 i 的变化范围为 $0° \sim \psi$,由式(9.26)可知,当 dA 为不等于零的常数时,星的高度 h 随星光入射角 i 的变化而变化,必然破坏等高观测条件,对式(9.26)以 h 和 i 为变量微分得

$$dh = \frac{3}{2}\mu dA m^2 \tan^2 i \sec^2 i \left(1 - \frac{1}{2}m^2 \tan^2 i\right)di \tag{9.27}$$

式(9.27)表示星光对棱镜 AB(AC 面)的入射角 i 有 di 变化时,星的高度变化为 dh,di 的最大值为 ψ,一般情况下 i 值很小近于 $0°$,即式(9.27)中 di 的系数很小,垂直轴不垂直的误差对二星像重合时高度和时刻的影响也很小。观测距子午圈近的星,垂直轴倾斜值小于 $2' \sim 18'$ 时,其观测时刻的误差可忽略不计;观测距子午圈远的星,ψ 的允许值更大($7' \sim 70'$),照准部水准器将明显地反映出垂直轴的倾斜程度,观测者可随时进行调整。可见 $60°$ 棱镜等高法对垂直轴垂直的要求并不高。

4. 不在主截面内观测的影响

$60°$ 棱镜的主截面是指垂直于 A 棱的平面。设 A 棱水平,根据光学理论,星光投射面如果不与 A 棱正交,二星像仍可重合。随着不正交程度的改变,重合的位置也将改变。通过 A 棱作一平面 $Q\sigma OQ'$ 与地面成 $60°$ 的角度,此时二平面的交线 QQ' 平行于 A 棱,如图 9.7(a)所示。凡是在 $Q\sigma OQ'$ 平面上的星,二星像都可重合,这个平面称为 $60°$ 棱镜等高观测的照准面,照准面内不同位置的星在视场中重合的轨迹如图 9.7(b)所示。在图 9.7(a)中,Z 是测站的天顶,$Z\sigma_0 M$ 是棱镜的主截面,σ_0 是星位于 $60°$ 等高圈的位置,此时二星像在中央竖丝上重合。如果二星像不在主截面上重合,而在距主截面的角距为 ε 的 σ 位置重合,其原因为棱镜底面与照准轴存在横向不垂直或照准轴未对准星的方向,ε 即为星光对主截面的倾角。由直角定位 $Z\sigma_0\sigma$,知

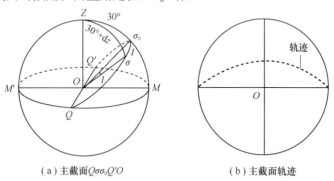

(a)主截面 $Q\sigma\sigma_0Q'O$ 　　　　　　(b)主截面轨迹

图9.7　不在主截面内观测

$$\widehat{Z\sigma_0} = 30°, \quad \widehat{Z\sigma} = 30° + dz, \quad \angle Z\sigma_0\sigma = 90°, \quad \sigma\sigma_0 = \varepsilon$$

则

$$\cos(30° + dz) = \cos 30° \cos\varepsilon$$

由于 dz、ε 均为小值,故有

$$dz = \frac{\sqrt{3}}{2}\varepsilon^2 \text{ 或 } dz^n = \frac{\sqrt{3}}{2\rho^n}(\varepsilon^n)^2$$

由公式

$$dt^s = dz^n / (15\cos\varphi\sin A)$$

则

$$\varepsilon^n = \sqrt{15dt^s\cos\varphi\sin A \cdot 2\rho^n / \sqrt{3}} = \sqrt{k\sin A dt^s} \qquad (9.28)$$

根据式(9.28)可知,观测近子午圈的恒星,不得使 ε 超过 1.2′~3.8′,不在竖丝上记录二星像重合的时刻误差可忽略不计。当纬度小于56°或观测离子午圈较远的星时,ε 的允许值更大一些。但是,在观测过程中,应尽量使二星像在竖丝附近重合,以减少 ε 值,提高观测精度。

5. 焦距变化的影响

如果在观测中调焦,则星的视天顶距将随着焦距的变化而变化,相当于60°棱镜角度的变化,根据计算可知,如果在观测过程中将目镜焦距移动 0.1mm,则星的视天顶距的变化可达 1″。当观测者比较疲劳,眼睛适应功能发生变化时,也会产生与焦距变化相同的影响,因此在一组星的观测过程中始终保持物镜和目镜焦距的稳定性,并设法减少观测者眼睛的疲劳,是提高本方法测量精度不可忽视的措施。

9.2.4 测量方法

1. 等高观测的选星

60°等高观测是测定恒星过60°等高圈的时刻,因此必须知道要测的星在什么时刻及什么方位经过等高圈,在一组星的观测中,恒星应均匀分布于等高圈的四个象限。因此,在仪器一定的条件下,应选择最为有利的条件进行观测,以提高定位精度。

由图9.1可知,能达到此等高圈的星的赤纬必在 FF'' 之间。

设

$$ZF = ZF' = z = X - 90° - h$$

则要选的星即在 $\varphi - z$ 与 $\varphi + z$ 之间。故第一选星条件为

$$\varphi - z < \delta < \varphi + z$$

实际上如果 δ 非常接近最大或最小的极限,则该星达到等高圈时的方位极近于子午方位。此时星的高度变化最慢,故不利于观测。为了使经纬度的权最大且相等,不选子午圈左右15°和卯酉圈左右10°的星。故所选的恒星,偏离子午圈的角距不得小于15°,偏离卯酉圈的角距不得小于10°。另外上述限制与等高圈的天顶距的大小有关。z 越大则 δ 的范围越大,可能观测的星就越多,60°等高仪的 $z = 30°$。

选星的第二条件为该星达到等高圈的时刻必须适合观测。此条件不能由星的赤纬值直接求出。设某星到达等高圈时的时角为 $\pm t$,则该瞬间的地方恒星时为 $\alpha \pm t$(α 为赤经)。此处用 $\pm t$,是因为同一颗星共越过等高圈两次。一次在子午圈之东,星的视运动方向由低向高;一次在子午圈之西,星的视运动方向由高向低。两次的时角相等,符号相反。在东方时,时角为负;在西方时,时角为正。

由式(7.22)可求得

$$
\begin{cases}
t = \arccos(\cos z - \sin\varphi_0 \sin\delta)\sec\varphi_0\sec\delta \\
A = \arccos(\sin\delta - \sin\varphi_0\cos z)\sec\varphi_0\csc z \\
s = \alpha \pm t
\end{cases}
\tag{9.29}
$$

恒星亮度一般为 5.2m,在天气晴朗的条件下,可选择 6.2m 的星。

2. 观测前仪器应做的校正

观测前仪器应做如下校正:

(1)整置仪器,校正垂直轴垂直,调整物镜和目镜焦距。

(2)按北极星或地面目标的方位角,将水平度盘零度方向指向正北。

(3)进行目镜分划板的横丝是否水平的检查和校正。

(4)校正 60°棱镜底面与望远镜视轴垂直。其步骤如下:仔细调整物镜和目镜焦距,使目标和十字丝像达到最清晰时为止,然后装上 60°棱镜,取下望远镜的目镜,换上校正目镜,并接通校正目镜下端的光源,校正目镜的灯光由目镜射向 60°棱镜,这样,在视场内可看到两组十字丝像。如正、倒像重合,则视轴与棱镜底面垂直,否则不垂直。不垂直时可转动棱镜底面的三个校正螺旋,使正、倒像十字丝中心重合。

(5)采用多丝法观测须校正星像的重合位置。紧接步骤(4)校正后,旋进棱镜底面校正螺旋中上面的一个,使十字丝倒像的水平丝向下移动约 20″(照准下方的一个短标志)。反复检查、校正,并保证正、倒像十字丝的竖丝重合。此项操作最好在测星前,观测一两颗近卯酉圈的星时进行。校正星像重合位置,也可使用垂直微动螺旋。

(6)校正 60°棱镜前棱水平。其步骤如下:将前棱概略整置水平,在水银盘中倒入适量水银并刮去杂质,取下望远镜目镜,在前棱的正上方挂一细垂线。如前棱水平,垂线在望远镜中呈一连续直线;否则垂线将呈现互相平行的两条线段。前棱不水平时可转动前棱校正螺旋,使两线段连成一条直线,前棱即水平。当仪器已精密整平,视轴和前棱也校正水平后,若棱镜支架上的圆水准器气泡偏离水准器中央位置,应利用水准器校正螺旋将气泡导至中央。以后即以圆水准器气泡为准,将棱镜前棱整置水平。

(7)检查、校正测时设备,使之处于正常工作状态。

3. 测量方法与规定

1)观测纲要

60°棱镜多星等高法测定经纬度按"收时—测星—收时"的纲要进行。每晚观测至少要进行两次收时。两次收时间隔不得超过 6h,观测在此时间段内完成。观测纲要如下:

(1)第一次收录时号;

(2)观测一组星(12~16 颗);

(3)完成本时段所测组数;

(4)第二次收录时号。

按以上纲要观测一组星即可算得一个独立的经度和纬度结果。

2)多丝法观测一组星的程序

多丝法观测一组星的观测程序如下:

(1)按恒星时在星表中选出待测的星,将仪器照准部安置在所测星的方位上,等待星的到来。

（2）当星进入视场，徐徐转动水平微动螺旋，使星像始终位于竖丝附近。在由上（或下）往下（或上）运行的直接星像即将通过一根水平丝的前几秒钟时，做好记时准备。当星像依次经过五根水平丝的瞬间，按动电键，完成星过等高圈之前的五次观测。此后，以同样的操作，完成由下（或上）向上（或下）运行的间接星像于等高圈之后的通过五根水平丝的观测。记录星依次经过各水平丝的时刻。一颗星的观测即完成。

（3）根据上述方法观测其他各星，每组星观测的始末要读记气温、气压，以便顾及折光差改正。

注意：当垂直轴倾斜过大和多丝法观测中两星像重合点明显变化时，应随时进行调整；一组星的观测过程中，不得变动望远镜的物镜焦距和目镜焦距，不得旋转或碰动垂直微动螺旋；水银盘的防风玻璃罩对星光存在折射现象，为确保等高条件，应在玻璃罩和水银盘上刻一记号，以便每次清洁水银后将玻璃罩放置于同一位置上。

3）应用实例

图9.8是60°棱镜多星等高法的一个应用实例——智能天文测量系统。它由 T₃ 经纬仪、60°等高棱镜、主控计算机、AT-2型全自动天文测时仪、收讯机和 RS-232 串行接口组成。

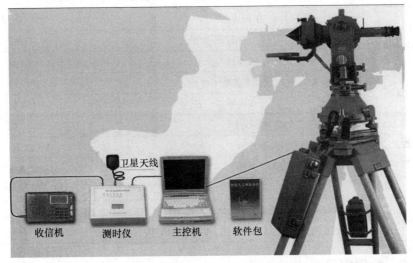

图9.8　60°棱镜多星等高法同时测定天文经纬度应用图例

以智能天文测量系统为例，说明天文定位操作步骤：

（1）测前准备：先整平经纬仪；打开主控计算机和测时仪，运行天文测量应用软件，选择"野外测量与数据采集"菜单，再选取"测站信息"子菜单，输入测站名、观测者、记录者、测站概略坐标（由 GPS OEM 板提供）等；选取"对时"子菜单，可选择"与 GPS 同步""与 BPM 同步"和"人工设置"三种方式；选取"对时"子菜单，选择 GPS、BPMA 或 BPMM 收时方式，进行测前收时。

（2）经纬度测量与计算：选择"编制观测星表与仪器定向"菜单，编制观测星表和计算出仪器定向数据；作业员按仪器定向数据对仪器进行定向；选定组号，读记气温、气压；选定待测星，当待测星进入视野后，自动记录该恒星正倒星像过十根水平丝的时刻。依次测完一组星后，读记气温、气压；完成多组观测，进行测后收时；选择"数据处理"菜单，计算出天文坐标,定位任务结束。

（3）成果管理:成果检查验收程序的主要功能是对钟速检验、人仪差测量与计算、天文测量与计算等观测数据和计算结果进行检验,检验的依据是《军用天文测量规范》,并根据有关天文测量成果质量评定标准,客观地对该测量成果给出结论。

4）观测规定

以军用二等天文测量为例,有关观测要求和限差的规定见表9.1。

多星等高法是从解算定位三角形的概念出发,按天顶距法测定经纬度的较完善的一种方法,60°棱镜等高多丝法是利用60°棱镜等高仪将一颗星分成两个星像的特点,分别观测两星像通过五根水平丝的时刻,保持了重合法的原理,可提高作业效率。根据60°棱镜等高观测理论,这种方法对仪器的结构和稳定性要求不高,假定仪器无制造误差,即使整置不完善,如棱镜略有俯仰,照准面的高度仍为60°;如果仪器有制造误差,如棱镜角度误差为1′,则引起照准面高度的变化约为0.02″。因此,仪器误差及整置误差对观测结果的影响比较小,这是多星等高法突出的特点。但是对物镜和目镜的焦距要求较高,在观测一组星的过程中焦距绝对不能变动。

表9.1　军用二等天文观测的有关要求和限差规定

项　　目		要　　求
人仪差测定	总星组数不少于	6组
	夜晚数不少于	2个
天文点测定	总星组数不少于	4组
	夜晚数不少于	1个
每组观测星数不少于		12颗
每象限最少星数不少于		2颗
单位权中误差		±1.6″
一颗星的观测误差		±4.0″
一星组淘汰的星数占观测总星数的比例不超过		1/4
一点淘汰的星组占观测总星组数的比例不超过		1/5

9.2.5　数据解算

测量中记录的时刻和收录的时号一般情况下为世界时,由于观测的对象是恒星,故计算过程须将平时化为恒星时,其换算方法见4.3节恒星时与平太阳时的换算部分。

设:λ、φ分别为待求的测站经度和纬度;λ_0、φ_0分别为λ、φ的近似值;z_0为60°等高观测的近似天顶距;α、δ为恒星视位置,α、δ可从星表或天文年历计算中得到。将式(2.18)中的高度h用天顶距z替换,计算天顶距用z_c表示,则得到等高法计算经纬度的基本公式为

$$\cos z_c = \sin\varphi_0\sin\delta + \cos\varphi_0\cos\delta\cos t_0 \tag{9.30}$$

设:X_1为测前收录时号的钟面时;T_1为X_1相应的世界时;ω为钟速;$T_{观}$为恒星经过等高圈的钟面时,由观测得到。由于仅知道经纬度的近似值λ_0、φ_0,所以只能推算近似的时角t_0,根据计算时角的式(9.22),得

$$t_0 = T_{观} + [S_0 + T_1 + T_1\mu + \lambda_0 - X_1 + \omega(T_{观} - X_1)] - \alpha \tag{9.31}$$

利用式(9.2)和定位三角公式(9.30)，并以增量代替微分得

$$\Delta z = -\cos A\Delta\varphi - \sin A\cos\varphi_0\Delta\lambda \tag{9.32}$$

计算天顶距时用近似 λ_0、φ_0 分别代替正确的 λ、φ，所以计算天顶距 z_c 不等于真天顶距 z，其差值 Δz 为计算中产生的误差，有

$$z = z_c + \Delta z$$

在式(9.32)中，令 $\lambda = \lambda_0 + \Delta\lambda$，$\varphi = \varphi_0 + \Delta\varphi$，$\Delta z$ 则是由 $\Delta\lambda$、$\Delta\varphi$ 引起的天顶距计算误差。如果观测没有误差，等式 $z = z_c + \Delta z$ 成立。另外，仪器望远镜的安放和大气折射异常等影响为 ζ，则真天顶距 $z = z_0 + \zeta$。如果观测中除了钟表记录误差之外，没有其他误差，则有

$$z_c + \Delta z = z_0 - \zeta$$

实际上观测难免存在误差，这一观测误差必然使得 z_c 产生一个误差 v，按间接平差的等高观测方程则有

$$(z_c + \Delta z) - (z_0 - \zeta) = v \tag{9.33}$$

式中，z_0 可由以下公式算得

$$z_0 = 30° + \left(0.0456454P - \frac{0.13286t}{1 + 0.00367t}\right)$$

式中：P 为气压，单位为 mmHg(1mmHg $= 133.316$Pa)；t 为摄氏温度，单位为℃。

将式(9.32)代入上式，得

$$-\cos A\Delta\varphi - \sin A\cos\varphi_0\Delta\lambda + \zeta + (z_c - z_0) = v \tag{9.34}$$

式中：A 为恒星的方位角。计算恒星的方位角，见式(2.44)，按下式算出恒星的时角坐标，即

$$r_{t,\delta} = \begin{bmatrix} X_1 \\ Y_1 \\ Z_1 \end{bmatrix} = P_Y R_Z(T_i) \cdot r_{\alpha,\delta} \tag{9.35}$$

式中，$R_Z(T_i)$ 的计算见式(2.35)，恒星视位置 $r_{\alpha,\delta}$ 按式(7.15)计算。对应的地平坐标矢量计算见式(2.46)，按下列公式算得

$$r_{A,h} = \begin{bmatrix} X_2 \\ Y_2 \\ Z_2 \end{bmatrix}_{A,h} = R_y(90° - \varphi_0) \cdot r_{t,\delta} \tag{9.36}$$

式中，$R_y(90° - \varphi_0)$ 的计算见式(2.34)，恒星的方位角为

$$A = \arctan(Y_2/X_2) \tag{9.37}$$

令

$$l_0 = z_c - z_0$$

须指出，z_c 还须加入若干改正数，即星径曲率改正 l_k、折光差改正 l_p，因此常数项可

写成

$$l = l_0 + l_k - l_p$$

式中:l 称为误差方程式的自由项。

60°等高观测是按组进行观测和计算的,一组由 12 ~ 24 颗恒星组成,假定观测了 n 颗恒星,由式(9.34)得到 n 个误差方程式为

$$\cos A_i \Delta\varphi + \sin A_i \cdot 15\cos\varphi_0 \Delta\lambda - \zeta - l_i = v_i \quad i = 1,2,\cdots,n-1,n$$

令

$$b_i = \cos A_i, c_i = \sin A_i, d = -1$$
$$x = -\Delta\varphi, y = -15\cos\varphi_0\Delta\lambda, z = \zeta \tag{9.38}$$

则误差方程式为

$$\begin{bmatrix} b_1 & c_1 & d_1 \\ b_2 & c_2 & d_2 \\ \vdots & \vdots & \vdots \\ b_n & c_n & d_n \end{bmatrix} \begin{bmatrix} x \\ y \\ z \end{bmatrix} - \begin{bmatrix} l_1 \\ l_2 \\ \vdots \\ l_n \end{bmatrix} = \begin{bmatrix} v_1 \\ v_2 \\ \vdots \\ v_n \end{bmatrix} \tag{9.39}$$

设系数阵 $\boldsymbol{B} = \begin{bmatrix} b_1 & c_1 & d_1 \\ b_2 & c_2 & d_2 \\ \vdots & \vdots & \vdots \\ b_n & c_n & d_n \end{bmatrix}$,常数阵 $\boldsymbol{l} = \begin{bmatrix} l_1 \\ l_2 \\ \vdots \\ l_n \end{bmatrix}$,残差阵 $\boldsymbol{V} = \begin{bmatrix} v_1 \\ v_2 \\ \vdots \\ v_n \end{bmatrix}$,$\boldsymbol{X} = \begin{bmatrix} x \\ y \\ z \end{bmatrix}$,得到间接平

差的误差方程式为

$$\boldsymbol{BX} - \boldsymbol{l} = \boldsymbol{V}$$

未知量 $\boldsymbol{X}$ 为

$$\boldsymbol{X} = \boldsymbol{N}^{-1}\boldsymbol{U} \tag{9.40}$$

其中

$$\begin{cases} \boldsymbol{N} = \boldsymbol{B}^{\mathrm{T}}\boldsymbol{PB} \\ \boldsymbol{U} = \boldsymbol{B}^{\mathrm{T}}\boldsymbol{Pl} \end{cases}$$

$$\boldsymbol{D} = \frac{\boldsymbol{V}^{\mathrm{T}}\boldsymbol{PV}}{n-3}\boldsymbol{N}^{-1} \tag{9.41}$$

式中:$\boldsymbol{P}$ 为自由项 1 的权阵。权系数为

$$Q_{11} = \frac{1}{P_x} = \frac{1}{P_\varphi}, Q_{22} = \frac{1}{P_y} = \frac{1}{P_\lambda}, Q_{33} = \frac{1}{P_z}$$

由 n 个恒星构成的一个星组,这一组星的单位权中误差为

$$\mu = \pm\sqrt{\frac{[vv]}{n-3}} \tag{9.42}$$

这一组星解出未知数中误差为

$$\begin{cases} m_\varphi = \pm\mu\sqrt{Q_{11}} \\ m_\lambda = \pm\dfrac{\mu}{15\cos\varphi_0}\sqrt{Q_{22}} \\ m_z = \pm\mu\sqrt{Q_{33}} \end{cases} \tag{9.43}$$

假设测定一点的经纬度时,观测了 K 组星,每组中误差不相等,所以计算时应取经纬度的权中数,最终求得纬度和其中误差,即

$$\begin{cases} \varphi_{均} = \dfrac{[P_\varphi \varphi]}{[\phi]} \\ M_{\varphi均} = \pm \sqrt{\dfrac{[P_\varphi vv]}{[P]_\varphi (K-1)}} \end{cases} \tag{9.44}$$

测量一、二等天文点前,需要测定测前、测后人仪差,经度计算结果顾及人仪差改正 $\partial\lambda$, $M_{\partial\lambda}$ 为人仪差中误差,则

$$\lambda_{均} = \frac{[P_\lambda \lambda]}{[P_\lambda]} , \lambda = \lambda_{均} + \partial\lambda \tag{9.45}$$

$$M_{\lambda均} = \pm \sqrt{\frac{[P_\lambda vv]}{[P_\lambda](K-1)}} , M_\lambda = \sqrt{M_{\lambda均}^2 + M_{\partial\lambda}^2}$$

9.3　多星测高法同时测定经纬度

多星测高法是在多星等高法和全站仪的基础上发展形成的。多星测高法与多星等高法具有相同的理论基础,都是按天顶距法测定经纬度的方法,利用观测星过时刻 T 、观测(或已知)量天顶距 z 及其余四个已知量(α 、 δ 、 φ_0 、 λ_0),计算三个未知数 ζ 、 $\Delta\lambda$ 和 $\Delta\varphi$ 。测量原理基本相同,但是观测方法却有很大不同,其最大的不同在于:等高法有固定等高圈,所测恒星的高度相等,且为一常数,故无须对所测恒星的高度(或天顶距)进行观测;而多星测高法在观测恒星时,没有固定的等高圈,所以,必须对所测的每颗恒星的高度(或天顶距)进行观测。此外,该方法需要保持所测星的高度角尽量相等,主要目的是顾及大气折射异常和仪器指标差的影响,即便如此,高度角仍可在一定的范围内变动,因此,本方法又称为多星近似等高法同时测定经纬度。

9.3.1　多星测高法测量仪器组成及原理

图 9.9 是多星测高法的一个应用实例,为 TS30 全站仪与 ASCA – 1 天文测控仪应用模式。该模式说明了多星测高法需要的基本设备和工作原理。该系统主要由全站仪、天文测控仪组成,附件含 Y 形数据传输线、天顶目镜、GPS/BPC/BPM 天线、电键触发器等。

测量恒星过十字丝的时刻、收录时号、数据采集及处理等工作由 ASCA – 1 天文测控仪完成,该机是内部添加了独立的天文守时石英晶体振荡器、可以接收 GPS/BPC/BPM 三种标准时间和使用 ASCA – 1 天文测控仪快捷键或外接电键采集时间以及完成数据处理的加固式集成设备。观测仪器是 TS30 全站仪,由于 TS30 的目镜较短,因此使用该仪器要测高度倾角较大(例如 $h \geqslant 30°$)的恒星比较困难,故须使用转折目镜或天顶目镜辅助观测。图 9.9 使用的是天顶目镜,使用前应将原目镜卸下,另装天顶目镜,由于该目镜垂直折出部分较长,故可观测任何高度角的天体。

测量前应首先输入测站信息,包括测站名、观测者、记录者、测站概略坐标(由 GPS OEM 板提供)等;进入天文定位模式,选择收时方式,进行测前收时;选择星表预报与仪器

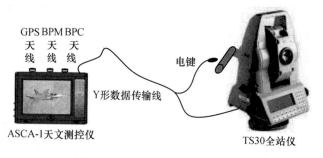

图9.9　多星测高法应用图例

定向菜单,编制完观测星表后,软件控制全站仪自动完成仪器定向;选定组号,读记气温、气压;从星表中选定待测星后,全站仪自动转动,使望远镜对准待测星的位置并等待测星,采集恒星过十字丝时的天顶距和方位角并自动传给计算机,同时记录星过十字丝的时刻;依次测完一组星后,读记气温、气压;完成多组的测星后,进行测后收时。选择数据处理菜单,计算出天文经纬度,定位任务即结束。详细的操作可参见《大地天文测量系统操作手册》。

由于光学经纬仪度盘的读数系统不能实现自动记录,所以在观测中同时测定星过时刻和高度角的工作量非常大,故使用光学经纬仪极难完成多星测高法观测。电子测量仪器度盘的读数能自动记录、传输及通过计算机能控制仪器驱动,这为多星测高法提供了便利。从目前测量仪器的配备和追求测量效率的情况来看,多星测高法已成为大地天文定位的主要测量方法。

9.3.2　多星测高法的误差影响

测量中有各种各样的误差,如仪器误差、瞄准误差、外界条件的影响等,多星测高法主要的误差来源有两项:一是测定时间的误差,在目前的测量方法中,该项误差主要来自于观测员采时误差和设备自身的误差;二是观测恒星天顶距(高度)的误差,天顶距误差包括大气折射异常和仪器指标差的影响。观测高度角(或天顶距)时,应注意将垂直轴自动补偿开关打开,在观测前,应对竖盘指标差进行检验与校正,确保竖盘指标差符合要求。虽然用盘左与盘右观测取平均数可很好地消除指标差的影响,但是由于此法不太适合采用盘左与盘右观测,故需要注意的是,补偿器是一个活动的摆体,在使用时应先检查其活动性,以保证正常使用。经过振动和长时间使用,补偿系数会变化,使读数产生相应的误差,所以在外野中也应定期对补偿误差进行检测。另外,有的补偿器有锁紧机构,在停止使用时应锁紧补偿器。

9.3.3　多星测高法的观测方法

1. 选星

多星测高法的选星原理与60°等高法基本类似。多星测高法高度角的选择范围非常大,理论上可以是任意高度角,但考虑到大气折射的影响,如高度越低,大气折射影响越大,并越不稳定,因此在测量中,一般不测高度小于30°的星。多星测高法的高度选择,要选取30°以上的高度进行测量。同时高度的上限也不宜太大,随着高度的升高,可选星数随之减少。例如分别选高度为 60° 和高度为 80°,在相同的时间段、相同的最低星和相同的选星条件时,满足条件星数量之比大约为 3:1。虽然高度越大,大气折射对观测的影响越小,但是等高圈内星的数量随高度的升高而减少,因此,等待星的时间增多,观测效率会降低,作业员应根据自身观测的熟练程度,酌情选择高度的上限。

星等选择,根据所测地点的背景光强弱,决定所测的最低星等。其余选星条件参见 9.1 节。

2. 观测程序

多星测高法同时测定经纬度是按"收时—测星—收时"的纲要进行。每晚至少要两次收时。两次收时间隔不得超过 6h,观测在此时间段内完成。观测规定和精度要求分别见表 9.2 和表 9.3。

表 9.2　多星测高法二等观测规定

序号	项　目	要　求	
		人仪差测定	点的测定
1	一点夜晚数不少于/晚	2	1
2	一晚观测组数不多于/组	4	不限
3	一点总组数不少于/组	6	4
4	一颗星观测次数不多于/次	12	12
5	一组观测最少观测星数/颗	12	12
6	一组观测每象限最小星数/颗	2	2
7	一组观测每象限观测量不少于/次	20	20
8	一组星总观测量不少于/次	120	120
9	一组星观测时间跨度不应多于/h	1	1.5

表 9.3　多星测高法二等精度要求

序号	项　目	要求或限差
1	经度中误差	0.04s
2	纬度中误差	0.5″
3	单位权中误差	±2.5″
4	一颗星的观测误差	±5.0″
5	一组星淘汰的星数占观测总星数的比例不超过	1/4
6	一点淘汰的星组占观测总组数的比例不超过	1/5

1)收时

测星前须先进行测前收时。收时方法:计算机发出收时指令,收时模块打开所指定的收时设备电源,直接输出所指定的收时设备接收的时间信号及该时间信号与内置石英晶体振荡器的时差信息。

2)测星

(1)根据观测星表选择要观测的恒星后,如果使用的是带有电动机驱动的全站仪/电子经纬仪,仪器会按照该星的天顶距、方位角自动转动到待测恒星的位置上;如果仪器没有电动机驱动,则需要观测员将仪器人工转动到待测恒星的位置上。等待恒星进入视野

145

后进行观测。

（2）当星进入视场后，根据恒星运行的概略轨迹，调整好望远镜，待恒星经过靠近十字丝中心的横丝瞬间迅速按下记录键或触发按钮，自动记录测瞬的时刻和对应的天顶距（或高度）。每次观测，尽量使用靠近中心处横丝的同一部位，以减少望远镜横丝可能不水平造成的观测误差。在按记录键或触发按钮前，如望远镜在垂直方向上有变动，为使垂直轴补偿保持稳定，须使全站仪／电子经纬仪望远镜的静止时间大于 0.5s，每两次测量的时间间隔须不少于 1.5s。

（3）重复步骤（2）完成一组星的观测。一组星观测完毕后，记录气温、气压及该组观测数据，结束本组测量。

（4）重复步骤（2）、（3）完成一个夜晚多组星的观测。

（5）相邻两组可进行交叉观测，跨组不能交叉，各组观测须单独记录。

3）收时

一个夜晚的星组观测结束后，须进行测后收时。

注意：测同一组星必须保持所测星在同一个近似等高圈内，近似等高圈的变化范围要尽量小，同一组星中，各星的天顶距（或高度）的互差最好小于 1°。

9.3.4　多星测高法数据解算

观测中时号和时间的处理可参考 8.3 节。

多星测高法的计算方法有两种解算方法：第一种与 60°棱镜多星等高法数据解法大致相同，只是等高法的天顶距为固定常数，近似等高法的天顶距为实测值；第二种方法则是根据两个未知数 λ 和 φ，两个观测量时间 t 和天顶距 z，按平差原理建立误差方程。两种方法都要求同一组星的近似等高圈的变动幅度要尽量小，同组近似等高圈的变化范围要小于 1°。

由于等高法采用多丝法测星，这样每颗参与计算的星是经过了 10 次观测数据平均后的结果；多星测高法采用单丝法测星，这样则是每次观测数据都直接参与计算。所以两种方法参与计算的每颗星的精度实际上是不一样的，单丝法参与计算的每颗星的偶然误差明显大于多丝法，即

$$单丝法\begin{cases} v_1 = z_真 - z_1 \\ v_2 = z_真 - z_2 \\ \vdots \\ v_{10} = z_真 - z_{10} \end{cases} \tag{9.46}$$

$$多丝法\begin{cases} v_1 = z_真 - z_{均1} \\ v_2 = z_真 - z_{均2} \\ \vdots \\ v_{10} = z_真 - z_{均10} \end{cases} \tag{9.47}$$

其中

146

$$\begin{cases} z_{均1} = \dfrac{z_1 + z_2 + \cdots + z_{10}}{10} \\ z_{均2} = \dfrac{z_{11} + z_{12} + \cdots + z_{20}}{10} \\ \qquad\qquad \vdots \\ z_{均10} = \dfrac{z_{91} + z_{92} + \cdots + z_{100}}{10} \end{cases}$$

军用二等天文多丝法一颗星的高度观测误差小于 $\pm 4''$，单丝法一颗星的高度观测误差小于 $\pm 5''$。

1. 经纬度解算方法一

多星测高法的计算方法可按与 60°棱镜多星等高法数据解算同样的方法求解。

多星测高法近似天顶距 z_0，按 $z_0 = z_{观} + \rho$ 计算，其中 ρ 为

$$\rho = \rho_0 \left[1 - \frac{0.00383T}{1 + 0.00367T} + \left(\frac{P}{760} - 1 \right) \right] \tag{9.48}$$

式中的 P 按下式计算，即

$$P = P' \left[1 - 0.00264\cos 2\varphi - 0.000163(T' - T) \right]$$

式中：T 为测瞬摄氏温度；P 为测瞬大气压；ρ_0 为标准状态（$t = 0℃, P = 760\text{mmHg}$）下的大气折射差；$P'$ 为读得的气压数值；φ 为观测站的纬度；T' 为气压表内水银的温度。取式（5.5）的前两项，有

$$\rho_0 = a\tan z + b\tan^3 z$$

ζ 为近似天顶距 z_0 最或然值 z 的误差，$\zeta = z - z_0$，虽然由于 $z_{观}$ 的变化使得 z_0 随之变化，但是由于各观测星的天顶距的互差很小（在 1°内），因此可认为大气折射改正后的残留差 $\Delta \rho$ 是相等的，指标差引起的测量高度差 Δz_i 是不变的。其情况与 60°棱镜多星等高法基本相同。所以解算方法与 9.2 节中 60°棱镜多星等高法的解算方法相同。

2. 经纬度解算方法二

本方法解算经纬度的基本公式仍然是式（9.30），即

$$\cos z = \sin\varphi\sin\delta + \cos\varphi\cos\delta\cos t$$

式中：$t = S - \alpha + \lambda$，S 为观测瞬间的格林尼治真恒星时，恒星的赤经、赤纬 (α, δ)，由星表数据经视位置计算得到，天顶距 z 由观测得到。因此，式中只含未知数 λ, φ。

在使用天顶距前，对观测天顶距 z 进行大气折射改正，见式（5.1）和式（5.6），改正后的准真天顶距用 z_0 表示，即

$$z_0 = z + \rho$$

ρ 按式（9.48）计算。由于大气层状况非常复杂，大气折射理论还不十分完善，因此，大气折射差不可能完全改正。设改正后剩余的大气折射残留差为 $\Delta \rho$，由仪器指标差引起的测量高度差为 Δz_i，高度（天顶距）观测误差及由时间引起的误差为 v_i。

因为观测时高度相差很小（在 1°以内），所以可认为大气折射改正后的残留差 $\Delta \rho$ 是相等的，指标差引起的测量高度差 Δz_i 是不变的。这样，$\Delta z = \Delta \rho + \Delta z_i$，可以认为是一常数在解算中求出。

对多颗星进行观测，其方程式可以写为

$$\cos(z_i + \Delta z + v_i) = \sin(\varphi_0 + \Delta\varphi)\sin\delta_i$$
$$+ \cos(\varphi_0 + \Delta\varphi)\cos\delta_i\cos(S_i - \alpha_i + \lambda_0 + \Delta\lambda) \qquad (9.49)$$

式中：$\Delta\varphi$ 为测站纬度 φ 与测站概略纬度 φ_0 之差，即 $\Delta\varphi = \varphi - \varphi_0$；$\Delta\lambda$ 为测站经度 λ 与测站概略经度 λ_0 之差，即 $\Delta\lambda = \lambda - \lambda_0$。$\lambda_0$、$\varphi_0$ 分别为测站近似经纬度；方程中只须解三个参数 $\Delta\varphi$、$\Delta\lambda$、Δz。

设

$$t_i = S_i - \alpha_i + \lambda_0$$

则

$$\cos(z_i + \Delta z + v_i) = \sin(\varphi_0 + \Delta\varphi)\sin\delta_i$$
$$+ \cos(\varphi_0 + \Delta\varphi)\cos\delta_i\cos(t_i + \Delta\lambda) \qquad (9.50)$$

设

$$P_i = \sin(\varphi_0 + \Delta\varphi)\sin\delta_i + \cos(\varphi_0 + \Delta\varphi)\cos\delta_i\cos(t_i + \Delta\lambda)$$

则

$$z_i + \Delta z + v_i = \arccos P_i \qquad (9.51)$$

$$v_i = \arccos P_i - z_i - \Delta z \qquad (9.52)$$

因为 Δz 很小，所以可设 $\mathrm{d}z = -\Delta z$，即

$$v_i = \arccos P_i - z_i + \mathrm{d}z \qquad (9.53)$$

把 $\arccos P_i$ 在 P_{i0} 处按泰勒级数展开，并整理，可得到

$$\arccos P_i = \arccos P_{i0} + (\arccos P_i)' = \arccos P_{i0}$$
$$- \frac{1}{\sqrt{1 - P_{i0}^2}}\left[(\cos\varphi_0\sin\delta_i - \sin\varphi_0\cos\delta_i\cos t_i)\mathrm{d}\varphi - \cos\varphi_0\cos\delta_i\sin t_i\mathrm{d}\lambda\right.$$

$$(9.54)$$

式中：P_{i0} 为由测站的近似经纬度计算得到的天顶距的余弦值，$P_{i0} = \cos\varphi_0\sin\delta_i + \cos\varphi_0\cos\delta_i\cos t_i$。

$$v_i = \frac{\cos\varphi_0\sin\delta_i - \sin\varphi_0\cos\delta_i\cos t_i}{\sqrt{1 - P_{i0}^2}}\mathrm{d}\varphi + \frac{-\cos\varphi_0\cos\delta_i\sin t_i}{\sqrt{1 - P_{i0}^2}}\mathrm{d}\lambda$$
$$+ \mathrm{d}z + (\arccos P_{i0} - z_i) \qquad (9.55)$$

设 $a_i = \dfrac{\cos\varphi_0\sin\delta_i - \sin\varphi_0\cos\delta_i\cos t_i}{\sqrt{1 - P_{i0}^2}}$，$b_i = \dfrac{-\cos\varphi_0\cos\delta_i\sin t_i}{\sqrt{1 - P_{i0}^2}}$，$c_i = 1$，$l_i = \arccos P_{i0} - z_i$，$x_1 = \mathrm{d}\varphi$，$x_2 = \mathrm{d}\lambda$，$x_3 = \mathrm{d}z$。

于是，方程变为

$$v_i = a_i x_1 + b_i x_2 + c_i x_3 + l_i \qquad (9.56)$$

由于每次观测的条件可以认为是相同的，因此可设定每次观测的权相等，且为 1。这是一个典型的参数方程，其系数阵为

148

$$A = \begin{bmatrix} a_1 & b_1 & 1 \\ a_2 & b_2 & 1 \\ \vdots & \vdots & \vdots \\ a_n & b_n & 1 \end{bmatrix}$$

常数阵为

$$l = \begin{bmatrix} 1 & l_2 & \cdots & l_n \end{bmatrix}^{\mathrm{T}}$$

残差阵为

$$V = \begin{bmatrix} v_1 & v_2 & \cdots & v_n \end{bmatrix}^{\mathrm{T}}$$

变量阵为

$$X = \begin{bmatrix} x_1 & x_2 & x_3 \end{bmatrix}^{\mathrm{T}}$$

法方程系数阵为

$$N = A^{\mathrm{T}} P A$$

自由项为

$$U = A^{\mathrm{T}} P l$$

则

$$X = -N^{-1} U$$

用最小二乘的参数平差可解出 x_1、x_2、x_3、v_i 及它们的中误差,进而解出测站的经纬度 (λ、φ) 及 Δz,天顶距(高度)的改正数 v_i 及观测精度。

第 10 章

天文定向测量

通过观测某一特定天体（北极星或太阳）和地面目标来确定该地面目标天文方位角的测量称为天文定向测量。天文定向测量分为精密天文定向测量和快速天文定向测量，前者是指按照军用二等以上测量等级测定天文方位角，后者是指采用国家三等和国家四等天文测量等级测定天文方位角。精密天文定向主要用于大地控制网水平方向误差控制和测定导弹武器惯性仪表测试间的基准方向的天文方位角等，快速天文定向通常是为了测定大地基准方位边的天文方位角，以便为导弹武器发射提供方位基准。本章主要研究天文定向的基本原理和最佳选星条件、以北极星任意时角法测定天文方位角为基本方法的精密和快速天文定向的观测方法与实施纲要、数据解算模型、天文定向精度分析及测量成果归算等内容。

10.1　天文定向的基本原理

10.1.1　天文方位角和方位标及其相关术语

测站的子午圈与过地面目标测站的垂直圈之间的二面角称为该地面目标的天文方位角，简称该地面目标点的方位角。为了与导弹瞄准方位角及大地测量取得一致，阵地天文测量中地面目标方位角一律由正北方向起算，顺时针向东量，其值为 $0° \sim 360°$，见图 10.1(a)。

如图 10.1(a)所示，观测者在 M，Mb 为由 M 点到地面标志 B 的水平方向，这里的地面标志 B 通常被称为方位标。要测定 Mb 的方位角 α，可量测天体 σ 与地面标志 B 间的水平角 θ，同时记录观测时刻，由此计算天体的方位角 A_N。

由图 10.1 可以得到

$$\alpha = A_N + \theta \qquad (10.1)$$

天文定向的目的是为导弹武器发射提供方位基准，测定某一地面目标的天文方位角，作为测量大地控制网的方位控制。

一般来说，观测方位角与导线测量水平角的方法完全一致，只因天体与地面标志的高

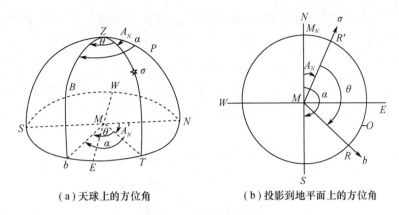

（a）天球上的方位角　　　　　　（b）投影到地平面上的方位角

图 10.1　天文方位角

度角相差很大,故望远镜水平轴的校正必须特别注意。阵地天文定向与普通的大地天文定向测量的理论和方法基本相同,只因定向用途和布设方法的不同而产生了天文定向特有的方法和专用的术语,简述如下:

（1）方位边:用以指示和保持测站点至目标点方向方位角,将测站点与目标点的中心连线定义为方位边。

（2）瞄准点:导弹武器发射时对导弹实施方位瞄准架设瞄准经纬仪的点位。

（3）基准点:导弹实施方位瞄准架设标杆的点位。

（4）基准方向方位边:瞄准点与基准点构成的方位边。

（5）起算方位边:用以联测基准方向方位边方位角的起始方位边。

（6）单元测试间基准方向:图 10.2 所示为单元测试间,Z 点为准直经纬仪位置点,B 为直角棱镜,直角反射棱镜的法线方向称为单元测试间基准方向,即 ZB 两者间的平行光的方向,也称为直角棱镜准直方向。

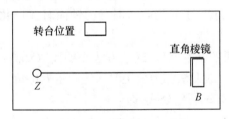

图 10.2　直角棱镜准直方向

10.1.2　测定方位角的一般原理及最佳条件

在图 2.22 中的定位 $\triangle ZP\sigma$,如果已知纬度 φ,天体的赤经、赤纬 (α, δ),通过观测天体的天顶距 z 或时角 t(通过记录观测时刻及天体的赤经求得),就可以解算出天体的方位角 A_N。下面分别讨论观测天顶距和时角测定方位角的情形。

1. 观测时角

如图 10.1(a)所示,图中 M 为测站,σ 为恒星,b 为地面目标,MT 和 Mb 是方向线 $M\sigma$ 和 MB 在地面上的投影,图 10.1(b)是以测站为投影中心的平面图,圆周代表仪器的水平度盘,O 表示水平度盘的零度刻画线。R 和 R' 为地面目标 B 和星 σ 的水平度盘读数,NMS 为子午线方向,A_N 为星的天文方位角,α 为地面目标方位角。由图 10.1(b) 可知 $\theta = R - R'$,则式(10.1) 可写为

$$\alpha = A_N + (R - R') = R - M_N \qquad (10.2)$$

式中:$M_N = R' - A_N$,M_N 被称为正北方向。从式(10.2) 知道,测定目标的方位角,一是观测与计算 A_N,二是测定星和地面目标间的水平角 $\angle TMB$,这两部分工作的合成就是测定方位角的原理。

为了求 A_N,可按图 2.22 的定位 $\triangle ZP\sigma$ 写出公式,即

$$\sin z\cos A_N = \cos\varphi\sin\delta - \cos\delta\sin\varphi\cos t \qquad (10.3\mathrm{a})$$

$$\sin z\sin A_N = -\cos\delta\sin t \qquad (10.3\mathrm{b})$$

将式(10.3a) 除以式(10.3b) 得

$$\cot A_N = \frac{\sin\varphi \cdot \cos t - \cos\varphi \cdot \tan\delta}{\sin t} \qquad (10.3\mathrm{c})$$

式中:A_N 为所测星的方位角,当 $0^\mathrm{h} < t < 12^\mathrm{h}$ 时取"$+$"值,当 $12^\mathrm{h} < t < 24^\mathrm{h}$ 时取"$-$"值;δ 为北极星视赤纬;φ 为测站纬度;t 为观测北极星时的时角,为

$$t = \left[T + u_0 + \omega_h(T - X_0) \right](1 + \mu) + S_0 + \lambda - \alpha \qquad (10.4)$$

其中:α 为北极星视赤经;λ 测站经度;T 为观测北极星时的钟面时;ω_h 为计时钟的每小时钟速,$\omega_h = \dfrac{u_2 - u_1}{X_2 - X_1}$;$S_0$ 为世界是 0^h 的真恒星时;μ 为化平太阳时段为恒星时段的乘数($\mu = 0.027379093$);$u_0 = \dfrac{u_1 + u_2}{2}$;$X_0 = \dfrac{X_1 + X_2}{2}$。

$$u = T_0 - X$$

式中:T_0 为收录时号时的世界时;u 为收录时号的钟面时 X 归化到首子午面后相对于 T_0 的钟差。

根据上述测定方位角的基本原理,这一方法需要读取观测恒星瞬间的钟面时 s' 以确定观测瞬间恒星的时角 t,故此法称为恒星时角法测定方位角。

由图 2.22 的定位 $\triangle ZP\sigma$ 写出公式,即

$$\sin t\cot A_N = \sin\varphi\cos t - \tan\delta\cos\varphi$$

要知道时角 t 及纬度 φ 的误差对于测定方位角 A_N 的影响,微分上式得

$$\mathrm{d}A_N = \frac{\sin A_N}{\sin t}(\cos A_N\cos t + \sin A\sin\varphi\sin t)\mathrm{d}t$$

$$- \frac{\sin^2 A_N}{\sin t}(\cos\varphi\cos t + \tan\delta\sin\varphi)\mathrm{d}\varphi \qquad (10.5)$$

上式:括号内 $\mathrm{d}t$ 系数可按余弦公式及式(10.2) 化为 $-\cos q$ 的形式,q 表示星位角;括号内 $\mathrm{d}\varphi$ 系数可用正弦公式代入,再将 $\cos\delta$ 乘入括号内。根据式(2.18) 和式(10.5) 可化为

$$\mathrm{d}A_n = \frac{\cos\delta\cos q}{\sin z}\mathrm{d}t + \frac{\sin A_n}{\tan z}\mathrm{d}\varphi \qquad (10.6)$$

由式(10.6)可知,当 $q = 90°$ 时,即当天体为大距时,时角 t 误差的影响趋于零。当 $\angle A_N = 0°$ 或 $\angle A_N = 180°$ 时,纬度 φ 误差的影响趋于零。极距极小的拱极星在大距时的方位角近于 $0°$,故精密测定方位角最为适宜的方法是观测中天星。在子午圈上观测 $\delta = 90°$ 的恒星,此时方位角的误差最小,显然,北极星最能满足以上条件。此外,北极星的亮度($1.98 \sim 2.2m$)也很适宜,晴朗的夜晚和白天都可观测。在北半球中纬度地区观测北极星测定地面目标方位角是最佳的,但是这种方法在高纬度地区和赤道附近地区将会带来一些不利因素,也可寻找其他方法。

因为 dA 在子午圈东与在子午圈西的符号相反,因此如果在东西相对称的位置观测而取平均值,则可消除 dt 及 dφ 的影响。

因此,选星最佳条件为恒星在子午圈附近时进行观测,对有大距的恒星在大距前后观测。

2. 观测天顶距

由球面三角余弦公式(2.25)得

$$\sin\delta = \sin\varphi\cos z + \cos\varphi\sin z\cos A \tag{10.7}$$

欲求纬度 φ 与高度角 z 的误差对于测定方位角的误差的关系,微分式(10.7)得

$$0 = (\cos\varphi\cos z - \sin\varphi\sin z\cos A)\mathrm{d}\varphi + (-\sin\varphi\sin z$$
$$+ \cos\varphi\cos z\cos A)\mathrm{d}z - \cos\varphi\sin z\sin A\mathrm{d}A$$

或

$$\mathrm{d}A = (-\tan\varphi\cot A + \cot z\csc A)\mathrm{d}\varphi + (-\cot z\cot A + \tan\varphi\csc A)\mathrm{d}z \tag{10.8}$$

由式(10.8)可知,当 $\angle A = 90°$ 或 $\angle A = 270°$,$z = 90°$ 时,纬度及天顶误差对于方位角 A 的影响较少。所以通过观测天顶距确定方位角应在卯酉圈上选星,而且天顶距较大的星比较适宜。

因为天体在子午圈以东及子午圈以西,A 及 dA 的符号均相反,所以通过观测天顶距确定方位角应在东西方近卯酉圈处各测一星,则其平均结果受天顶距观测误差的影响最小。

3. 观测天顶距与观测时角的比较

由以上分析可知通过观测天顶距或时角都可以测定方位角。一般来说,如果测站的经纬度已知,并且结果相当准确,又有较准确的守时设备与良好的校时手段,则观测时角 t 比观测天顶距 z 的测定结果更精确,因为计时的精度非常容易达到 0.1s,测站的经纬度误差对方位角的影响见表 10.2 和表 10.3。而观测天顶距受大气折射及仪器误差的影响较大,很不容易达到此精度。如果测站经度未知,而且对测定方位角的精度要求不高,则观测天顶距比较简单。

10.2 精密天文定向

前面一节已经讲过,测定方位角有恒星时角法和天顶距法。无论哪种方法选择恒星在大距前后观测,其观测误差对方位角的影响都最小,但这样在观测时间及观测数量上会

受到一定的限制。如果所观测的天体为近极星,例如北极星,由式(10.6)知北极星的 $\cos\delta$ 近于零,此时时角误差 dt 对方位角 dA 的影响已经很小,则可以于任意时角观测,这种观测方法称为北极星任意时角法。

精密天文定向通常采用北极星任意时角法测定天文方位角,测量等级为军用二等,方位角中误差小于 1″。智能天文测量系统或阵地天文测量系统均可完成导弹阵地精密天文定向测量。两者之间的差异在于前者对应的观测仪器是光学经纬仪(如 T_3),后者对应的观测仪器既可以是光学经纬仪也可以是全站仪、电子经纬仪(如 TS30、TC1800、TCA2003、TM5100A 等)。两系统采用的测量方法基本一致,由于使用不同的观测仪器其操作方法略有不同,要了解这两个系统详细的操作可参看《智能天文测量系统操作手册》的天文方位角测量部分。

10.2.1 地面目标方位角的测定方法

北极星任意时角法是通过观测北极星并同时记录观测时刻和水平度盘读数,以及观测地面目标的水平度盘读数,然后按式(10.2)和式(10.3)计算地面目标的方位角的。

1. 测量前的准备工作和测量要求

在方位角测量中,照准标设置是否合理,直接关系到测量成果的精度。因此按要求选定测站和方位点之后,应在方位点上整置觇标灯作为照准标。灯的位置应与方位点的标石中心一致,尽量避免归心;灯的亮度、大小应与北极星相仿,在同一测回避免观测过程中调整焦距。

将如 T_3、TS30 等测量仪器置于脚架式观测敦上,使仪器中心对准测站标石,校正垂直轴垂直对准无穷远的目标后调整物镜和目镜焦距,并安装照明设备。照准标和仪器安置好后,启动系统运行软件,并输入测站信息,这些信息包括测量等级、测站名、测站的经纬度、仪器高、方位点点名、觇板高、观测者、记录者、测量单位等内容。

使用 T_3 光学经纬仪按北极星任意时角法测定地面目标方位角,须观测 12 测回。相邻测回间须变换水平度盘 15°04′,各测回的度盘位置按表 10.1 设置。在观测方位角前,需要先测定方位标的垂直角,以便验证是否需要在方位标的方向值中顾及垂直角倾斜改正(对于二等方位角测量,当照准点的垂直角超过 ±2°时需要加此改正)。垂直角的观测方法采用中丝法,在观测地面目标时读记照准部水准器读数,每个方位标以盘左和盘右两个位置观测地面目标垂直角两测回,同一方位标两个测回的垂直角互差应小于 1′。如果使用的是电子测量仪器,由于测量仪器能够在测量方位标水平角的同时自动记录垂直角,并可自动消除这部分误差的影响,故无须专门做此工作。

在开始观测方位角前,观测员需要对仪器进行定向,通常使用北极星定向,完成仪器定向后,即可进入天文方位角观测。

方位角测量须在不少于 3 个观测时间段内进行观测。白天和夜晚各为一个时间段。每一时间段观测的测回数应不多于 6 个。日、夜测回数的比例不做规定,可全部夜测或日测。

二等天文方位角观测的限差(DJ1 型仪器)按表 10.2 的规定执行。

表 10.1　天文方位角观测度盘位置表

测回编号	T₃ 仪器二等测量		测回编号	T₃ 仪器二等测量	
	/(°)	/(′)		/(°)	/(′)
1	0	00	7	90	24
2	15	04	8	105	28
3	30	08	9	120	32
4	45	12	10	135	36
5	60	16	11	150	40
6	75	20	12	165	44

表 10.2　二等方位角观测的限差规定

序号	项　　目	限差
1	照准地面目标光学测微器两次读数互差	1″
2	半测回两次照准地面目标的方向值互差	6″
3	一个测回观测地面目标方向的 2C 互差	8″
4	各测回观测的方位角互差	9″
5	2C 绝对值	20″
6	水平度盘行差	0.5″
7	目标高度角绝对值	2°
8	测回数	12
9	最少时间段	3
10	夜晚最多测回数	6

2. 观测纲要

在天文点上测定地面目标方位角时,为了减弱旁折光对方位角的影响,以军用二等天文方位角观测为例,应在不少于二昼夜的 3 个时间段内进行,白天和黑夜各为一个时间段。在每一个时间段内的观测程序如下:①第一次收录时号;②观测地面目标方位角;③第二次收录时号。为了计算钟差和钟速,阵地 Ⅰ 级天文方位角测量中两次收时的时间间隔不超过 8h。

1)每测回观测纲要

(1)第一次照准地面目标,读取水平度盘读数;

(2)顺时针方向旋转经纬仪照准部,第一次照准北极星,按动电键,记录照准北极星瞬间的时刻,再读取水平度盘读数和照准部水准器读数;

(3)第二次照准北极星,操作同(2);

(4)顺时针方向旋转经纬仪照准部,第二次照准地面目标,操作同(1)。

以上为按纲要施测一测回上半测回的观测。上半测回观测结束后,纵转望远镜,逆时针方向旋转经纬仪照准部,照准目标,重复上述操作,完成下半测回的观测。

2)半测回观测方法

以军用二等天文方位角观测为例说明半测回操作方法。

(1)观测地面目标:使用 T₃ 经纬仪用垂直丝连续照准地面目标两次,每次由观测员读取水平角读数,由记录员按程序提示输入所读取观测数据,当照准点的垂直角超过±2°时需要读记挂(跨)水准器气泡两端读数;使用电子测量仪器照准地面目标两次,每次精确瞄准目标后分别按动电键,由软件自动从仪器端口读取水平角观测数据并自动记录,电子测量仪器无须读气泡读数。无论使用哪种测量仪器须两次水平角的读数互差不能超过1s。

(2) 观测北极星:使用 T_3 经纬仪用垂直丝连续移动照准北极星两次,每次照准目标瞬间按动电键,程序会自动读取照准瞬间的钟面时刻到计算机中,再读记挂(跨)水准器气泡两端度数和水平角的观测数据;使用全站仪/电子测量仪器观测时,照准北极星后自动记录观测时刻及水平度盘读数。为了确保所记录的观测数据处于仪器稳定状态,每次水平度盘读数前望远镜的静止时间一般不小于 0.5s,每两次测量的时间间隔不小于 1.5s。

(3) 观测北极星:操作与(2)相同。阵地天文测量系统软件根据观测前的仪器定向数据,使全站仪对所选恒星进行概略瞄准,观测员对目标进行精确瞄准并在仪器稳定后按电键记录时刻,同时读取全站仪此时的水平角与高度角数值。

(4) 再次照准地面目标:操作与(1)相同,至此完成上半测回。半测回内,两次地标方向值之差不能超过6″。

下半测回的观测方法与上半测回相同,唯一的区别是上半测回用盘左,下半测回用盘右。

3. 重测的规定

因人为事故(如及时发现读错、记错、测错星、碰动仪器等)和天气变化的影响而未测完的测回,进行重新观测的不做重测算;每点的第一个测回经野外检查立即重测的,不计重测数;因时号未收到或时号不能采用而使方位角重测的,不计重测数。

凡超出表 10.1 中的第 1、2、3 项限差时,可立即进行重测;超出表 10.1 中的第 4 项限差时,应在全部基本测回完成后进行重测。

重测测回的水平度盘位置,应与原测回的度盘位置相同,若重测仍超限,并确认是度盘分划误差所致,则光学经纬仪可变换度盘 2°~3° 再进行重测,但不计重测数;重测测回数不得超过全部基本测回数的三分之一,否则应重新观测。更具体的相关规定请参见有关规范。

4. 注意的事项

注意测方位角时应在目标成像清晰、稳定的情况下进行观测。日出、日落前后,如果成像模糊或跳动剧烈,则不应进行观测;一个测回的观测中,不要变动焦距;观测中,每次应使用靠近十字丝的同一部位进行瞄准。

使用 T_3 光学经纬仪观测过程中,如果挂(跨)水准器的气泡中心位置偏离中心达 3~4 格时,应在测回间重新整平仪器;仪器垂直轴倾斜量 b 大于 4(按式 $b = (左+右)_R - (左+右)_L$ 计算,这里左、右分别表示水准器左端读数和右端读数,下标 L、R 分别表示盘左位置和盘右位置)时,应在测回间重新整置仪器;测完一个测回后,为了消除度盘分划误差的影响,需变换度盘进行观测。

由于全站仪/电子经纬仪一般都使用光电扫描动态系统进行角度观测,因此可在度盘所有位置上进行观测,然后取各观测值中数作为最后观测结果,从而从观测结果中消除了度盘分划误差。故使用此类仪器观测水平角时,各测回一般不必再变换度盘位置。

10.2.2 观测结果的几项改正

由于地球和天体的运动及调整仪器的不完善,方位角测量中存在以下误差的影响。

1. 三轴误差影响

无论使用全站仪还是光学经纬仪都存在着三轴误差:①视准轴误差,即视准轴不垂直于水平轴的误差;②水平轴倾斜误差,即水平轴不垂直于垂直轴所产生的误差;③垂直倾斜误差,即水准轴不垂直于垂直轴所产生的误差。此外还存在着垂直度盘指标差。一般①、②项误差及指标差都可通过仪器检验和校正予以减小,并通过测回中采用盘左、盘右取平均数的办法予以消除。

使用全站仪或电子经纬仪时可通过自动补偿改正消除上述误差。其中①、②项误差及指标差是按仪器设定的自检程序,通过盘左、盘右进行检测,将检定的误差存储在仪器内,在测角时自动改正的。对高差变化大的角度,仍需盘左、盘右取平均数。经过振动和长时间使用,补偿系数会变化,使读数产生相应的误差。因此,在测量中,特别是仪器经长途运输、测量环境突变和使用较长一段时间等情况下,应及时对补偿误差进行检测,检测值变化较大时要重新检测并存储新的检定误差。③项误差在具有液体双轴补偿系统的全站仪中予以补偿。

电子测量仪器一般没有挂(跨)水准器,所以应在测量过程中随时注意仪器是否水平,如果气泡偏离应及时改正。

如果使用的是光学经纬仪,则第③项的垂直轴倾斜误差是很难消除的。设视准轴误差为 c ,则视准轴误差改正 Δc 为

$$\Delta c = \frac{c}{\sin z} \tag{10.9}$$

设水平轴倾斜了一个角度 b,零点差为 x,水平轴倾斜改正为 i,则

$$\tan i = \tan b \frac{1}{\tan z}$$

因为 b 很小,将 $\tan b$ 和 $\tan i$ 展开成级数后,只取首项,并且化为以秒为单位再乘以 $\tau/2$,则水平轴倾斜改正为

$$i = b \frac{\tau}{2} \frac{1}{\tan z} \tag{10.10}$$

式中:τ 为水准器分划值;z 为北极星或观测目标的天顶距。

由此可见,如观测的两个方向的高度相差较大,则受以上误差的影响也较大。计算水平轴倾斜 b,需要读取水准器读数,对观测北极星测方位角时,严格来说水平轴倾斜对方位角的影响,包含了②、③项的综合影响。用照准部水准器读数计算的水平轴倾斜改正数,实际是垂直轴倾斜引起的水平轴倾斜。在半测回的水平轴改正中,包含了②、③项误差的综合影响。这种影响除了改正公式外,还必须使用盘左、盘右取平均数才能消除。而③项的残差仍然影响观测质量。由于③项的残差对于光学经纬仪是很难完全消除的,因此,不宜在高纬度地区使用光学经纬仪观测北极星定向。

2. 周日光行差改正

前面讲述了周日光行差及其对天体坐标的影响。在周日光行差的影响下,天体沿着

通过天体 σ 和东点 E 的大圆弧,朝向点 E 位移了 $\sigma\sigma'$,即

$$\sigma\sigma' \approx 0.32'' \cos\varphi \sin\sigma E$$

观测北极星所得的钟面时和水平度盘读数是对星的视位置 σ' 而言的,通常使用天文软件计算的恒星坐标 (α, δ) 是没有顾及周日光行差影响的位置 σ,如图 10.3 所示,由式(10.3)计算的是含有周日光行差影响的北极星方位角 A_N'。天文观测均以天体的视位置 σ' 为准,计算也应与此相对应。因北极星的 A 很小,$\cos A \approx 1$,故周日光行差对恒星方位角的影响为

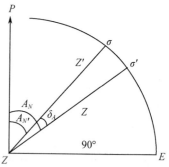

$$\delta_A = 0.32'' \cos\varphi \cos A \csc z = 0.32'' \cos\varphi \csc z \quad (10.11)$$

北极星的视位置 σ 相应的方位角为 $A_N = A_N' + \delta_A$,见

图 10.3 周日光行差改正

图 10.3。实际作业中,北极星的天顶距在短时间内变化很小,所以不必每个测回都计算周日光行差改正,以每一光段的平均时刻按下列实用公式计算一个 δ_A 即可,即

$$\delta_A = 0.32'' \cos\varphi / \left(1 - Z_{2\cdot\text{中}}^2\right)^{\frac{1}{2}} \quad (10.12)$$

式中:$Z_{2\cdot\text{中}}$ 的计算见式(10.19)。

10.2.3 地面目标方位角的解算

在一点上计算地面目标方位角,需先完成一个测回方位角的计算,然后再计算测站上方位角总结果,其详细的解算过程如下。

1. 北极星测瞬恒星时的计算

北极星测瞬的恒星时 T_i 的计算式为

$$T_i = (1 + \mu)\left[T_{\text{观}} - \Delta + u_i + (T_{\text{观}} - X_i)\omega\right] + S_0 + \lambda \quad (10.13)$$

式中:u_i 与 ω 的计算如下:

$$\begin{cases} u_1 = (T_1 + V_t + \Delta S_1) - X_1 \\ u_2 = (T_2 + V_t + \Delta S_2) - X_2 \\ \quad\vdots \\ \omega = (u_2 - u_1)/(X_2 - X_1) \end{cases} \quad (10.14)$$

式中:T_1、T_2 为两次收时的世界时;X_1、X_2 为两次收时分别对应 T_1、T_2 的钟面时;V_t 为时号传播改正;ΔS_1、ΔS_2 为综合时号改正;$T_{\text{观}}$ 为测瞬的钟面时;Δ 为地方时系统与世界时系统之间的时差;μ 为化平太阳时段为恒星时段的乘数,$\mu = 0.027379093$;S_0 为世界时零点的真恒星时,可按第 4 章相关公式计算;ω 为计时钟的每小时钟速;λ 为测站经度。

2. 北极星方位角的计算

按式(9.38)和式(9.39)计算北极星的地平坐标 (X_2, Y_2, Z_2),然后按下式计算北极星方位角,即

$$A_N = \arctan(Y_2/X_2) \quad (10.15)$$

3．地面目标及北极星视轴差的计算

（1）目标盘左、盘右水平方向值的计算公式为

$$\begin{cases} N_L = \dfrac{1}{2}(L_1 + L_2) \\ N_R = \dfrac{1}{2}(R_1 + R_2) \pm 180° \end{cases} \qquad (10.16)$$

式中：L_1、L_2、R_1、R_2 分别为照准目标盘左、盘右的第一、第二位置水平度盘读数。

（2）目标的视轴差为

$$C_{地} = (N_L - N_R)/2 \qquad (10.17)$$

（3）正北位置水平方向值的计算公式为

$$\begin{cases} M_{L_1} = L_{*1} + A_{N \cdot L_1} \\ M_{L_2} = L_{*2} + A_{N \cdot L_2} \\ M_L = (M_{L_1} + M_{L_2})/2 \\ M_{R_1} = R_{*1} \pm 180° + A_{N \cdot R_1} \\ M_{R_2} = R_{*2} \pm 180° + A_{N \cdot R_2} \\ M_R = (M_{R_1} + M_{R_2})/2 \end{cases} \qquad (10.18)$$

式中：L_{*1}、L_{*2}、R_{*1}、R_{*2} 分别为照准北极星盘左、盘右的第一、第二位置水平度盘读数。

（4）北极星平均高度的计算式为

$$\begin{cases} Z_{2 \cdot L} = \dfrac{1}{2}(Z_{2 \cdot L_1} + Z_{2 \cdot L_2}) \\ Z_{2 \cdot R} = \dfrac{1}{2}(Z_{2 \cdot R_1} + Z_{2 \cdot R_2}) \\ z_{2 \cdot 中} = (Z_{2 \cdot L} + Z_{2 \cdot R})/2 \end{cases} \qquad (10.19)$$

（5）北极星视轴差改正的计算公式为

$$\begin{cases} C_\sigma = \dfrac{1}{2}(M_L + M_R)(1 - Z_{2 \cdot 中}^2)^{\frac{1}{2}} \\ C_\sigma \cdot q = (M_L + M_R)(Z_{2 \cdot R}^2 - Z_{2 \cdot L}^2)/(8(1 - Z_{2 \cdot 中}^2)) \end{cases} \qquad (10.20)$$

4．地面目标方位角的计算

（1）每测回目标方位角的计算公式为

$$a_i = \frac{1}{2}((N_L + N_R) - (M_L + M_R)) - C_\sigma q + \delta_A \qquad (10.21)$$

（2）一点结果的中数值及精度估计的计算公式为

$$\begin{cases} a_中 = \dfrac{1}{n} \sum_{i=1}^{i=n} a_i \\ V_i = a_中 - a_i \\ M_{\alpha中} = \pm \sqrt{\dfrac{[vv]}{n(n-1)}} \end{cases} \qquad (10.22)$$

式中:n 为测回数。

（3）方位角最后值的计算公式为

$$\alpha = \alpha_{中} + C + r + r_s + \Delta\alpha_H + \Delta\alpha_P \qquad (10.23)$$

式中:C 为测站归心;r 为照准归心;r_s 为子午线收敛角;$\Delta\alpha_H$ 为化归海平面改正;$\Delta\alpha_p$ 为极移改正。

5. 正反方位角不符值的计算

天文测量中,经常在观测站观测完方位角后,再将仪器设置在目标点上,反过来观测测站点的方位角,称为反方位角 α_{21},测站点至目标点的方位角称为正方位角 α_{12}。在平面上的一条边上若测定了正、反方位角 α_{12} 与 α_{21} 且两者之差等于 180°;在球面上,因为有子午线收敛角 γ_s ($\gamma_s = \lambda\Delta\sin\varphi$) 的影响(图 10.7),两者之差一般并不等于 180°。设正、反方位角 α_{12} 与 α_{21} 两者之差用 $\Delta\alpha$ 表示,$\Delta\alpha$ 为正、反方位角闭合差,则其关系式为

$$\Delta\alpha = (a_{12} - a_{21} \pm 180°) - (\lambda_1 - \lambda_2)\sin\varphi_m \qquad (10.24)$$

一般情况下两点的纬度不相等,此时子午线收敛角的精密公式就比较复杂,在保证精度的情况下,为了简化问题一般用两点纬度的平均值 φ_m 代替。

理论上正、反方位角闭合差 $\Delta\alpha$ 应等于零,但由于各种误差的综合影响,$\Delta\alpha$ 一般不为零,正、反方位角的不符值 $\Delta\alpha$,在二等天文测量中不应超过 ±4″。如果正、反方位角闭合差超限,则应从多方面分析经度和方位角是否正常。

10.3　快速天文定向

精密定向与快速定向的原理是相同的。在测定观测时间的精度不变的情况下,天体视位置计算模型的精度和星、地水平角观测方法直接决定了定向的精度。快速天文定向测量可采用时角法或高度法,被测天体可以是北极星、太阳、月亮或其他恒星,无论采用哪种测量方法其测量时间应不大于 1h。本节将介绍几种常用的快速定向方法。

10.3.1　北极星任意时角法一

北极星任意时角法进行国家三、四等方位角测量的原理、选星条件和测量方法等与精密天文定向测量基本相同。利用"阵地天文测量系统"选择国家三、四等的定向测量等级即可方便地完成快速定向测量,其测量方法与 10.2 节介绍的精密天文定向测量基本相同,其测回数和各项测量限差要求按照 GB/T 17943—2000《大地天文测量规范》相应条款执行,主要的限差规定见表 10.3。

国家三、四等天文定向测量一般每晚测前、测后各收录一次时号,但是如果在收时较为困难,且表速变化较小的情况下,则收录一次时号即可。

由于此方法的解算模型与所加入的各项改正数与精密天文定向完全一样,因此,使用该方法进行快速天文定向其理论是严密的,计算模型是精确的。国家三、四等天文定向测量所使用的仪器即可以是电子经纬仪/全站仪,也可以是光学经纬仪,但是两者之间的测量速度差异较大,使用带有电动机驱动的电子经纬仪/全站仪的测量速度较使用光学经纬仪的测量速度更快些。

表 10.3 国家三、四等方位角观测的限差规定

序号	项　　目	国家三等(5″)		国家四等(10″)	
		DJ1	DJ2	DJ1	DJ2
1	照准地面目标光学测微器两次读数互差	1″	3	1″	3
2	半测回两次照准地面目标的方向值互差	6″	8	6″	8
3	一个测回观测地面目标方向的 2C 互差	8″	12	8″	12
4	各测回观测的方位角互差	9″	12	9″	12
5	2C 绝对值	20″	30	20″	30
8	测回数	4	6	2	3
9	最少时间段	1	1	1	1

在测站没有精确天文坐标的情况下,则可直接使用卫星定位得到的经纬度或大地坐标作为该测站的已知天文坐标,由此引起的误差分析见 10.4 节。

10.3.2 北极星任意时角法二

北极星任意时角法二是在只有普通经纬仪和走时较为精确的机械三针手表(电子手表)或普通计算机时钟以及短波接收机的情况下使用的,在瞄准经纬仪位置点设站,按下列作业和计算方法测定基准和检查方向的方位角。本方法的特点是对测量设备要求相对于精密天文定向测量更为简单,计算模型在满足精度的基础上采用了简略的近似公式,收时方法采取收听省以上广播电台发播的六响广播时号。该方法适用于设备简陋、各类时间信号极为不利的情况,如战时或紧急情况下采用,经过多年阵地实测数据表明,该方法能够满足方位角连测对地面目标方位角的要求。

1. 作业方法

观测前,将所用的手表或计算机和广播电台报时秒信号进行核对,并记录手表或计算机的表差,手表或计算机的表速最好能保持在每日变化小于 10s,最坏情况应不大于 30s,否则在测量后,需要再次将手表或计算机与广播电台报时秒信号核对一次,记录表差。

1)盘左观测

(1)照准地面目标,读记水平角读数;

(2)顺时针方向旋转照准部,照准北极星两次,每次均记录星过时刻、水平角读数及水准器泡两端读数;

(3)顺时针方向旋转照准部,照准地面目标,读记水平角读数。

2)盘右观测

(1)照准地面目标,读记水平角读数;

(2)逆时针方向旋转照准部,照准北极星两次,每次均记录星过时刻、水平角读数及水准器泡两端读数;

(3)逆时针方向旋转照准部,照准地面目标,读记水平角读数。

盘左、盘右观测合为一个测回。该方法的测回数和各项测量限差按表 10.3 中的国家三等测量的指标执行。

2. 北极星的视赤经和视赤纬的计算

北极星的视赤经 α 和视赤纬 δ 的计算公式为

$$\begin{cases} \alpha = \alpha_0 + \Delta\alpha_1 + \Delta\alpha_2 + \Delta\alpha_3 + \Delta\alpha_4 \\ \delta = \delta_0 + \Delta\delta_1 + \Delta\delta_2 + \Delta\delta_3 + \Delta\delta_4 \end{cases} \tag{10.25}$$

式中：α_0、δ_0 分别为星表历元北极星的平赤经、平赤纬；$\Delta\alpha_1$、$\Delta\delta_1$ 为北极星自行改正；$\Delta\alpha_2$、$\Delta\delta_2$ 为岁差改正；$\Delta\alpha_3$、$\Delta\delta_3$ 为章动改正；$\Delta\alpha_4$、$\Delta\delta_4$ 为周年光行差改正。

观测瞬间的儒略世纪数 T 的计算公式为

$$T = \left(JD + \frac{T'}{24} - 2451545 \right) \big/ 36525$$

式中：T' 为观测瞬间的世界时；JD 为测瞬质心力学时相应的儒略日。

1) 北极星自行改正计算

北极星自行改正的计算公式为

$$\begin{cases} \Delta\alpha_1 = \mu_\alpha T \\ \Delta\delta_1 = \mu_\delta T \end{cases} \tag{10.26}$$

式中：μ_α、μ_δ 分别为恒星的赤经、赤纬百年变化量；T 为星表历元到观测瞬间的儒略世纪数。因此 α_1、δ_1 分别为

$$\begin{cases} \alpha_1 = \alpha_0 + \Delta\alpha_1 \\ \delta_1 = \delta_0 + \Delta\delta_1 \end{cases} \tag{10.27}$$

2) 北极星岁差改正计算

北极星岁差改正的计算公式为

$$\begin{cases} \varsigma_0 = 2306.218''T + 0.302''T^2 + 0.018''T^3 \\ \theta = 2004.311''T - 0.427''T^2 + 0.042''T^3 \\ z = \zeta_0 + 0.793''T^2 \end{cases} \tag{10.28}$$

当 $\cos\theta\cos\delta_1\cos(\alpha_1+\zeta_0) - \sin\theta\sin\delta_1 > 0$ 时，有

$$\alpha_2 = Z + R$$

当 $\cos\theta\cos\delta_1\cos(\alpha_1+\zeta_0) - \sin\theta\sin\delta_1 < 0$ 时，有

$$\alpha_2 = Z + R + 180°$$

$$R = \arctan \frac{\cos\delta_1\sin(\alpha_1+\zeta_0)}{\cos\theta\cos\delta_1\cos(\alpha_1+\zeta_0) - \sin\theta\sin\delta_1} \tag{10.29}$$

$$\delta_2 = \arcsin\left[\cos\theta\sin\delta_1 + \sin\theta\cos\delta_1\cos(\alpha_1+\zeta_0) \right] \tag{10.30}$$

3) 章动改正计算

(1) 章动基本引数按下式计算，即

$$\begin{cases} l = 134°57'46.733'' + (1325^r + 198°52'02.633'')T + 31.310''T^2 + 0.064''T^3 \\ l' = 357°31'39.804'' + (99^r + 359°03'01.224'')T - 0.577''T^2 - 0.012''T^3 \\ F = 93°16'18.877'' + (1342^r + 82°01'03.137'')T - 13.257''T^2 + 0.011''T^3 \\ D = 297°51'01.307'' + (123^r + 307°06'41.328'')T - 6.891''T^2 + 0.019''T^3 \\ \Omega = 125°02'40.280'' - (5^r + 134°08'10.539'')T + 7.455''T^2 + 0.008''T^3 \end{cases}$$

$$\tag{10.31}$$

162

式中:l 为月球平近点角;l'为太阳平近点角;F 为月亮平升交角距;D 为日月平角距;Ω 为月球升交点黄经;$1' = 360°$。

（2）黄经和交角章动的计算公式分别为

$$
\begin{aligned}
\Delta\psi = &-17.1996''\sin\Omega - 1.3187''\sin(2F-2D+2\Omega) \\
&-0.2274''\sin(2F+2\Omega) + 0.2062''\sin2\Omega + 0.1426''\sin l' \\
&+0.07124''\sin l - 0.05172''\sin(l'+2F-2D+2\Omega) \\
&-0.0386''\sin(2F+\Omega) - 0.0301''\sin(l+2F+2\Omega) \\
&+0.0217''\sin(-l'+2F-2D+2\Omega) - 0.0158''\sin(l-2D) \\
&+0.0129''\sin(2F-2D+\Omega) + 0.0123''\sin(-l+2F+2\Omega)
\end{aligned}
\tag{10.32}
$$

$$
\begin{aligned}
\Delta\varepsilon = &+9.2025''\cos\Omega + 0.5736''\cos(2F-2D+2\Omega) \\
&+0.0977''\cos(2F+2\Omega) - 0.0895''\cos2\Omega \\
&+0.0224''\cos(l'+2F-2D+2\Omega) + 0.200''\cos(2F+\Omega) \\
&+0.0129''\cos(l+2F+2\Omega)
\end{aligned}
\tag{10.33}
$$

式中:$\Delta\psi$ 为黄经章动;$\Delta\varepsilon$ 为交角章动。

（3）章动改正的计算公式为

$$
\begin{cases}
\Delta\alpha_3 = \Delta\psi(\cos\varepsilon + \sin\varepsilon\sin\alpha_2\tan\delta_2) - \Delta\varepsilon\cos\alpha_2\tan\delta_2 \\
\Delta\delta_3 = \Delta\psi\sin\varepsilon\cos\alpha_2 + \Delta\varepsilon\sin\alpha_2
\end{cases}
\tag{10.34}
$$

式中:ε 为黄赤交角,计算公式为

$$
\varepsilon = 23°26'21.488'' - 46.815''T - 0.00059''T^2 + 0.001813''T^3 + \Delta\varepsilon
\tag{10.35}
$$

章动改正后北极星视位置的计算为

$$
\begin{cases}
\alpha_3 = \alpha_2 + \Delta\alpha_3 \\
\delta_3 = \delta_2 + \Delta\delta_3
\end{cases}
\tag{10.36}
$$

4）周年光行差改正计算

（1）光行差日数的计算公式为

$$
\begin{cases}
C = -20.4955''\cos\varepsilon(\cos\lambda_z + e\cos\Pi - 0.0004196\cos\Gamma) \\
D = -20.4955''(\sin\lambda_z + e\sin\Pi - 0.0004196\sin\Gamma)
\end{cases}
\tag{10.37}
$$

式中:λ_z 为平太阳真黄经;Π 为太阳轨道近地点平黄经;e 为太阳轨道的偏心率;Γ 为月亮的平黄经。λ_z、Π、e、Γ 分别按下列各式计算,即

$$
\lambda_z = L + S
$$

其中

$$
L = 280°27'59.21'' + 129602771.36''T + 1.093''T^2
$$

$$
S = (1.91467° - 0.0048174°T)\sin G + 0.020000°\sin2G
$$

$$
+ 0.002895°\sin3G
\tag{10.38}
$$

其中

$$G = 357°31'44.76'' + 129596581.04''T - 0.562''T^2$$

$$e = 0.01670862 - 0.000004204T - 0.00000124T^2 \tag{10.39}$$

$$\Pi = 282°56'14.45'' + 6190.32''T + 1.655''T^2 + 0.012T^3 \tag{10.40}$$

$$\Gamma = 218°18'59.96'' + (1336' + 307°52'52.833'')T - 4.787''T^2 \tag{10.41}$$

光行差改正值的计算公式为

$$\begin{cases} \Delta\alpha_4 = \arctan \dfrac{\sec\delta_3(C\cos\alpha_3 + D\sin\alpha_3)}{1 - \sec\delta_3(D\cos\alpha_3 - C\sin\alpha_3)} \\ \Delta\delta_4 = C(\tan\varepsilon\cos\delta_3 - \sin\alpha_3\sin\delta_3) + D\cos\alpha_3\sin\delta_3 \end{cases} \tag{10.42}$$

（2）光行差改正后的北极星视位置的计算公式为

$$\begin{cases} \alpha_4 = \alpha_3 + \Delta\alpha_4 \\ \delta_4 = \delta_3 + \Delta\delta_4 \end{cases} \tag{10.43}$$

该套模型视赤经 α 的计算误差在 $\pm 1s$ 以内,视赤纬 δ 的计算误差在 $\pm 0.2''$ 以内。

3. 方位标的天文方位角计算

北极星的方位角 A_N 按式(10.7)计算,周日光行差改正 ΔA 按式(5.19)计算,方位标的方位角 α_n' 按式(10.6)计算。观测 n 个测回后,该点方位角最后结果 α_n 的计算为

$$\alpha_n = \sum_{i=1}^{n} a'_{ni}/n \tag{10.44}$$

一测回的中误差 m 为

$$m = \pm\sqrt{\frac{[vv]}{n-1}} \tag{10.45}$$

最后结果的中误差 M 为

$$M = \pm\sqrt{\frac{[vv]}{n(n-1)}} \tag{10.46}$$

使用该方法进行快速天文定向测量,可直接使用以上述计算公式编制的"北极星任意时角法测定方位角"软件,其测量精度满足阵地Ⅱ级要求。

10.3.3　利用恒星方位角定方位角

若以测站的经纬度为已知量,以观测恒星瞬间的世界时(或恒星时)为观测量,则可以利用恒星视位置计算程序计算出恒星的方位角。因此,只要测量出观测瞬间地面目标与所测恒星间的水平夹角,即能确定地面目标的方位角。

如果所测恒星的赤纬大于 $80°$ 且测定的观测时刻精度能够在 0.5s 以内,那么由此引起的方位角的误差将小于 $1''$,这个定时精度对于现代计时与收时手段是极容易实现的,其精度对于三、四等天文定向的要求是足够的。此方法的特点是不仅可以测北极星,还可以测其他恒星,这对于测北极星受限的情况,提供了便捷的快速定向手段。

此方法完全利用了天文定向的基本原理来实现快速定向,其计算公式是式(10.1),利用恒星方位角定方位角一般包括下列步骤:

(1)测定恒星与地面标志间的水平角,$\theta = R - R'$,并记录观测时刻;

(2)计算观测时刻恒星的方位角 A_N;

(3)恒星方位角加该星至地面标志的水平角即为地面标志的方位角,即按 $\alpha = A_N + \theta$ 计算地面目标方位角。

图10.4是用TCA2003全站仪采用此方法共观测了12测回的部分测算数据,该测量结果的中误差为0.644″,耗时约15min。测算实例证明,此方法操作简单,计算结果更加精准可靠,是快速定向快捷的实用方法。

测站名:	甲	日期:	2008 – 03 – 23	照准目标:	方1
仪器类型:	TCA2003	观测者:	刘伟	记录者:	张刚
测站经度 λ_0:	75051.6244	测站纬度 φ_0:	361411.7660	恒星号:	405

第1测回测算数据

测算元素 盘位			左	右
方位标水平角			17°32′58.0″	
恒星		水平角	224°10′55.0″	
		钟面时 $T_{观}$	19°01′05.127″	
恒星		水平角		44°10′47.9″
		钟面时 $T_{观}$		19°01′42.74″
方位标水平角				197°32′59.7″
星地夹角 Q			153°22′03.0″	153°22′11.8″
A_N			359°13′12.9″	359°12′56.9″
半侧回方位角 α_{nL}、α_{nR}			152°35′15.9″	152°35′08.7″
测回方位角 α_{ni}			152°35′12.3″	

第2测回测算数据

测算元素 盘位			左	右
方位标水平角			17°33′00.1″	
恒星		水平角	224°11′00.6″	
		钟面时 $T_{观}$	19°03′53.49″	
恒星		水平角		44°10′47.8″
		钟面时 $T_{观}$		19°04′23.79″
方位标水平角				197°33′03.8″
星地夹角 Q			153°21′59.5″	153°22′16.0″
A_N			359°13′12.2″	359°12′56.9″
半侧回方位角 α_{nL}、α_{nR}			152°35′11.7″	152°35′12.9″
测回方位角 α_{ni}			152°35′12.3″	

测算元素　　　　　　　盘位	左	右
方位标水平角	17°32′58.5″	
恒星　水平角	224°11′00.6″	
恒星　钟面时 $T_{观}$	19°06′16.1″	
恒星　水平角		441°0′47.7″
恒星　钟面时 $T_{观}$		19°07′00.2″
方位标水平角		197°33′00.6″
星地夹角 Q	153°21′57.9″	153°22′12.9″
A_N	359°13′12.11″	359°12′56.60″
半侧回方位角 α_{nL}、α_{nR}	152°35′10.0″	152°35′09.5″
测回方位角 α_{ni}	152°35′09.8″	

第 4 测回测算数据

测算元素　　　　　　　盘位	左	右
方位标水平角	17°32′58.1″	
恒星　水平角	224°11′00.6″	
恒星　钟面时 $T_{观}$	19°07′54.6″	
恒星　水平角		44°10′47.7″
恒星　钟面时 $T_{观}$		19°08′00.77″
方位标水平角		197°32′58.6″
星地夹角 Q	153°21′57.5″	153°22′10.9″
A_N	359°13′11.9″	359°12′56.4″
半侧回方位角 α_{nL}、α_{nR}	152°35′09.4″	152°35′07.3″
测回方位角 α_{ni}	152°35′08.4″	

各测回方位角及最后结果与中误差

测回号	1	2	3	4	5	6
测回方位角 α_{ni}	152°35′12.3″	152°35′12.3″	152°35′09.8″	152°35′08.4″	152°35′13.8″	152°35′12.5″
测回号	7	8	9	10	11	12
测回方位角 α_{ni}	152°35′11.8″	152°35′09.1″	152°35′08.7″	152°35′07.7″	152°35′08.3″	152°35′07.3″
方位角中数 α	152°35′10.2″		方位角中误差 m_a		0.644″	

图 10.4　TCA2003 全站仪利用恒星方位角快速定向示例

10.3.4　太阳时角法

一般来说,如果测站的经纬度已知,并且结果相当准确,又有较准确的守时设备与良好的收时手段,则观测时角比观测天顶距(观测天顶距受大气折射及仪器误差的影响较大)的测定结果更为精确,因为计时的精度非常容易达到 $0.1^s(1.5″)$。测站经纬度对方

166

位角的影响见表 10.4 至表 10.8。

时角法测定方位角既可以观测恒星,也可观测太阳和月亮,因为月亮每日的形状不同,因此,观测太阳更为方便。由于太阳的目标较大,故一般观测太阳较观测其他恒星更难达到很高的测量精度(如一、二等方位角),然而,观测太阳可在白天观测,且太阳时角法的观测比较简单,在精确定时手段日趋完善的今天,其测量精度极易满足国家三、四等天文定向测量的精度要求,从而实现快速天文定向。

太阳的目标很大,观测时必须用十字丝切太阳的边缘如图 10.5 所示,为了保护眼睛,观测时一定要加色镜。因太阳时角法不需要测定太阳的高度角,因此观测时仅需使望远镜内竖丝切太阳的左右边缘,不必使用横丝切其上下边缘,当太阳的左或右边缘与竖丝相切时,记录表面时,然后读水平度盘即可。对太阳的观测最好是在卯酉圈附近进行。

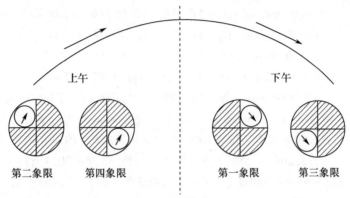

图 10.5　照准太阳

1. 观测方法

选择太阳在日出后和日落前 2h 内测定方位角。

一测回观测程序如下:

(1) 利用太阳的方位角设置度盘;

(2) 照准地面目标,读记水平度盘读数;

(3) 沿顺时针方向照准太阳,使太阳影像位于竖丝的右半部分中央,用竖丝切准太阳的左边缘,连续切准两次,每次读记表面时和水平度盘读数;

(4) 纵转望远镜,沿逆时针方向照准太阳,使太阳影像位于竖丝的左半部分中央,用竖丝切准太阳的右边缘,连续切准两次,每次读记表面时和水平度盘读数;

(5) 照准地面目标,读记水平度盘读数。

为了消除时角误差对测定方位角的影响,应在上、下午各测一次,取其中数。

2. 计算方法

按式(10.3)计算太阳的方位角,即

$$A_c = \arctan\left[\sin t/(\sin\varphi\cos t - \tan\delta\cos\varphi)\right] \qquad (10.47)$$

一测回方位角按下式计算,即

$$\alpha = D_A - D + A_c \qquad (10.48)$$

且

$$t = 15(S - \alpha)$$

167

式中: D_A 为测回地面目标度盘位置观测值; D 为测回太阳度盘位置观测值; α 为测回的太阳视赤经; δ 为测回的太阳视赤纬; S 为测回的地方恒星时。

3. 太阳的视位置计算

太阳的视位置计算要求太阳的地方时角 t 和赤纬 δ。而太阳地方时角 $t = S_0 \pm \lambda_w^E - \alpha$，所以该问题成为求太阳的赤纬和赤经。要求太阳的视赤纬和视赤经，只须求出太阳的黄经 λ_s 以及黄赤交角 ε，即可根据球面三角形的公式求解太阳的视赤经 α 和视赤纬 δ。

1）太阳黄经的计算

$$
\begin{aligned}
\lambda_s = {} & 279.69019 + 36000.76892T + (1.91946 - 0.00479T)\sin G \\
& + 0.02000\sin 2G + 0.00029\sin(3G) + 0.00179\sin D \\
& + 0.00134\cos(299 + V + G) + 0.00154\cos(148 + 2V - 2G) \\
& + 0.00069\cos(316 + 2V - 3G) + 0.00043\cos(345 + 3V - 4G) \\
& + 0.00028\cos(318 + 3V - 5G) + 0.00057\cos(344 - 2M + 2G) \\
& + 0.00049\cos(200 - 2M + G) + 0.002000\cos(180 - J + G) \\
& + 0.00072\cos(263 - J) + 0.00076\cos(87 - 2J + 2G) \\
& + 0.00045\cos(109 - 2J + G) - 0.00479\sin\theta - 0.00035\sin(2L) \quad (10.49)
\end{aligned}
$$

式中: $T = (367Y + D + \mathrm{int}(275M/9) - \mathrm{int}(1.75(Y + \mathrm{int}((M+9)/12))) + T'/24 - 694006.5)/36525$; $G = 358.475 + 35999.050T$; $M = 319.856 + 19140.007T$; $D = 350.737 + 445267.110T$; $V = 213.208 + 58517.400T$; $J = 225.331 + 3034.6T$; $\theta = 259.133 - 1934.100T$; $L = 279.69019 + 36000.76892T + 0.0003T^2$。 $\mathrm{int}(\cdot)$ 取整函数; Y、M、D 分别为观测当年的年、月、日; T' 为观测时刻的世界时。

2）太阳视位置的计算

将岁差及章动等因素考虑在内，黄赤交角 ε 由下式求得

$$\varepsilon = 23.45229° - 0.01301°T + 0.00256\cos\theta \quad (10.50)$$

式中: T、θ 的求解公式同式(10.49)。

太阳视赤纬为 δ，视赤经为 α，则

$$
\begin{cases}
\alpha = \mathrm{acrtan}(\tan\lambda_s \cdot \cos\varepsilon) \\
\delta = \arcsin(\sin\lambda_s \cdot \sin\varepsilon)
\end{cases}
\quad (10.51)
$$

计算时应做如下处理: 当 $\cos\lambda_s < 0$ 时，$\alpha = \alpha + 180°$; 当 $\alpha < 0$ 时，$\alpha = \alpha + 360°$。

10.3.5　太阳高度法

如果测站经纬度未知，而且测定方位角的精度要求不高，则采用观测天顶距的方法比较简单。

1. 观测方法

太阳高度法的选星条件见 10.1 节，观测时使太阳边缘与横丝及竖丝相切，如图 10.4 所示。两次观测分别将太阳像置于相对的象限内，两次观测结果的平均数可消除太阳半径对于水平角和高度角的影响。

在第二、三象限观测时，先将竖丝与太阳像相切，横丝则割太阳像的一小部分，转动水平度盘微动螺旋使横丝与太阳的右边缘相切，因太阳运动方向关系，横丝割太阳的部分越

来越小,最终横丝与太阳的下缘(第二象限)或上缘(第三象限)相切,此时读取水平度盘和垂直度盘以及记取此时的时刻。在第一、四象限观测时,先将横丝与太阳像的下缘(第一象限)或上缘(第四象限)相切,竖丝则割太阳像的一小部分,然后转动垂直度盘微动螺旋,至竖丝与太阳的左边缘相切为止。

为了消除蒙气差及仪器误差的影响,应在上、下午各测一次,取其中数。

2. 计算方法

太阳高度法按式(10.7)计算太阳的方位角,并将其化为下列形式,即

$$A_c = \arccos[(\sin\delta - \sin\varphi\cos z)/(\cos\varphi\sin z)] \qquad (10.52)$$

太阳位置的计算可按照太阳时角法中计算赤经、赤纬的公式计算,也可按下列公式求解太阳的视赤经 α 和视赤纬 δ,即

$$\lambda_s = \sum_{i=1}^{17} A_i\cos(B_i \cdot TD + C_i) + \sum_{i=18}^{19} A_i \cdot TD \cdot \cos(B_i \cdot TD + C_i) \qquad (10.53)$$

式中:λ_s 为太阳黄经,单位为度;TD 为以儒略世纪为单位的积日;A_i、B_i、C_i 为常数项,其值见表10.5。

将岁差及章动等因素考虑在内,黄赤交角 ε 由下式求得

$$\varepsilon = 23.43928° - 0.01301°TD + \sum_{i=1}^{2} A_i\cos(B_i \cdot TD + C_i) \qquad (10.54)$$

式中:ε 为黄赤交角,单位为度;TD 为以儒略世纪为单位的积日;A_i、B_i、C_i 为常数项,其取值如下

$$A_1 = 0.00256, \quad B_1 = 1934, \quad C_1 = 235$$

$$A_2 = 1.5 \times 10^{-4}, \quad B_2 = 72002, \quad C_2 = 201$$

按上述公式计算的视位置与中国天文年历相应的数据进行比较,赤经最大相差0.46s,赤纬最大相差2.86″,赤经的误差比赤纬的误差大。

因为观测太阳时不能照准太阳的中心,只能测它的边缘,因此计算结果中还要加太阳的半径改正。

表 10.4 A_i、B_i、C_i 计算常数

序号	A_i	B_i	C_i	序号	A_i	B_i	C_i
1	280.4602	0	0	11	7×10^{-4}	9038	64
2	1.9147	35999.05	267.52	12	6×10^{-4}	33718	316
3	0.02	71998.1	265.1	13	5×10^{-4}	155	118
4	0.002	32964	158	14	5×10^{-4}	2281	221
5	1.8×10^{-3}	19	159	15	4×10^{-4}	29930	48
6	1.8×10^{-3}	445267	208	16	4×10^{-4}	31557	161
7	1.5×10^{-3}	45038	254	17	4.8×10^{-3}	1934	145
8	1.3×10^{-3}	22519	352	18	36000.7695	0	0
9	7×10^{-4}	65929	45	19	-0.0048	35999	268
10	7×10^{-4}	3035	110	—	—	—	—

10.4 天文定向精度分析

天文定向测量的误差来源有两种:一种是系统误差;另一种是偶然误差。系统误差包括对所测恒星方位角的计算误差、测站点已知经度误差和纬度误差、仪器误差、收录时号误差等。如果选择精确的恒星视位置计算模型,合理地限制近似经度和纬度值的允许误差,对仪器进行必要的校验和改正,提高收时的精度,例如使用卫星频率信号、低频时码或自动收录短波时号等均能够将系统误差大大削弱,甚至达到忽略不计的程度。其偶然误差主要有照准天体时记录钟面时刻的采时误差、瞄准天体水平方向的测角误差、瞄准地面目标水平方向的测角误差和对中误差等。

10.4.1 已知坐标的误差

一般在测量天文方位角之前,先进行天文定位测量,获得精确的天文经度、纬度值,以此保证精密天文定向的精度。但是如果遇到特殊情况,则需要使用较为概略的经度、纬度(例如大地经度、纬度)值代替精确的天文经度、纬度值,由此将引起天文定向的初始误差,下面分析这种系统误差对天文方位角的影响。

时角法的基本误差关系式是式(10.5),即

$$dA = \frac{\cos\delta\cos q}{\sin z}dt + \frac{\sin A}{\tan z}d\varphi$$

设 $dt = dT + du + d\lambda$,时角误差:①采集钟表时间误差,简称采时误差,用 dT 表示;②收录标准时间信号的误差,简称收时误差,用 du 表示;③已知经度误差 $d\lambda$。三部分误差。分别用增量 ΔT、Δu、$\Delta\lambda$ 表示,则

$$\Delta A = \frac{\cos\delta\cos q}{\sin z}\Delta\lambda + \frac{\sin A}{\tan z}\Delta\varphi + \frac{\cos\delta\cos q}{\sin z}(\Delta T + \Delta u) \qquad (10.55)$$

北极星的赤纬 δ 约为89.3°。星位角在0°时,对方位角的影响最大。对我国大部分地区来说 $\varphi \leqslant 60°$,纬度越大对方位角的影响越大,我国最北边的漠河其纬度约为58°。北极星方位角其绝对值小于1°30′,取极不利情况 $\cos q = 1$、$\angle A = 1°30′$,并分别取 $\varphi = 55°$、$\varphi = 45°$、$\varphi = 35°$、$\varphi = 25°$,按式(10.55)前两项计算不同经度误差 $\Delta\lambda$、纬度误差 $\Delta\varphi$ 对方位角的影响情况分别见表10.5和表10.6,两表中计算结果均以(″)为单位。

表 10.5　极不利情况下已知经度误差对方位角的影响

φ　　$\Delta\lambda$	1″	5″	10″	15″	20″	25″	30″	35″	40″	45″
55°	0.021	0.106	0.213	0.319	0.426	0.532	0.639	0.745	0.852	0.958
45°	0.017	0.086	0.173	0.259	0.346	0.432	0.518	0.605	0.691	0.777
35°	0.015	0.075	0.149	0.224	0.298	0.373	0.447	0.522	0.597	0.671
25°	0.013	0.067	0.135	0.202	0.270	0.337	0.404	0.472	0.539	0.607

表 10.6　极不利情况下已知纬度误差对方位角的影响

φ ＼ $\Delta\varphi$	1″	5″	10″	15″	20″	25″	30″	35″	40″	45″
55°	0.037	0.187	0.374	0.561	0.748	0.935	1.122	1.308	1.495	1.682
45°	0.026	0.131	0.262	0.393	0.524	0.654	0.785	0.916	1.047	1.178
35°	0.018	0.092	0.183	0.275	0.367	0.458	0.550	0.642	0.733	0.825
25°	0.012	0.061	0.122	0.183	0.244	0.305	0.366	0.427	0.488	0.549

一般情况取 $\cos q = 0.7$，$\angle A = 40'$，并分别取 $\varphi = 55°$、$\varphi = 45°$、$\varphi = 35°$、$\varphi = 25°$ 按式(10.55)前两项计算不同经度误差 $\Delta\lambda$、纬度误差 $\Delta\varphi$ 对方位角的影响情况分别见表 10.7 和表 10.8，两表中的计算结果均以(″)为单位。

表 10.7　一般情况下已知经度误差对方位角的影响

φ ＼ $\Delta\lambda$	0.5″	1″	2″	3″	4″	5″	10″	15″	30″	45″
55°	0.007	0.015	0.030	0.045	0.060	0.075	0.149	0.224	0.447	0.671
45°	0.006	0.012	0.024	0.036	0.048	0.06	0.121	0.181	0.363	0.544
35°	0.005	0.010	0.021	0.031	0.042	0.052	0.104	0.157	0.313	0.470
25°	0.005	0.009	0.019	0.028	0.038	0.047	0.094	0.142	0.283	0.425

表 10.8　一般情况下已知纬度误差对方位角值的影响

φ ＼ $\Delta\varphi$	0.5″	1″	2″	3″	4″	5″	10″	15″	30″	45″
55°	0.010	0.020	0.040	0.060	0.080	0.100	0.199	0.299	0.598	0.897
45°	0.007	0.014	0.028	0.042	0.056	0.070	0.14	0.209	0.419	0.628
35°	0.005	0.010	0.020	0.029	0.039	0.049	0.098	0.147	0.293	0.440
25°	0.003	0.007	0.013	0.020	0.026	0.033	0.065	0.098	0.195	0.293

由以上计算分析可知，在极其不利的情况下，例如在 $\varphi = 55°$、$\cos q = 1$、$A = 1°30'$ 等不利的情况下，测站的已知经度、纬度的误差分别为 35″、20″时，它们对北极星方位角的综合影响小于 1.05″。对于测量精度小于 10″的天文定向来说，经度误差应小于 35″，纬度误差应小于 20″。一般情况下，在我国大多数地区，只要经度和纬度误差小于 45″，基本上就可满足 10″级天文定向的要求；若要满足 5″级天文定向的要求，则已知天文经度和纬度的误差应控制在 20″以内。而对于 1″级的二等天文方位角测量而言，已知天文经度、纬度的误差应控制在 2″以内。

高度法测定方位角的系统误差主要是测站近似纬度误差 $\Delta\varphi$，它对方位角的影响值可用式(10.8)算得。

10.4.2　偶然误差

利用时角法进行天文定向时，测量方位角的偶然误差主要包含观测天体和地面目标水平角时的照准误差和读数误差以及采时误差。以使用全站仪/电子经纬仪进行二等天文定向观测(观测方法见 10.2 节)为例，分析其主要的偶然误差。

瞄准恒星时的采时误差 m_1，对于方位角的影响为 $\dfrac{\cos\delta\cos q}{\sin z}\cdot m_1$；瞄准恒星水平方向的照准误差 m_2，对于方位角的影响为 $\csc z\cdot m_2$；瞄准地面目标时照准误差 m_3，对于方位角的影响为 $\dfrac{m_3}{\sqrt{2}}$。

将这些误差应用误差传播定律综合在一起，一个测回中观测恒星和地面目标各四次，则一个测回的中误差为

$$m_a^2 = \frac{1}{4}\left(\frac{\cos^2\delta\cos^2 q}{\sin^2 z}\cdot m_1^2 + \csc^2 z\cdot m_2^2 + \frac{m_3}{2}\right) \tag{10.56}$$

$$m_\alpha = \frac{1}{2}\sqrt{\left[\frac{\cos^2\delta\cos^2 q}{\sin^2 z}\cdot m_1^2 + \left(\csc^2 z + \frac{1}{2}\right)\cdot m_2^2\right]} \tag{10.57}$$

由式（10.57）可知，如果知道 m_1、m_2、m_3 的取值，即可得出 m_α，由此按方位角的测定精度可推求出测回数目 n。假设极限误差等于中误差的 3 倍，即

$$m_{\alpha极限} = 3m_\alpha \tag{10.58}$$

而二等方位角的中误差为 $\pm1.0''$，则

$$\frac{m_{\alpha极限}}{\sqrt{n}} \leqslant \pm1''.0 \tag{10.59}$$

根据不同的测量仪器的测角误差和观测纲要，按以上分析方法和计算公式可计算出不同精度要求的天文方位角测量需要的最小测回数。

在式（10.57）中，按照北极星任意时角法测方位角，按照较为不利的观测情况，取采时误差 $m_1 = 0.1^s = 1.5''$、$m_2 = m_3 = 1''$，取天顶距 $z = 40°$、$\delta = 89°$、$\cos q = 1$，则一测回的中误差 $m_\alpha = \pm0.85''$。最小测回数为

$$n \geqslant \frac{9m_\alpha^2}{1''} \geqslant 6.5 \tag{10.60}$$

高度法测定方位角的误差主要有天顶距的测量误差 Δz 和表面时的观测误值的误差 ΔT。可按式（10.8）分析各误差源对定向结果的影响。

10.5　天文测量成果归算

在处理天文测量成果时，需要考虑这样几个问题：天文点上的仪器中心与天文点的标石中心或要求的点位是否一致，若不一致，则需要进行归心改正，方位角测量中目标照准点如果偏离标石中心还需要加照准点归心改正；外业所测各天文点的位置是否在同一水准面上，若不同，则需要把它们归算到同一水准面上；天文地理坐标系的极点采用何种地极系统，各天文点必须通过加极移改正归算到同一个平极上。另外为了减弱或消除作业员和仪器的系统误差影响，天文经度中要加入人仪差改正，方位角成果中要加入子午线收敛角改正和周日光行差改正，成果中加入的相关改正见表10.9，各项改正的计算方法分述如下。

表 10.9　应加的相关改正

序号	应加的相关改正	项　目
1	大气折射和星径曲率改正	同时测定经纬度
2	时号传播改正	
3	世界时时号改正	
4	测站和照准点归心改正	
5	化至海水面改正	
6	极移改正	
7	经度加人仪差改正	
8	周日光行差改正	测定方位角
9	时号传播改正	
10	世界时时号改正	
11	测站和照准点归心改正	
12	化至海水面改正	
13	极移改正	
14	子午线收敛角改正	
15	照准点高程改正	

10.5.1　经度和纬度归算至标石中心

测定天文经纬度时,由于地理条件等因素,不能将仪器置于标石中心上作业,而被迫在标石附近设站观测,然后将观测结果归算至标石中心,这种归算称为归心。

图 10.6 中,设:Y 为测站,相应的经、纬度分别为 λ_0;φ_0;B 为标石中心,相应的经、纬度为 λ、φ。归心的目的是将测站经、纬度归算为标石中心的经、纬度,为此必须测定归心元素 e 和 α。e 为测站 Y 到标石中心 B 之间的水平距离,α 为 YB 方向的方位角,由正北起算。YK 为 Y 点的平行圈,在球面 $\triangle YBK$ 中有

$$\begin{cases} BK = \Delta\varphi = \varphi - \varphi_0 \\ YK = \Delta\lambda\cos\varphi_0 = (\lambda - \lambda_0)\cos\varphi_0 \end{cases} \quad (10.61)$$

在一般情况下,球面 $\triangle YBK$ 可作为平面三角形,所以

$$\begin{cases} BK = e\cos\alpha \\ YK = e\sin\alpha \end{cases} \quad (10.62)$$

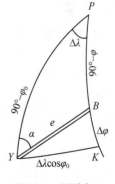

图 10.6　测站归心

因此

$$\begin{cases} \Delta\varphi = \varphi - \varphi_0 = e\cos\alpha \\ \Delta\lambda = \lambda - \lambda_0 = \dfrac{e\sin\alpha}{\cos\varphi_0} \end{cases} \quad (10.63)$$

因为 e 以长度为单位,所以由上式计算得出的 $\Delta\varphi$ 和 $\Delta\lambda$ 也是以长度为单位的。若要将它们换算为以角秒表示,则第一等式右边应乘以 ρ''/M_0,第二等式右边应乘以 ρ''/N_0。

M_0 和 N_0 分别为 Y 点的子午圈曲率半径和卯酉圈曲率半径。由此得到

$$\begin{cases} \varphi = \varphi_0 + \Delta\varphi = \varphi_0 + \dfrac{\rho''}{M_0} e\cos\alpha \\[3mm] \lambda = \lambda_0 + \Delta\lambda = \lambda_0 + \dfrac{\rho''}{N_0} \dfrac{e\sin\alpha}{\cos\varphi_0} \end{cases} \tag{10.64}$$

10.5.2　方位角的测站点归心改正

测定天文方位角同样应以标石中心为准,如果测站与标石中心不一致,则必须进行测站归心改正;如果照准标(觇灯或回光中心)与目标点的标石中心不一致,则必须进行照准点归心。

1. 测站点归心

如图 10.7(a)所示, Y 和 B 分别表示测站中心和标石中心, H 为照准点, α_0 为 Y 至 H 的方位角, α_1 为 B 至 H 的方位角, S 为 B 至 H 的水平距离, e 为偏心距, θ 为偏心角通常统称为归心元素。当归心距 e 较大时, θ 需要用仪器观测。测站点归心就是将 YH 的方位角 α_0 归算为 BH 的方位角 α_1,即

$$c = \alpha_1 - \alpha_0 \quad 或 \quad \alpha_1 = \alpha_0 + c$$

在 $\triangle YBH$ 中有

$$\sin c = \frac{e}{s}\sin\theta \tag{10.65}$$

因 c 值很小,取 $\sin c = c$ 并以角秒表示得

$$c = \frac{e}{s}\rho''\sin\theta \tag{10.66}$$

由此,归算至标石中心的方位角为

$$\alpha_1 = \alpha_0 + \frac{e}{s}\rho''\sin\theta \tag{10.67}$$

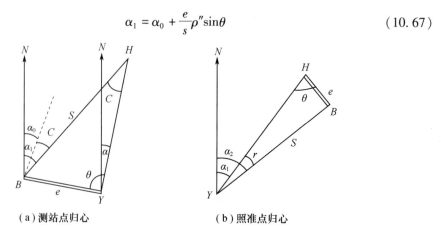

(a)测站点归心　　　　　　　　(b)照准点归心

图 10.7　方位归心

2. 照准点归心

图 10.7(b)中, B 为目标点的标石中心, e 和 θ 为照准点归心元素。照准点归心就是将 YH 方向的方位角 α_1 归算至 YB 方向的方位角 α_2,即

$$r = \alpha_2 - \alpha_1$$

在 $\triangle YBH$ 中有

$$\sin r = \frac{e}{s}\sin\theta$$

同理,因 r 很小,化为以角度表示的照准差改正及其归算至 YB 方向的方位角为

$$\begin{cases} r = \frac{e}{s}\rho''\sin\theta \\ \alpha_2 = \alpha_1 + r \end{cases} \tag{10.68}$$

3. 子午线收敛角

上面讲述了方位角测站点,适用于测站子午线与标石中心子午线平行的情况。但是地球上经度不同的两点,其子午面必然不平行,如图 10.8(a)所示。因此一般测站和标石中心不在同一子午线上,而且两点经度相差较大时,两条子午线不平行之差也较大,两子午线存在一个交角 r_s,r_s 就是子午线收敛角。

如图 10.8(b)所示,r_s 为子午线收敛角,BK 为 B 点的平行圈。由球面直角 $\triangle PBK$ 中有 $\sin r_s = \tan\varphi\tan BK$,因 r_s 和 BK 均很小,故

$$r_s = \Delta\lambda\cos\varphi\tan\varphi = \Delta\lambda\sin\varphi$$

将式(10.64)代入上式得

$$r_s = \frac{\rho''}{N_0}e\sin\alpha\tan\varphi \tag{10.69}$$

加了子午线收敛角改正的方位角 α 为

$$\alpha = \alpha_0 + r_s \tag{10.70}$$

因为 Y 点和 B 点一般相距很近,$\Delta\varphi$ 很小,所以用测站中心的 φ_0 代替标石中心的 φ 对 r_s 没有影响。

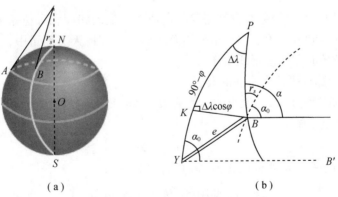

(a)   (b)

图 10.8 子午线收敛角

10.5.3 纬度和方位角化至平均海水面

天文纬度和方位角是在地面上以各点的铅垂线和水准面为准测定的,但各点有各自不同的水准面,因此需将不同水准面上观测的各天文点的纬度和方位角数值归算至平均

海水面上。

1. 纬度归算至平均海水面的改正

实际上大地水准面的形状是不规则的,所以在讨论纬度归算至平均海水面的问题时,假定地球物质密度的分布是正常的,也就是说在正常重力场内来讨论纬度的归算问题。可以证明测站的高程对天文经度没有影响。

设在测站 B 观测的天文纬度是 φ_0,测站高程是 H(以千米为单位),测站重力线在大地水准面上的投影点 A 观测的天文纬度为 φ,它们之间的关系为

$$\varphi = \varphi_0 - \Delta\varphi$$

对于纬度来说,因为大多数高程为正值,所以归算至平均海水面之后,总是比地面点的纬度小。由图 10.9 得

$$\sin\Delta\varphi = \frac{H}{\rho}$$

因 $\Delta\varphi$ 很小,上式可变为

$$\Delta\varphi = \frac{H}{\rho}\frac{1}{\sin 1''} = \frac{1}{\rho} \times H \times 206265'' \quad (10.71)$$

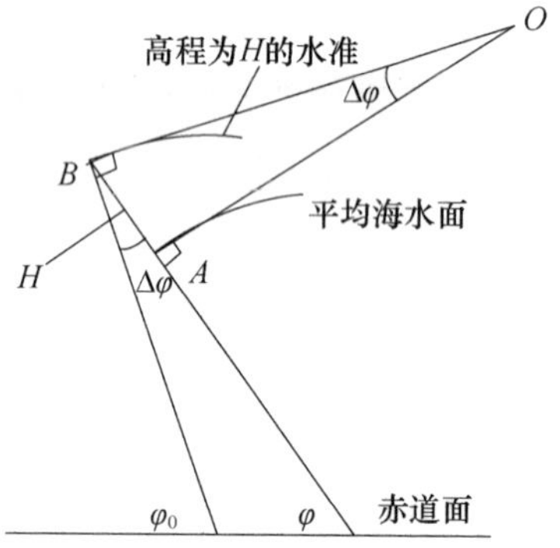

在大地重力学中已导出了正常重力场内计算力线曲率的公式,即

$$\frac{1}{\rho} = \frac{1}{R}\frac{g_p - g_e}{g_e}\sin(2\varphi)$$

图 10.9　纬度归算至平均海水面

式中:R 为椭球体的平均曲率,$R = 6371\text{km}$;g_p 为地极上的重力,$g_p = 983.21356 \times 10^{-5}\,\text{m/s}^2$;$g_e$ 为赤道上的重力,$g_e = 978.030$。由此算得 $1/\rho = 0.0000008319\sin(2\varphi)$,将其代入式(10.71)得

$$\Delta\varphi = 0.000171H\sin(2\varphi) \quad (10.72)$$

特别注意:如果测量任务本身就是要测定地面点上的纬度和方位角值,那么,测量结果中则无须将纬度和方位角值归算至平均海水面上。阵地天文测量中,一般求垂线偏差或拉普拉斯方位角时需要进行此归算。

2. 方位角归算至平均海水面的改正

设测站点的高程为 H_1,照准点的高程为 H_2,观测得到的方位角为 a_{n_0},化归至平均海水面的方位角为 a_n,有

$$a_n = a_{n_0} + \Delta a$$

方位角化归至平均海水面改正数 $\Delta\alpha$ 的计算公式为

$$\Delta a = 0.0001081'' H_2 s\cos^2\varphi\sin(2a_{n_0}) \quad (10.73)$$

这项改正又称为标高差改正,改正数的符号取决于 $\sin(2a_{n_0})$,H_2 以千米为单位。

不同天文点的天文纬度和天文方位角一般不在同一水准面上,为了将不同水准面的天文点化归至同一水准面上必须加化归至平均海水面改正。同纬度归算至平均海水面的改正情况一样,要特别注意的是如果测天文点的目的是为了求取垂线偏差和为控制导线的横向误差求拉普拉斯方位角等情况则需要加入此项改正,但是如果只测单一的天文点,

而且直接在天文点上使用时,例如在技术阵地上测试间测试导弹仪器仪表误差,则不必加上改正。

10.5.4　经纬度和方位角的极移改正

天文观测得到的天文经纬度和方位角,都是以瞬时地球自转轴,即以瞬时地极为准的。因此在天文测量处理时,必须把天文经纬度和方位角归算到某一个平极上。设在测站测得的瞬时天文经、纬度和方位角分别是 λ_0、φ_0、a_0 以平极为基准时,测站测得的平极天文经、纬度和方位角分别是 λ、φ、a,它们之间的关系是

$$\begin{cases} \varphi = \varphi_0 - \Delta\varphi \\ \lambda = \lambda_0 - \Delta\lambda \\ a = a_0 - \Delta a \end{cases} \tag{10.74}$$

$\Delta\lambda$、$\Delta\varphi$、Δa 的实用计算公式为

$$\begin{cases} \Delta a = a - a_0 = (x_p \sin\lambda_0 + y_p \cos\lambda_0)\sec\varphi_0 \\ \Delta\lambda = \lambda - \lambda_0 = \dfrac{1}{15}(x_p \sin\lambda_0 + y_p \cos\lambda_0)\tan\varphi_0 \\ \Delta\varphi = \varphi - \varphi_0 = x_p \cos\lambda_0 - y_p \sin\lambda_0 \end{cases}$$

式中:x_p、y_p 为以平极为坐标原点的瞬间北极的坐标,可以一个点的平均作业日期为引数从国际地球自转服务组织或我国授时中心提供的《授时公报》中查取,以角秒为单位。

10.5.5　时号改正

在大地天文测量中,需要精确的世界时来确定各地的精确坐标,这就需要获得综合时号改正数系统。国际时间局(BIH)综合系统最初由 7 个国家的 9 个台站组成,后来综合全球 40 多个台站 50 多架仪器的测时资料订出,称为"确定时";1968 年后又由 51 个台站 68 架仪器组成新的综合系统,称为"1968 年系统"。苏联综合时号改正数系统在 1951—1953 年间,由 9 个台站 14 架仪器的观测结果组成;1954 年开始由 17 个台站 29 架仪器的测时资料,计算极移改正订出的综合时号改正数,称为"标准时刻"。1954 年 3 月起调整为"标准时刻 1954 系统",该系统由 9 个天文台 10 架仪器的观测结果组成。

为了满足高精度天文测量的需要,20 世纪 50 年代测绘部门提出了提高我国综合时刻精度的要求,受到天文部门的重视。1958 年上海天文台的"我国综合时号改正数课题"研究正式启动,从 1959 年起由上海天文台综合该台和紫金山天文台的测时和收时资料订出我国的综合时号改正数。北京天文台、武昌时辰站、陕西天文台也先后参加了这一系统的工作,于是我国便形成了一个较完整的授时网,我国大地天文测量从 1966 年以后正式采用我国综合时号系统。1978 年以后采用我国综合时号 1978 系统,这一系统是依据国际天文常数系统、基本星表系统等的改变以及我国地极坐标的变更建立的,由上海天文台负责给出。

1970 年底陕西天文台试播短波时号(BPM),1981 年我国短波 BPM 开始正式授时,此后我国的授时工作改由陕西天文台承担,大地天文测量主要收录该台发播的短波时号。

1978 年陕西天文台试播长波时号(BPL),1987 年正式通过国家鉴定,将我国授时精度由毫秒量级提高到微秒量级。为了弥补星基 GPS 授时系统的风险,以 BPM 和 BPL 为主的无线电陆基授时系统与我国的星基授时系统相互冗余,构成了导航定位、授时的组合系统。

1. 时号传播改正

无线电时号由发射台离开天线后,经过天空到达接收机天线所需的时间为时号的传电改正。电波在天空中的传播速度,一般以光速为准,加波长改正。接收 BPM_C 或 BPM_1,低频时码 BPC 等时号需要加传电改正,计算传电改正 V_t 的计算式为

$$V_t = n_0 + \begin{cases} d/285000, d > 1000\text{km 时的短波时号改正} \\ \sqrt{(R\sin d^0)^2 + [r(1 - \cos d^0) + 2/5]^2}/149900, d \leqslant 1000\text{km 时的短波时号改正} \\ d/252000, \text{长波时号改正} \end{cases}$$

(10. 75)

且

$$d = 222. 4d^0$$
$$2d^0 = \arccos(\sin\varphi_0\sin\varphi + \cos\varphi_0\cos\varphi\cos(\lambda_0 - \lambda))$$
$$R = 6371$$

式中:d 为发播台与测站点的球面距离,单位为 km;λ、φ 分别为测站经、纬度;λ_0、φ_0 分别为发播台的经、纬度。

使用卫星时间时号不需要此项改正,因为接收设备已对其做了相关的改正处理。

2. 世界时时号改正

世界时时号改正按下式计算,即

$$t = t_0 + V_t + \text{DUT1} + \Delta t$$

(10. 76)

式中:t 为接收到时号的世界时;t_0 为接收到时号的名义世界时;V_t 为时号传播改正;$\Delta t = \text{UT1} - \text{BPM1}$,为综合时号改正数;$\text{DUT1} = \text{UT1} - \text{UTC}$,为协调世界时与 UT1 的改正数。

天文测量中无论收录何种时号,都需要将其化归至 UT1 时间系统上。如果接收的是 BPM_1 时号,则接收到的授时信号已经比较接近 UT1 的值了,故其改正值 Δt 最大为 $1 \sim 2\text{ms}$;如果接收的是 GPS、BPC 或北斗等属于 UTC 时间系统的授时信号,则其改正值 DUT1 最大可达 0. 9s。

Δt 和 DUT1 的数值均可从中国科学院国家授时中心《时间频率公报》中查取,DUT1 也可从国际地球自转服务组织提供的地球自转数据中获取。

10. 5. 6　人仪差改正

人仪差的测定是为天文测量提供精确的统一经度基准。为此,新中国以来我国相继进行了三次天文基本网的联测。目前天文测量使用的是第三期天文基本网,该网共包括上海(佘山)、北京、哈尔滨、陕西大地原点、武汉、广州、乌鲁木齐、西安(陕局)共 8 个天文基本点,经度起算值为上海天文台(佘山)。数据处理采用 FK5 星表系统、IAU1976 天文常数系统、CIO 地极坐标系统和我国综合时号系统,并顾及了多项改正。

在高精度的经度测量中,需要在天文基本网点上测定测前、侧后人仪差,并要求测人仪差的基本天文点的纬度应尽量与欲测的天文点的纬度相接近。

大地天文测量采用"比较法"来消除人仪差,该方法是在基本天文点上按待测点的精度观测,由于基本天文点是通过高精度的联测取定的,可认为在基本天文点上已经很好地消除了人仪差的影响,因此,在基本天文点上测出的经度与基本天文点的已知值之差,就可以看作是全部人仪差的总和,即观测者测定的人仪差的数值,而后在测其他点的经度中减掉。并且在测后还需到基本天文点观测,进行校核,人仪差是否有变化。实际上人仪差总会有些变化,但是其变化值应在一定的范围之内,二等天文测前和测后人仪差互差要小于 0.08s。最后的经度按第 9 章给出的公式计算,其中 $\partial\lambda$、$M_{\partial\lambda}$ 是测前和测后人仪差的中数和对应的中误差,设 $\partial\lambda_1$ 为测前人仪差,$\partial\lambda_2$ 为测后人仪差,则

$$\partial\lambda = \frac{1}{2}(\partial\lambda_1 + \partial\lambda_2) \tag{10.77}$$

$$M_{\partial\lambda} = \pm\frac{1}{2}(\sqrt{M_{\partial\lambda_1}^2 + M_{\partial\lambda_2}^2}) \tag{10.78}$$

大地天文测量要求,测定一、二等天文点,每期作业前、后均需在基本天文点上测定测前人仪差、测后人仪差。测前人仪差与测后人仪差的时间间隔不得超过一年。并且注意人仪差和天文点的经度测定需由同一观测员采用同一方法使用同一仪器施测。作业中若调换观测员或仪器等则需重新测定人仪差。

参 考 文 献

[1] 姚建明.天文知识基础[M].北京:清华大学出版社,2008.

[2] 王志源,等.弹道导弹阵地天文测量[M].北京:解放军出版社,1996.

[3] 艾贵斌,等.导弹阵地大地测量原理与方法[M].北京:解放军出版社,2011.

[4] 肖峰.球面天文学与天体力学基础[M].长沙:国防科技大学出版社,1989.